Big Bang, Universo y Vida

JOSÉ RAMÓN RECUERO ASTRAY

RECUERO ASTRAY, José Ramón. *Big Bang, Universo y Vida*, edición al cuidado de Germán Rueda, Editorial Ygriega, Madrid, 2025, 320 pp. 17X24 cm.

Cubierta: Grafismo Y
Depósito legal: M-18466-2025

Papel: ISBN 979-13-87734-14-5 **EAN:** 9791387734145
Digital: ISBN 979-13-87734-15-2 **EAN**: 9791387734152

Información: editorialygriega@gmail.com
https://editorialy.blogspot.com/p/ed-y-novedades-catalogo.html

VENTA **EN PAPEL**:
Librerías en España. Además: grupoediciones19.bajodemanda.com
Península Ibérica, Canarias y Baleares https://www.agapea.com/
Argentina *CUSPIDE http://www.cuspide.com/ *MANDRAKE mandrakelibros.com.ar *OZONUM Mercado Libre https://listado.mercadolibre.com.ar/
Brasil *O ATENEUM www.oateneum.com.br
Colombia *LEMOINE EDITORES www.librosyeditores.com *BIBLIOSTORE Mercado Libre https://listado.mercadolibre.com.co/ *LIBRERIA DE LA U www.libreriadelau.com
Chile *BIBLIOSTORE CHILE - Mercado Libre https://www.mercadolibre.cl/ *Voy a Leer www.voyaleer.cl / *WePrint
Ecuador *POWER STORE BOOKS www.powerstorebooks.com *THE BOOKS LINK www.thebookslink.com
Estados Unidos: *Ingram-US
Guatemala *SOPHOS
Méjico *BIBLIOSTORE México - Mercado Libre https://www.mercadolibre.com.mx/ *Librerías GANDHI www.gandhi.com.mx/ *Librerías GONWIL www.gonvill.com.mx
Perú *ALEPH IBD (Mercado Libre) https://listado.mercadolibre.com.pe/ *Librería SBS **https**://www.sbs.com.pe
Uruguay *MERCADOLIBROS (Mercado Libre) https://mercadolibros.uy/ *PALACIO DEL LIBRO S.A. www.libreriapocho.com.uy

DIGITAL: https://www.casadellibro.com/
¿Desde dónde se pueden comprar los eBooks? España, Portugal, Austria, Alemania, Argentina, Bélgica, Chile, Chipre, Colombia, Eslovaquia, Eslovenia, Estonia, Finlandia, Francia (Guayana Francesa, Guadalupe, Martinica, Reunión, San Pedro, Miquelón, Wallis y Futuna.), Grecia, Irlanda, Italia, Luxemburgo, México, Mónaco, Países Bajos, Polinesia Francesa, Reino Unido, Suiza.
ADEMÁS https://vivlio.casadellibro.com/ Argentina, Chile, Colombia, España, Francia, México y Reino Unido

Big Bang, Universo y Vida

ÍNDICE

Prólogo

Se preguntará con mucha razón el lector porqué he escrito yo un libro centrado en la física, si no puedo invocar ninguna erudición especializada sobre ella. La respuesta es sencilla: este libro tiene su origen en mi ilusión por escribir uno para mis nietos, los nietos de mis amigos y en general todo lector joven, hablándoles del Universo en que viven y nuestro papel en él. Quería transmitirles lo que la vida y las muchas lecturas me han enseñado para que puedan tener convicciones buenas y seguras, e ingenuamente comencé a escribirlo. Pero enseguida vi que antes de seguir tenía que aprender mucho más, de manera que paré y me dediqué a leer y leer... y el Universo me cautivó. Me pareció increíble su inmensidad, belleza y precisión, descubrí un maravilloso mundo nuevo lleno de misterios. Y me di cuenta que antes de escribir el libro para jóvenes tenía que hacer otro más serio y profundo que le sirviera de base. Es este. Está, por tanto, redactado a la manera de un clásico ensayo o tratado, con citas, notas al pie y todos esos datos que suelen contener este tipo de libros. Sobre esta base después escribí el libro destinado a mis nietos y otros jóvenes dándole el título de *Física abierta. Del Big Bang a la primera célula de Adán* (espero que se comprenda que ambos forman una unidad), sin bibliografía ni notas al pie, procurando explicarles cosas aparentemente complicadas como la expansión del universo, la relatividad, la física cuántica o la aparición de la vida, mediante ejemplos, diálogos y entretenidas historias. A este libro más claro, sencillo y con preciosas imágenes remito al lector que desee adentrarse poco a poco en estos temas, puede ser una buena introducción a la lectura de este *Big Bang, Universo y Vida* que es su padre, por decirlo así, cuyo origen creo queda explicado.

Lo lógico es empezar por el principio, por eso los tres primeros capítulos de este ensayo se dedican al origen del Universo, examinándolo tanto desde el punto de vista físico en la singularidad del *big bang* como del metafísico en el *fiat* creativo de Dios. Pues advierto ya que aunque aquí hay mucha física ella por sí sola es incapaz de decirnos cómo es el Mundo, necesitamos algo más. Nos lo han dicho y mostrado con su ejemplo muchos científicos, desde el místico Kepler, descubridor de las leyes del movimiento de los planetas, hasta Bohr, Heisenberg y otros físicos cuánticos, los cuales mostraron que si queremos tener una visión completa del Mundo la física y la metafísica tienen que complementarse y convivir aunque parezcan cosas opuestas, de la misma forma que las ondas y las partículas lo hacen en los electrones y la luz; sin olvidar al más importante físico de la historia, el gran Newton, quien en su *Principa Mathematica* pone en relación la fuerza de gravedad y el elegante sistema cósmico con Dios Creador. Conocido su inicio, los capítulos cuarto y quinto se centran en la estructura y evolución del Universo y la materia que hay en él. Investigamos aquí cómo es la veloz expansión de lejanísimas galaxias cuya luz tarda en llegar hasta nosotros miles de millones de años, haciendo que viajemos en el tiempo; el precioso cielo estrellado, en el que hay más estrellas que granos de arena en las playas de la Tierra; la revolución relativista iniciada por Einstein y la cuántica promovida por Planck, y la perfecta interacción de la materia con el espacio-tiempo (que forman una unidad); también cómo es nuestro querido planeta Tierra, que de manera asombrosa vuela alrededor del Sol a una velocidad media de 107.227 kilómetros por hora como si fuera una cosmonave; y cómo es la increíble estructura atómica de la materia, cuyos átomos (que han surgido de esas factorías del Mundo que son las estrellas) tienen una estructura interna similar a la del Sistema Solar, pues los inquietos electrones giran en elipse alrededor del núcleo igual que los planetas lo hacen alrededor del Sol…

Después el capítulo quinto se centra en una historia que nos interesa mucho, porque es nuestra historia, la del hombre en el Cosmos. Pensé que para conocernos a nosotros mismos tenía que hablar tanto de nuestros cuerpos como de nuestras almas, examinando antes el milagro del surgimiento de la vida y su evolución. Les gusta a los científicos decir que nuestro cuerpo es polvo de estrellas, y así es, pues en estas se forman los elementos de materia que después evolucionan. Tenemos un asombroso cuerpo vivo con 200 billones (con b) de células, un increíble cerebro con unos cien mil millones de neuronas y, cada uno, unos 20 billones (de nuevo con b) de metros de ADN. Pero tenemos algo más que se examina desde el punto de vista científico diferenciándolo de nuestro cerebro: un alma. A ella se dedica un amplio apartado en el que se conversa con grandes neurofisiólogos como Eccles y

Penfield, quienes nos dan pistas acerca de la existencia de un espíritu que desborda por todas partes el cerebro y la materia, de algo que es inmaterial, por eso Ramón y Cajal no pudo ver el alma con su microscopio. Explicada la naturaleza propiamente humana, el capítulo séptimo y último se dedica al fundamento metafísico del Universo que, según nos enseñan el teorema de Gödel y las matemáticas, tiene que existir y conocemos siempre por fe, tanto intelectual o racional como revelada. Es el asunto del *arjé* o primer principio de todo lo que existe del que ya he hablado en otros libros —este en cierto modo es continuación de *Diálogos sobre Dios*—, es la cuestión de esa primera verdad que propuso Descartes, del Absoluto que buscaban Einstein y Planck. ¿Cuál es? Einstein creía que es el propio Mundo (habla de su religiosidad cósmica), mientras que Newton pensaba que es Dios, al que llega a llamar *Pantocrátor* (aunque él no era trinitario). Esto es algo que debe decidir cada uno, pero a mí tanto la ciencia como la religión me llevan a creer que Newton tiene razón y el fundamento del Universo es Dios, un Dios que lo ha creado por Amor como un artista. No es poca la utilidad que resulta de la contemplación del Mundo. El que examina atentamente con qué regularidad describen sus elipses los planetas alrededor del sol y los electrones alrededor del núcleo, el que observa la grandeza de las cosas celestiales, que quita importancia a lo que normalmente la tiene a los ojos de los hombres, quien estudia esas pequeñísimas partículas indivisibles de la materia que se mueven en el espacio e interactúan entre sí irradiando energía, quien contempla el maravilloso espectáculo que el Mundo nos ofrece, en fin, conoce el poder de Dios de cuyas manos salió tanta grandeza, y reafirma su persuasión de que hay un Dios que creó y gobierna la Naturaleza, de la misma forma que lo hicieron Copérnico, Galileo, Kepler, Linneo, Euler, Faraday, Maxwell, Duhem, Lemaître, Eccles y tantos otros físicos y científicos de los que hablaremos.

Este es el discurrir de este libro que recoge el sistema del Mundo en el que creo, y por qué creo que es bueno. Como el lector puede ver tengo la fe de Leibniz y Newton, creo que Dios existe, creo que ha creado el mundo como un artista, lo cual se acomoda al modelo estándar del *big bang*, y, más aún, presiento que he encontrado la llave de esa cerradura de la que nos habla Chesterton (*Ortodoxia*, VI), la hallé en un Cristianismo que provoca alegría y da libertad. Soy consciente que la pluma es la lengua del alma, con esa sinceridad te digo, lector, que mi intención no es defender lo que no entiendo, que no finjo hipótesis y que en mi búsqueda de la verdad intento no engañarme a mí mismo. También te digo que en el diálogo latente que vamos a tener, que ya tenemos, he procurado en lo posible hablar con claridad, utilizando palabras significantes, honestas y bien colocadas como le gusta a Cervantes; y que para poder hacer una buena lectura del entretenido libro de la Naturaleza, en el que todo tiene su exacta medida, su conveniente número y su preciso peso, voy a utilizar todas las armas de que disponemos, tanto las que nos proporciona la astrofísica y la física cuántica como las de la metafísica, respetando el campo y el método propios de cada una todas van a concurrir aquí complementándose, pues son como dos caras de una sola moneda. Ahora que los conozco mejor tengo gran respeto y admiración por los físicos y científicos en general, no creo que como llamaban ciertos griegos a Anaxágoras, según cuenta Plutarco (*Nicias*, 23, 4), sean simplemente unos charlatanes de las nubes, todo lo contrario, sólo podemos acercarnos con garantía de éxito a nuestro fascinante Mundo si conocemos y aprovechamos todo lo que la ciencia nos aporta, que va siendo mucho. Pero la ciencia no lo es todo, no da respuestas a los interrogantes más humanos ni a las cuestiones más radicales, no nos explica de dónde venimos, a dónde vamos ni nuestro papel en el ingente Cosmos, por eso necesitamos algo más, algo que está más allá de la física, algo metafísico. También admiro y respeto a los grandes filósofos, verdaderos maestros de vida, tampoco creo que sean unos meros sofistas falsos y charlatanes, como Schopenhauer calificó a Hegel (*El mundo como voluntad y representación*, prólogo 2ª ed.), ellos mucho nos enseñan acerca de cuestiones que no pueden ser resueltas sólo con consideraciones astronómicas y reglas matemáticas, lo sé de buena tinta porque en el anterior libro mío que cité, hermano de este, me refiero a *Diálogos sobre Dios*, he conversado con Descartes, Feuerbach, Marx, Nietzsche y Ratzinger (en otros con Kant y otros pensadores). Por estas razones el lector va a encontrar aquí mucha física, sí, pero aderezada con el condimento de la filosofía primera a la que llaman metafísica.

Te dejo ya a solas con este libro, si decides seguir en su compañía, para que contemples el divino espectáculo que la naturaleza nos ofrece. Doy las gracias a mi amigo Germán Rueda y a la editorial que él promueve por haberlo editado tan bien como los anteriores, espero que tú disfrutes la lectura y de corazón te deseo todo lo mejor. ¡Ah!, y no olvides el otro libro que acompaña a este, el de los jóvenes titulado *Física abierta. Del Big Bang a la primera célula de Adán*, recuerda que como dijo una persona optimista y rebelde (Chesterton, *La poesía de las ciudades*) es glorioso llegar a ser hombre, pero es patético dejar de ser niño.

Madrid, 30 de mayo de 2025
José Ramón Recuero

Capítulo I

El origen del Universo en el *big bang*

1. El maravilloso espectáculo de la Naturaleza

Habitamos un mundo maravilloso y misterioso. Desde la minúscula mota de polvo que es nuestro planeta tierra contemplamos asombrados el magnífico espectáculo que nos ofrece el cielo estrellado, ese cielo que tanto admiraba Kant y que fijamente miraba Tales de Mileto cuando calló en un pozo[1]. Me estremece el silencio eterno de esos espacios infinitos, exclamó Pascal[2], y también nos conmueve, a mí me conmueve, el pequeñísimo sistema atómico molecular, tan maravilloso es el mundo del macrocosmos como el del microcosmos. Quizá por eso el botánico Gray pasaba largas horas examinando una humilde hierba: «el Creador parece haber puesto mucho trabajo en ella —decía—, no veo porqué no había yo de estudiarla a fondo»[3]. Emocionante es la contemplación de la naturaleza, desde las galaxias más lejanas hasta los minúsculos átomos que, veinticuatro siglos después de Demócrito, los científicos han podido ver gracias al microscopio de efecto túnel. Cuando por primera vez los vio el gran físico Feynman otro científico no paraba de hablar y hablar dando explicaciones, hasta que aquel le interrumpió exclamando: «¡cállate Platzmann, no hables, tan sólo mira, son átomos!, ¡los átomos están ahí, es Dios!»[4].

Para Tales contemplar las estrellas y para Feynman ver los átomos era como una experiencia religiosa, como estar ante Dios. ¿Por qué? Sencillamente porque veían en la naturaleza un ser excelente y hermoso, un fin en sí, algo que tiene en sí el fundamento de su existencia, por eso ha habido filósofos y científicos que han creído que el Mundo es un dios que nos acoge en su seno. Como

[1] Cfr. Immanuel Kant, *Kritik der Praktischen Vernunft*, 1788, Conclusión. Respecto a Tales de Mileto (625-548 a. C.), narra este hecho Platón en *Teeteto*, 174a.

[2] Blaise Pascal, *Pensées*, número 201, Alianza, Madrid 1994, p. 81.

[3] Asa Gray (1810-1888), *Darwiniana*, Hunter Dupree, Cambridge (Mass.) 1963, p. 310.

[4] Cfr. Fernández Rañada, *Los científicos y Dios*, 1993, Nobel, Oviedo 1994, pp. 228 y 229.

dice el *Libro de la Sabiduría*, «al fuego, al viento, al aire ligero, a la bóveda del cielo, al agua o a las estrellas han considerado como dioses, señores del mundo»[5]. Consciente de ello fue el gran Copérnico, lo sabemos por su libro, el que revolucionó la astronomía, en cuyo comienzo lo comenta diciendo: «¿Qué hay más hermoso que el cielo que contiene toda la belleza?, a causa de su extraordinaria excelencia muchos lo han considerado un dios visible»[6]. Así ha sido, en efecto, desde Platón en su *Timeo* hasta Feuerbach, Schopenhauer y Nietzschc, hay filósofos que sostienen que el Cosmos es un dios vivo, totalitario, perfecto, con una voluntad todopoderosa, un Ser primordial que abarca en su seno todos los demás seres que existen. También científicos, desde Epicuro y Plinio en su *Historia Natural* hasta Margulis y Einstein hay científicos que tienen fe en una religión cósmica que diviniza el Universo visible, no es de extrañar que algunos de ellos como Schrödinger, Pauli, Oppenheimer y el propio Einstein, se hayan entusiasmado con las enseñanzas de Schopenhauer y la filosofía oriental plasmada en los *Vedas* y las *Upanishads*[7].

Sin embargo, otros filósofos y físicos han pensado que aventaja a la belleza del mundo el Autor de tal belleza, de esta forma se han elevado hasta la idea de un Creador, de un Dios hacedor y conservador del Cosmos visible. Han criticado la idolatría en que según ellos incurren quienes divinizan la naturaleza, recordándoles que el *Libro de la Sabiduría* se dirige a los que toman por dioses el agua, el aire o las estrellas, es cierto, pero para decirles que «si cautivados por su belleza los tomaron por dioses, sepan cuanto les aventaja el señor de estos, pues fue el Autor mismo de la belleza

[5] Cfr. *Libro de la Sabiduría*, escrito en la segunda mitad del siglo primero antes de Cristo por un judío helenizado que vivía en Alejandría, al número 13. Ludwig Feuerbach (1804-1872) en *La esencia del cristianismo*, Sígueme, Salamanca 1975, pp. 154 y 155, expresa y justifica este sentimiento diciendo: «Con razón dice el *Libro de la Sabiduría* que a causa de la belleza del mundo los paganos no se han elevado hasta la idea de un Creador».

[6] Nicolás Copérnico (1473-1543), *De revolutionibus orbium caelestium*, 1543, Libro primero, Introducción, Tecnos, Madrid 1987, p. 13.

[7] Los *Upanishads* eran colecciones que recogían la doctrina secreta del brahmanismo, y los más antiguos eran los *Vedas* que contenían la sabiduría de la primera religión de la India, la védica. Schopenhauer acude a ellos en numerosos pasajes, como en el Prólogo a la primera edición de *El mundo como voluntad y representación*, para afirmar la eternidad, libertad total y omnipotencia del Mundo y su Voluntad, un Mundo que es Uno y Todo (panteísmo), y es dios (cfr. mi libro *Diálogos sobre el bien y el mal*, Capítulo VI, dedicado a Schopenhauer).

quien los creo»[8]. Sí, el gran filósofo Justino, Agustín de Hipona, Leibniz, que utilizó la palabra Θεάνθρωπος[9], Brentano, Zubiri… numerosos pensadores han creído en un Dios todopoderoso que ha creado el Universo. También físicos y otros científicos han visto en el armonioso libro de la naturaleza una obra escrita por el dedo de un Dios inteligente y benevolente, en este sentido el eminente creador de la teoría electromagnética Maxwell, del que más de una vez tendremos que hablar, citaba a menudo otro versículo del *Libro de la Sabiduría*, aquel que dice: «hiciste, Señor, todas las cosas con medida, número y peso»[10]. Ante un divino espectáculo creyó encontrarse Kepler cuando estudiaba los misterios cosmográficos y la armonía del mundo, un espectáculo, decía, que se nos muestra a modo de relumbrante templo de Dios[11]. Pasión semejante tuvo Herchel, el astrónomo que descubrió Urano e hizo el primer mapa de nuestra galaxia, quería comprender lo escrito por Dios en el libro de los cielos y para conseguirlo anotaba cuidadosamente todo lo que en ellos brillaba. En fin, el caso del gran Newton, del que también mucho hablaremos, es paradigmático: en el *Escolio General* que puso al final de su revolucionario libro, el que describió matemáticamente la gravitación universal, habla de la belleza de un Universo que mereció tal Autor, Dios, al que llega a llamar Παντοκράτωρ, Pantocrátor, escrito así, en griego, aunque había escrito su libro en latín[12].

¿Quién está en lo cierto? ¿Schopenhauer o Leibniz? ¿Einstein o Newton? ¿Cuál es el fundamento de lo que existe, el propio Mundo o Dios? Estas preguntas plantean cuestiones filosóficas, si bien para contestarlas adecuadamente necesitamos imperativamente contar

---

[8] *Libro de la Sabiduría*, 13; Biblia de Jerusalén, Desclée de Brouwer, Bilbao 1992, p. 1486.

[9] Gottfried Leibniz (1646-1716) en su *Teodicea*, tercera parte, capítulo sobre «Vindicación de la causa de Dios», número 49, escribe (en griego, como en el texto) *Theántropos*, es decir, Dios que se hizo hombre y, por tanto, une cielo y tierra.

[10] *Libro de la Sabiduría*, 11, 20.

[11] Johannes Kepler, *Mysterium cosmographicum*, 1596, Dedicatoria, publicado como *El secreto del Universo*, Alianza, Madrid 2013, p. 55, donde refiriéndose al Mundo Universo escribe que «nada hay más precioso ni más hermoso que este relumbrante templo de Dios».

[12] Isaac Newton (1642-1727), *Philosophiae Naturalis Principia Mathematica*, 1687, 2ª edición con el *Escolio General* en 1713, Tecnos, Madrid 1987, pp. 617 a 621.

con los datos que la ciencia nos aporta[13]. Intentar conseguir unas respuestas que sean razonables requiere fijar nuestra atención en el estado actual de la ciencia, en especial de la astrofísica relativista y de la física cuántica. Es necesario partir de los datos empíricos que estas disciplinas nos aportan examinándolo todo y quedándonos con lo mejor, confrontando distintas hipótesis para asumir lo bueno, venga de donde viniere, siguiendo el razonamiento hasta donde nos lleve como quería Platón. Lo que Aristóteles llamaba Metafísica, filosofía primera, del Primer Principio o ἀρχή[14], de Dios, requiere contar con su Física, filosofía segunda, la de los entes sensibles del Universo, y también con el lenguaje en que se expresa esta, que es la matemática. El filósofo sólo puede acercarse con cierta garantía de éxito a nuestro admirado y querido Mundo si está familiarizado con el método, el estado y los resultados de la ciencia, aunque a veces tenga que situarse fuera de ella para poder obtener una visión de conjunto que aquella, por sí sola, nunca podrá darle. De manera que, evitando prejuicios que lo único que causan es ceguera, ante el espectáculo de este magnífico Universo que nos acoge y estremece filosofía y ciencia tienen que ir de la mano, metafísica de la naturaleza y física son como dos caras de una sola moneda. Cada una aisladamente tiene valor, es cierto, pero si las unimos acaso podremos llegar a comprender, aunque sea de forma aproximada, el sentido del Mundo y nuestro papel en él. Es lo que voy a intentar hacer en este libro. Naturalmente tengo que empezar por el principio, por el principio de todo lo que existe que es el comienzo de Mundo mismo, si es que lo hubo. Es lo que vamos a abordar, lector, a continuación.

[13] Advierto que la «ciencia de la naturaleza» es parte de la filosofía, es filosofía segunda según Aristóteles, y que cuando aquí me refiero a «cuestiones filosóficas» aludo especialmente a cuestiones metafísicas o de filosofía primera.

[14] El término ἀρχή puede castellanizarse como *arché, arké, arhké, arjé* o con otra fonética similar, de él derivan, por ejemplo, las palabras arque-tipo y arque-ología. Normalmente yo utilizo la palabra *arjé* como equivalente a *dios*, escrito con minúscula, para referirme al Primer Principio de todo lo que existe, que según unos es el Mundo Cósmico y según otros es Dios Espiritual y Creador, ahora escrito con mayúscula.

2. ¿Es eterno el Universo o tuvo un principio?

¿Tuvo un principio el Universo o existe desde siempre? ¿Tendrá un fin o vivirá perpetuamente? ¿Es limitado o infinito? Kant, que era grande de espíritu y pequeño de cuerpo[15], planteó estas preguntas acerca de la extensión del mundo, en el tiempo y en el espacio, en la primera antinomia cosmológica que formuló en la cosmología de su dialéctica transcendental, intentando, como siempre hacía, poner a la razón de acuerdo consigo misma. Una antinomia es una contradicción entre dos principios racionales, una tesis y una antítesis, y como la razón pura necesita establecer la compatibilidad entre sus afirmaciones, según nos dice el propio Kant, ella juzga acerca de su verdad o falsedad. Para Kant la tesis es: el mundo tiene un comienzo en el tiempo y se contrae a un espacio limitado. La prueba porque es incompatible una infinita serie cósmica temporal, y porque un agregado infinito de cosas no puede ser considerado como un todo. La antítesis es la siguiente: el mundo no tiene

---

[15] Kant (1724-1804) medía poco mas de metro y medio y sus ojos, no precisamente grandes, eran vivos, dulces y muy azules, según nos dice Ludwig Ernst Borowski en *Darstellung des Leben und Charakters Immanuel Kant*, una biografía autorizada y revisada por el propio Kant y publicada como *Relato de la vida y el carácter de Immanuel Kant*, Madrid, Tecnos, 1993, p. 70. Kant se levantaba diariamente a las cinco de la mañana, e impartía en la Universidad las lecciones del día, a las que solían asistir muchos alumnos. Después escribía hasta el mediodía sus obras. Sentaba a su mesa durante el almuerzo a un grupo de buenos amigos, con los charlaba sobre multitud de temas, incluso sobre recetas de cocina, Hippel, uno de sus amigos que llegó a ser alcalde de Könisberg, le dijo que algún día escribiría una *Crítica del arte culimario*. A continuación daba su paseo diario, normalmente por el «camino del filósofo», el que conduce a la fortaleza de Friedrichsburg, y lo hacía en compañía de algún amigo o estudiante al que invitaba para conversar. Tras lo cual, hasta el final del día, Kant leía todo tipo de libros, hasta que las campanas daban las diez; entonces se iba, sin hacer jamás excepción, a dormir. Siempre dormía siete horas. Estos hechos los cuentan tres biógrafos «oficiales» de Kant, que publicaron sus obras en Könisberg el año de su muerte, en 1804. Fueron: el citado Ludwig Ernst Borowski, cuyo relato se titula como dije *Darstellung des Leben und Charakters Immanuel Kant*; Reinhold Bernhard Jachmann, con su *Immanuel Kant geschildert in Briefen an einen Freund*; y Ehregott A. C. Wasianski, ejecutor de la última voluntad de Kant, cuya biografía (también publicada en Königsberg en 1804) se titula *Immanuel Kant in seinen letzten Lebensjahren*. Una relación sobre lo que ha escrito acerca de la vida de Kant se contiene en Rudolf Malter, *Königsberg und Kant im Reisetagebuch des Theologen Johann Friedrich Abegg (1798)*, Jahrbuch der Albertus – Universität Königsberg, Pr. 26 -7, 1986, pp. 5 a 25; y en Manfred Kuchn, *Kant, una biografía*, Madrid, Acento, 2003, pp. 677 a 696.

comienzo, así como tampoco tiene límites en el espacio, es infinito, tanto respecto al tiempo como al espacio. Ahora el argumento es la imposibilidad de un tiempo vacío (un tiempo anterior sin mundo) y de un espacio vacío (sin un mundo).

¿Qué concluye el sabio Kant? Para él tanto la tesis como la antítesis son falsas. Quien afirma que hay un mundo limitado afirma algo imposible, nos dice, puesto que el tiempo y el espacio no pueden limitarse, haría falta para ello otro espacio y otro tiempo con que limitarlos. Y quien afirma que hay un mundo infinito en el tiempo y en el espacio, nos dice también, dice algo que nunca ha visto y nunca verá, pues tal visión resulta imposible. A juicio de Kant el fallo capital que cometen tanto la tesis como la antítesis está en querer pensar el mundo como un todo, como un objeto dado fuera de la razón, transcendente[16]. Como en tantas otras cosas la razón pura nos deja en suspenso, sin conclusiones válidas acerca de cual es la respuesta verdadera. ¿Por qué? En mi opinión la causa de ello radica en el hecho de que para Kant el mundo es simplemente un concepto de la razón, una idea, como el alma o Dios, la síntesis de todas mis representaciones o fenómenos. Ella, la razón, no puede salir fuera, al noúmeno, a lo transcendente[17], y así ¿cómo va a saber si es limitado o eterno algo que se reduce a ser una mera ilusión de la razón?

No obstante, y aún sin salir del propio edificio de su razón pura, mérito de Kant es haber planteado con rigor un problema que han intentado resolver filósofos y científicos de todos los tiempos, desde que la física nació en Grecia. A la búsqueda de una respuesta válida voy a comenzar examinando los argumentos y las pruebas de quienes han sostenido la tesis según la cual el Mundo tuvo un principio, más adelante abordaré la antítesis de la eternidad del Universo. Argumentos y pruebas que se centran tanto en las

---

[16] Inmanuel Kant desarrolla esta primera antinomia cosmológica en la «Dialéctica Transcendental» de su *Kritik der Reinen Vernunft*, 1781, 2ª edición 1787, Libro II, Capítulo II, B454 a B461. Su solución se contiene en B545 a B551. La necesidad de compatibilizar las afirmaciones de la razón se encuentra en B453.

[17] La filosofía de Kant es transcendental, en cuanto que quiere salir de lo empírico, pero no es transcendente, pues no sale fuera de la propia razón pura, a la que considera una esfera cerrada fuera de la cual nada sabemos que haya, así lo afirma Kant. Por eso percibimos los fenómenos pero no podemos conocer los noúmenos o cosas en sí.

hipótesis de trabajo o teorías acerca de un comienzo, como en las observaciones empíricas relativas a dicho principio.

3. Teorías matemáticas sobre la existencia de una gran explosión inicial

Comencemos, pues, con las hipótesis teóricas de los científicos, que se expresan en el lenguaje de la física que es la matemática. Primero abordaré las propuestas por Friedmann y Lemaître, quien es tenido por padre del *big bang*, y después las ideas de Gramow acerca de la posible huella que debió dejar la gran explosión inicial.

Einstein pensaba que el Universo es eterno y estático, y para poder representarlo así introdujo en su modelo una «constante cosmológica». Un joven cosmólogo ruso llamado Friedmann no estaba conforme con la introducción de dicha constante, que según él distorsionaba las ecuaciones, de manera que las rehízo sin contar con ella, lo que le llevó a un Universo dinámico en expansión, no estático como creía Einstein[18]. En el año 1922 Friedmann publicó sus nuevas ecuaciones cosmológicas, acordes con la relatividad general propuesta por Einstein en 1916 pero con la corrección mencionada, unas ecuaciones de las que se deducía que el radio del Universo aumenta o disminuye en el tiempo, es decir, que según ellas el Universo se expande o se contrae. En un primer momento Einstein rechazó los resultados de la investigación de Friedmann, pero después retomó los cálculos y se convenció de que el errado era él y Friedmann tenía razón[19]. Este científico continuó investigando, y posteriormente publicó un libro titulado *El universo como espacio y tiempo*, donde sostenía que el Mundo había tenido un principio en el que todo él estaba contraído «en un punto (de

---

[18] Aleksandr A. Friedmann (1888-1925) se formó en la Universidad de San Petesburgo y desde 1913 trabajó en el Observatorio Pavlovok, en Rusia. A causa de sus propuestas fue perseguido por la policía de la Unión Soviética, hasta que en 1925 consiguió emigrar a los Estados Unidos, donde continuó sus investigaciones.

[19] El día 21 de marzo de 1923 Einstein envió a la revista *Zeitschrift für Physik* una nota en la que decía: «Mi objeción se basaba en un error de cálculo, reconozco los resultados del señor Friedmann como correctos, aportan un nuevo enfoque».

volumen nulo), y después, a partir de ese punto, había aumentado de radio»[20], de ahí que ahora se está expandiendo.

Por su cuenta, de forma independiente, a igual conclusión llegó un gran astrónomo, físico, matemático y, por cierto, sacerdote católico belga llamado Lemaître, quien en 1927 formuló otras ecuaciones cosmológicas que también describen un Universo dinámico, en expansión, si bien en expansión exponencial con un pasado infinito[21]. Como vemos inicialmente no pensó en la finitud del Mundo, sino en su eternidad. Pero eso cambió a raíz de una conferencia que impartió Eddington, otro gran astrónomo inglés con el que Lemaître había estado en Cambridge. Aunque el título de esa conferencia aludía al fin del mundo desde el punto de vista de la física matemática, en ella Eddington rechazaba que el Mundo hubiese tenido un comienzo[22]. Esto hizo pensar a su oyente Lemaître, hasta que en 1931 reformuló su teoría manteniendo un modelo cosmológico en el que el Universo se está expandiendo, como en el anterior, pero atribuyéndole ahora un comienzo, una edad finita. Concluyó que si el Universo se está expandiendo se puede mirar hacia atrás, como quien ve una película al revés, y así se llega a un tiempo cero en el que toda la materia estaba concentrada en un «átomo primitivo», un átomo muy denso y de pequeña dimensión que fue el que después se expandió, una especie de «cigoto del Universo» (esta última expresión es mía). Según Lemaître este proceso habría comenzado con una «gran explosión» donde las leyes físicas perdían su sentido y con la que el Universo entraba en expansión, dando lugar la desintegración del átomo primitivo a la

[20] Friedmann, *El universo como espacio y tiempo*, 1923, Nakua 1965.

[21] Georges Lemaître (1894-1965) propuso este modelo en *Un univers homogène de masse constante et de rayon croissant, rendant compte de la vitesse radiale des las nébuleuses extra-galactiques*, publicado en «Annales de la Societé Scientifique», Bruselas 1927. Lemaître cursó la carrera de ingeniero de minas, estudió filosofía y fue voluntario en la primera guerra mundial, tras la que se centró en la física y en las matemáticas. Trató a Eddington en Cambridge, a Hubble en Estados Unidos y finalmente impartió clases en la Universidad de Lovaina.

[22] Sir Arthur Stanley Eddington (1882-1944) pronunció la conferencia titulada «The end of the World from the standpoint of Mathematic Physics», que fue publicada en *Nature*, marzo de 1931, nº 3203, pp. 447 a 453. Eddington fue director del observatorio de Cambridge y miembro de la *Royal Society* de Londres. Cuáquero y destacado astrofísico, demostró que la teoría de la relatividad de Einstein es correcta y se convirtió en su divulgador. Participó en las expediciones que la confirmaron, y escribió *La teoría de la relatividad y su influencia en el pensamiento científico*, 1922, contenido en *La teoría de la relatividad*, Alianza, Madrid 1993, pp. 137 y siguientes.

materia, el espacio y el tiempo, permaneciendo constante la masa total[23]. De esta forma el gran astrónomo belga fue capaz de formular la teoría del *big bang* incluso antes que Hubble —aunque no le denominó así, el primero en usar esta expresión fue Hoyle[24]—, por eso en justicia es considerado el padre de dicha teoría[25]. Durante mucho tiempo no se le reconoció este mérito porque su aportación fue poco conocida —había publicado su trabajo de 1927, con sus ecuaciones, en francés y en una revista poco difundida—. Hasta que le prestó atención el mencionado astrónomo Eddington, al que volveremos a encontrar cuando hablemos de la teoría de la relatividad de Einstein, quien tradujo al inglés y publicó en 1930 el texto de Lemaître. Después, concretamente en 1933, Eddington publicó un libro escrito por él titulado *The Expanding Universe*, que fue muy popular y en el que describía los modelos cosmológicos de De Sitter, Friedmann, Lemaître y Eisntein.

En 1948 un científico ucraniano llamado Gramow llegó a la conclusión de que si, como creía Lamaître, el Universo se hubiese iniciado en una gran explosión y desde entonces hubiese estado expandiéndose, tendría que existir una radiación de fondo, como un resto o una huella fósil de esa explosión, que probablemente de alguna manera podríamos observar actualmente[26]. Después, en 1952, matizó la idea de la gran explosión inicial y del átomo primordial, que según él estaba constituido por una mezcla de protones, neutrones y electrones, de manera que a partir de él se fueron formando los átomos de determinados elementos —se

[23] Cfr. Agustín Udias (geofísico n. en 1948), *Breve historia de la física*, Síntesis, Madrid 2019, p. 260; y Eduardo Riaza, «Filosofía y Ciencia en Georges Lemaître», en *La cosmovisión de los grandes científicos del siglo xx*, dirigido por Juan Arana, Tecnos, Madrid 2020, pp. 230 a 233.
[24] Fred Hoyle creía que el mundo es eterno y estático (hablaremos de él al comentar el modelo cosmológico del estado estacionario), por lo que negaba que hubiera habido una gran explosión inicial. En un programa de radio fue preguntado sobre ella, y Hoyle en tono jocoso, con la intención de mofarse de la propuesta de Lamaître, contestó que no había existido un *big bang*. Lo notable es que esta manera de denominar a la explosión inicial tuvo éxito incluso entre los partidarios de ella, y se popularizó en el mundo científico.
[25] Cfr. Eduardo Riaza, *La historia del comienzo: Georges Lemaître, padre del big bang*, Encuentro, Madrid 2010.
[26] George Gramow (1904-1968) se educó en la Universidad de Leningrado, en la que fue discípulo de Friedmann y donde después fue profesor de física. En 1934 emigró a Estados Unidos y allí impartió clases en las Universidades George Washington (San Luis, Missouri) y Colorado.

produjo la «mitosis», podríamos decir alegóricamente—. En el Universo abundan elementos ligeros como el hidrógeno o el helio, y concretamente Gramow sostenía que tales elementos se crearon por fusión nuclear (de la que hablaremos), en las condiciones de alta densidad y temperatura del Cosmos en sus primeras fases[27]. Este científico cayó en la cuenta de la dificultad de que en el primitivo Universo se hubiesen creado átomos de número atómico por encima del helio, de manera que en 1956 propuso que los átomos más pesados se habían formado después en el interior de las estrellas, donde se dan las condiciones de presión y temperatura adecuadas[28]. En todo caso Gramow insistió en que la gran explosión que originó el Universo tuvo que haber dejado alguna huella cósmica, algún rastro, una radiación de fondo que quizá hoy día podríamos captar. Lemaître pensaba lo mismo, hasta el punto de que una vez formulada su teoría dedicó su tiempo y sus energías a buscar ese fósil cósmico que la avalara. No lo encontró, pero la fortuna quiso que pocos meses antes de morir se enterara de que otros científicos, Penzias y Wilson, habían captado esa radiación cósmica de fondo que él tanto buscaba, y que sin duda confirmaba sus ecuaciones.

---

[27] Cfr. Toshifumi Futamase (n. en 1953), astrónomo y cosmólogo japonés, profesor en la Universidad de Kioto, *Gran guía visual del Cosmos*, Blackie Book S.L.U., Barcelona 2023, p. 236.

[28] Cfr. Udias, ob. cit., p. 261. El número atómico representa el número de cargas positivas (protones) en el núcleo del átomo.

4. Pruebas experimentales del comienzo del Universo

Así sucedió en este caso, y así ha sido siempre: la física avanza por interacción continua entre teoría y experimentación. Por tanto, pasamos ahora del terreno de las hipótesis al de las observaciones, a las pruebas experimentales relativas al comienzo del Universo. Son numerosas las que confirman la idea del *big bang*, por ejemplo, la relativa a las proporciones de los elementos presentes en el actual Universo[29], y la referente al hecho de que el cielo nocturno no es brillante como si fuese de día, la llamada «paradoja de Olbers»[30]. Pero básicamente lo que ha llevado a los físicos a concluir que efectivamente tal comienzo existió ha sido el descubrimiento del progresivo alejamiento de las galaxias, y la captación de la radiación cósmica de fondo. En el primer caso tuvo un papel muy destacado Hubble, en el segundo lo tuvieron los mencionados Penzias y Wilson.

Edwin Hubble, abogado, deportista, profesor de lengua española y comandante en la segunda guerra mundial, fue un gran astrónomo norteamericano al que se considera uno de los padres de la astronomía extra-galáctica (es decir, fuera de nuestra galaxia, la vía láctea)[31]. Formado en la Universidad de Chicago, desde el Observatorio de Yerkes en 1919 pasó al Mount Wilson

---

[29] Estas proporciones, especialmente las de los elementos más ligeros: hidrógeno, helio y litio, corresponden a las que predice la teoría del *big bang*.

[30] Heinrich Olbers (1758-1840) fue un astrónomo alemán que se planteó: ¿por qué el cielo es oscuro de noche, si hay tantas estrellas? Todas brillan y se distribuyen uniformemente, por tanto el cielo debería aparecer como si fuese de día, como digo esta es la llamada «paradoja de Olbers». La idea es que si hubiera infinitas estrellas cada punto del cielo debería estar iluminado, haciendo que la noche fuera tan brillante como el día; dicho de otra forma: si el Universo fuera estático e infinito el cielo tendría que brillar. Pero como no es así, sino que tuvo un comienzo y se expande, sólo vemos el brillo de estrellas que están cerca, respecto a las más distantes o aún no ha llegado su luz hasta nosotros, o se ha alargado al infrarrojo y no la vemos, por eso el cielo nocturno es oscuro (cfr. Futamase, ob. cit., p. 231).

[31] Hubble nació en Marshfield (Misouri) en 1889 y falleció en San Marino (California) en 1953.

Observatory, en California, donde utilizando un potente telescopio de 100 pulgadas (2,5 m) se dedicó a observar las estrellas, que se mueven a grandes velocidades, a veces hasta de cientos de kilómetros por segundo. Kant había conjeturado que las llamadas nebulosas podrían ser galaxias como la nuestra[32], pero la idea de un Universo lleno de galaxias no estuvo clara hasta Hubbel. Fue él quien gracias a sus observaciones propuso que las nebulosas en espiral en realidad son galaxias fuera de la nuestra que están situadas a grandes distancias de la tierra, del orden de millones de años luz[33]. En 1923 pudo descomponer por primera vez la nebulosa Andrómeda en estrellas separadas, evaluó su distancia, y concluyó que esa nebulosa y miles de nebulosas similares son galaxias como la nuestra, que llenan el Universo a grandes distancias en todas direcciones.

El año 1929 Hubble hace su descubrimiento más importante: el Universo se está expandiendo (conclusión, por cierto, a la que había llegado Lemaître dos años antes). Calculó la distancia de 18 galaxias, comparó esas distancias con las velocidades respectivas de cada una de ellas, y concluyó que las galaxias más lejanas se están apartando más rápidamente de nosotros y unas de otras, es decir, se expanden[34]. Y las velocidades de las galaxias aumentan proporcionalmente con su distancia a través de la «constante de Hubble» (H), que desde 2018, y para hacer justicia a su primer

---

[32] En *Allgemeine Naturgeschichte und Theorie des Himmels*, *Historia General de la Naturaleza y Teoría del Cielo*, de 1755. El filósofo de la naturaleza Juan Arana (San Adrián, 1950) estudia la física de Kant en un apartado que titula «Kant y las tres físicas» de su libro *Filosofía Natural*, Biblioteca de Autores Cristianos, Madrid 2023, pp. 198 a 212. Lo titula así porque sostiene la tesis de que la física de Newton influyó decisivamente en la física kantiana pero no fue la única, sino que también le influyeron las físicas de Descartes y Leibniz. Según él, la influencia de Newton se aprecia en la citada *Historia general de la naturaleza y teoría del cielo*, escrito por Kant en 1755; la de Descartes en la elaboración *more geométrico* de *Principios metafísicos de la ciencia de la naturaleza*, de 1786; y la de Leibniz y Wolf en la explicación de la categoría cualidad de la materia.

[33] Un año-luz es la distancia recorrida por la luz en un año. En el espacio vacío la velocidad de la luz es de 299.792 kilómetros por segundo, lo que supone un recorrido de 1.079.252.848,8 millones de kilómetros a la hora. Naturalmente la distancia recorrida en un año es muy superior, es concretamente 9,46 billones de kilómetros.

[34] A grandes distancias las galaxias pueden alejarse incluso con una velocidad superior a la de la luz, ya que la relatividad impone límites a la velocidad con que los objetos pueden moverse en el espacio (la mayor de ellas es la de la luz), pero no los impone a la velocidad con la que se puede expandir el propio espacio: cfr. David Jou, *Cerebro y Universo. Dos cosmologías*, Edicions UAB, Barcelona 2011, p. 91.

descubridor, se llama «constante de Hubble-Lemaître»[35]. Esta constante de la astrofísica se cifra en 15 kilómetros por segundo por millón de años luz. Para medir la velocidad y la distancia de estrellas y galaxias Hubble utilizó una propiedad de todo movimiento ondulatorio llamada efecto Doppler[36]: según él, una onda que se aleja de nosotros parecerá tener una longitud de onda mayor que si la fuente que la origina estuviera en reposo. Steven Weinberg —premio nobel de física estadounidense junto con el paquistaní Salam por su teoría que unifica dos de las fuerzas fundamentales de la naturaleza, la electro-magnética y la nuclear débil— en su entretenido libro *Los tres primeros minutos del universo* pone el ejemplo de una carta: es como si un viajante de comercio enviara una carta a su casa una vez por semana, dice, de manera que mientras se va alejando de su casa cada carta tendrá que atravesar una distancia mayor, y sus cartas llegarán a intervalos de poco más de una semana[37]. Otros científicos ponen el ejemplo de un coche que se aleja de nosotros: a medida que se aleja las ondas de sonido se emiten desde una distancia cada vez mayor y, por tanto, nos llegan estiradas en longitudes de onda más largas, de ahí que el tono sea más bajo[38]. Este efecto Doppler explica los diferentes colores de las estrellas: la luz de las estrellas que se alejan de la tierra se desplaza hacia longitudes de ondas más largas, y puesto que la luz roja tiene una longitud de onda mayor que la longitud de onda media de la luz visible, tal estrella parecerá más roja que el promedio. Análogamente la estrella que se acerca a la tierra tiene longitud de onda más corta, de modo que parecerá azul. Gracias a este «corrimiento al rojo» conocemos los valores de las velocidades de las estrellas. De esta forma Hubble anunció en 1929 que había descubierto que los corrimientos al rojo de las galaxias aumentan aproximadamente en proporción a su distancia de nosotros, que las galaxias más lejanas se apartan más rápidamente y, en conclusión, que el Universo se está expandiendo.

[35] Así lo acordó en 2018 la IAU (Unión Astronómica Internacional). Antes de 1929, concretamente en 1928, Lemaître presentó una comunicación en la IAU, en Holanda, explicando la relación velocidad-distancia de las galaxias.

[36] Parece que este efecto fue apuntado por primera vez en 1842 por Johann Christian Doppler, profesor de matemáticas de la Realschule de Praga.

[37] Steven Weinberg (1933-2021), *The First Three Minutes. A Modern View of the Origins of the Universe*, 1977, *Los tres prmeros minutos del Universo*, Alianza, Madrid 2023, p. 28. También lo ha publicado Salvat, Barcelona 1993.

[38] Pone este ejemplo el físico teórico iraquí-británico Al Khalili (n. en 1962) en *El mundo según la física*, Alianza, Madrid 2021, p. 64.

Es preciso hacer una matización: ahora sabemos, gracias a la relatividad general desarrollada por Einstein, que las galaxias y otros objetos celestes no están alejándose sin más unos de otros en el espacio sólo por sí mismos. Lo que sucede es que el espacio mismo está expandiéndose y llevándose a los objetos con él a causa de una energía oscura que repele, aunque en regiones concretas del mismo estos pueden estar acercándose entre ellos si la atracción gravitatoria es suficiente[39]. Para imaginar cómo las galaxias y otros cuerpos se expanden con el espacio pensemos en un globo que tiene estrellas dibujadas: cuando soplando lo hinchamos crece, y esas estrellas se separan unas de otras, se expanden. La energía oscura que repele vence a la fuerza gravitacional que atrae (si esta venciera, frenaría la expansión), como bien explica el físico David Jou[40].

Si las galaxias se están expandiendo unas en relación a las otras, entonces antaño deben haber estado más cerca. Volvemos al pasado, como si viéramos una película al revés, y vemos que de esta forma en un pasado lejano deben haber estado todas unidas, al mismo tiempo, en lo que Lemaître llamó el «átomo primitivo» (cigoto del universo, le llamé yo), el cual surgió con *big bang*. Pues Hubble no cree que la expansión obedezca a alguna especie de repulsión cósmica, piensa más bien que es el efecto de velocidades remanentes provocadas por una explosión pasada (la energía oscura sigue siendo

[39] Además, el espacio dentro de las galaxias (a diferencia del espacio entre galaxias) no se expande, ya que en él la fuerza atractiva de la gravedad es superior a la fuerza expansiva del espacio. Por ello, el tamaño de las estrellas, los planetas y los átomos no se ve afectado por la expansión cósmica (cfr. Jou, *Cerebro y Universo*, ob. cit., p. 91).

[40] David Jou i Mirabent, *Pensar la Creación. La sorpresa de la Razón Divina*, Albada, Barcelona 2024, p. 236, donde escribe lo siguiente: «La expansión del universo es interpretada como un ensanchamiento homogéneo e isotrópico del espacio, de manera que las galaxias, más o menos fijas en el espacio, se van separando entre sí porque el espacio entre ellas se va dilatando. La imagen divulgativa usual es imaginar las galaxias como puntitos pintados en la superficie de un globo elástico: cuando el globo va siendo hinchado los puntos se van separando no porque se muevan respecto de la goma del globo, sino porque la goma se va dilatando. La variación del ritmo de expansión es proporcional a la suma de la densidad de energía más tres veces la presión, cambiada de signo. Eso quiere decir que si esa suma es positiva el ritmo de expansión del espacio se va frenando, pero si la presión fuera suficientemente negativa y dicha suma resultara nula o negativa, el ritmo de la expansión permanecería constante o se aceleraría, respectivamente. Eso tiene interés por las observaciones que indican que la expansión no se va frenando, como debería ocurrir si dominara la gravitación, sino que se va acelerando o tiende a una constante. Se supone que ello se debe a una energía oscura, cuya presión es suficientemente negativa».

un misterio para la ciencia). Resulta ahora que las ecuaciones matemáticas de Friedmann y Lemaître eran correctas, las galaxias no se alejan unas de otras por alguna fuerza misteriosa que las empuja, se apartan porque fueron arrojadas en el pasado por algún tipo de explosión. Lo cual nos sirve, además, para conocer la edad del Universo, pues los cálculos permiten extrapolar hacia atrás la expansión del Universo y revelan, según dicen Hubble y Weinberg, que la explosión tuvo que haberse producido en un intervalo de entre 10.000 y 20.000 años atrás, conclusión que asume el físico, especialista en partículas elementales y física matemática, Fernandez Rañada[41]. Es un espectro amplio, aunque otros científicos concretan más la probable época en la que tuvo lugar el *big bang*. Así, por ejemplo, el geofísico Udias entiende que la constante descubierta por Hubble y Lemaître (15 kilómetros por segundo por millón de años luz, como dije) permite calcular la edad del Universo observable en 13.800 millones de años[42]; el físico Al-Khalili dice que la gran explosión ocurrió 13.824 millones de años atrás, unos cuantos millones arriba o abajo, apunta[43]; el también físico Alemañ escribe que no parece aventurado afirmar que el origen tuvo lugar hace casi 14.000 millones de años[44]; mientras que el filósofo Guitton y los físicos hermanos Bogdanov lo sitúan hace 15.000 millones de años[45]; la misma cifra que se menciona en el prólogo del libro escrito por el profesor de astrología y astrofísica de la Universidad de Chicago Hogan[46]. El premio nobel de física Landán dijo que los cosmólogos cometen errores a menudo, pero nunca dudan, está claro que la mayoría admiten que el Cosmos tiene una edad, pero en el cómputo de tal edad si lo hacen, dudan, si bien la gran mayoría

[41] Antonio Fernandez Rañada (1939-2022), *Los científicos y Dios*, Nobel, Oviedo 1994, p. 142. Nacido en Bilbao, Fernandez Rañada trabajó en la Junta de Energía Nuclear, y fue profesor de mecánica cuántica en la Universidad de Barcelona y de física teórica y electromagnetismo en la Universidad Complutense de Madrid.

[42] Udías, *Breve historia de la física*, ob. cit., p. 263.

[43] Al-Khalili, ob. cit., pp. 41,42 y 93 (en esta última página habla de 13.820 millones de años).

[44] Rafael Alemañ Berenguer (n. en 1966), *Cosmología. La ciencia ante el universo*, 2023, Guadalmazán, Madrid 2023, p. 235 (en la p. 210 alude a 13.790 millones de años).

[45] Jean Guitton (1901-1998), profesor en La Sorbona, *Dios y la ciencia*, Debate, Madrid 1995, p. 27.

[46] Craig Hogan, *El libro del big bang*, Alianza, Madrid 2005, p. 11.

entiende que nuestro Mundo comenzó a ser hace aproximadamente 13.800 millones de años[47].

La segunda gran prueba experimental que nos permite saber que el Universo tuvo un comienzo, ha sido la captación de la huella que dejó poco después de la gran explosión inicial en forma de radiación cósmica, esa especie de fósil cósmico que para probar sus teorías ya habían buscado Lemaître y Gramow. Se trata de una radiación de fondo de microondas (CMB por sus siglas en inglés) producida por los primeros fotones (partículas luminosas) que cuando la materia y la radiación se separaron pudieron moverse libremente, algo así como el ruido que el Universo hace casi desde su mismo comienzo. Es la radiación más temprana que podemos detectar, y junto al corrimiento al rojo cosmológico es la mejor prueba de la teoría del *big bang*. Fue detectada en 1964 por Penzias y Wilson en la forma que a continuación vamos a ver, unos científicos que por este descubrimiento recibieron el premio nobel de física en 1978.

En el citado año 1964 el laboratorio de la Bell Telephone tenía una excepcional antena de radio en Crawford Hill, Holmdel, Nueva Jersey, y trabajando allí dos radioastrónomos llamados Arno Penzias y Robert Wilson utilizaron esa antena para medir la intensidad de las ondas de radio emitidas por nuestra galaxia. Comenzaron sus observaciones con una longitud de onda relativamente corta, y en la primavera de ese año captaron una radiación de microondas independiente de la dirección (es decir, proveniente de todas direcciones), que no parecía provenir de nuestra galaxia. Después de solucionar un problema que habían tenido en la antena por causa de unas palomas, se plantearon de donde procedía tal ruido. Sólo contaban con su intensidad, y calcularon la temperatura efectiva de la radiación en 3,5 K (grados Kelvin). A través de otro colega Penzias se enteró de que un astrónomo canadiense profesor en Princeton, llamado James Peebles, había dado una conferencia explicando que de no haber habido un intenso fondo de radiación durante los primeros minutos del Universo este no se habría expandido como lo hizo, y que esta radiación tendría que haber sobrevivido a tal expansión. Y concluyó su conferencia afirmando

---

[47] Eso mismo se concluye en la p. 162 del entretenido e ilustrativo libro *Cómo funciona el espacio*, DK Penguin, 2023, publicado en 2021 en Gran Bretaña con el título original de *Haw Space Work*.

que ahora tendría que haber un fondo de ruidos de radio, como resto de la enorme radiación inicial, proveniente de todas las direcciones por igual, y que debía tener una temperatura de unos 3 K y una longitud de onda entre 0,05 y 50 centímetros. Estos cálculos de Peebles se inspiraban en las propuestas hechas por otro astrofísico llamado Robert Dicke, respecto a la existencia de un resto de la gran explosión inicial. Y, más aún, se ajustaban a las observaciones de Penzias y Wilson, de manera que estos llegaron a la conclusión de que la radiación descubierta por ellos era un remanente de la existente casi al comienzo mismo del Universo. El ruido capta-do por ellos era la señal más antigua nunca recibida, se había emitido mucho antes que la luz proveniente de las más distantes galaxias, así se corroboró definitivamente la existencia del *big bang* en el origen del Universo[48].

Como dije Robert Wilson obtuvo el premio nobel de física el año 1978, y recientemente (en el año 2021) él mismo nos ha contado cómo descubrió junto a Penzias la radiación fósil del *big bang*, así como las consecuencias que ello ha tenido para la astrofísica y para él, pues le llevó a cambiar su opinión acerca del origen del Mundo. Aunque con ello se reitere parte de lo ya dicho es muy ilustrativo oír sus propias palabras, que son las siguientes[49]: «Al inicio de mi carrera pensaba, como la mayor parte de mis colegas, que el Universo era eterno. A mis ojos el Cosmos siempre había existido, y la cuestión de su origen ni siquiera se planteaba. Ahora bien, no sabía que estaba a punto de descubrir, por casualidad, algo que iba a cambiar para siempre mi visión del Universo. En la primavera de 1964 mi colega Arno Penzias y yo mismo nos preparábamos para utilizar, en las instalaciones de los Laboratorios Bell, en Holmdel, el gran reflector de veinte pies para llevar a cabo varios proyectos de radioastronomía. Uno de ellos consistía en buscar un halo alrededor de la vía láctea. Pero durante las experiencias preliminares de control, habíamos captado la presencia inesperada de un exceso de

---

[48] Arno A. Penzias nació en 1933 y Robert W. Wilson en 1936, y ambos trabajaron en Bell Laboratories. James Peebles nació en 1935, y además de la mencionada conferencia escribió un ensayo en marzo de 1965 en el que trataba de la radiación del Universo primitivo. Robert Dicke (1916-1997) fue profesor de física de la Universidad de Princenton, y lo que hizo fue desarrollar las ideas ya propuestas por Gamow en 1948.

[49] Robert Wilson, *Prólogo* datado en la Universidad de Harvard el 28 de julio de 2021, en el libro de Bolloré (n. en 1945) y Bonnassies titulado *Dios, la ciencia, las pruebas*, Funanbulista, Madrid 2023, pp. 9 y 10.

"ruido" detectado por la antena. En esa época estábamos aún lejos de darnos cuenta de que ese misterioso "ruido" podría ser nada menos que el eco de la creación del Universo. Afortunadamente uno de nuestros amigos, el radioastrónomo Bernie Burke, nos habló en ese momento de los trabajos de un joven físico de Princenton, Jim Peebles. Siguiendo las sugerencias del profesor Robert Dicke, había establecido por cálculo que la radiación residual del *big bang* podía ser detectada en el Cosmos. Había redactado un artículo, aún inédito, sobre esa hipótesis. Movidos por las perspectivas extraordinarias que ese artículo presentaba (el cual sirvió para que Peebles ganara el nobel en 2020), realizamos rápidamente algunas pruebas finales, y publicamos nuestros resultados al mismo tiempo que Peebles y Dicke daban a conocer los suyos. La única explicación verosímil de tales resultados era que, sin duda, habíamos encontrado la "radiación fósil" proveniente de una época muy antigua del Universo, tal como había sido predicho por Dicke y calculado por Peebles. Nuestro descubrimiento hizo añicos la creencia según la cual el Universo no tenía comienzo ni fin. Lo más sorprendente es que, desde los primeros microsegundos tras el *big bang* hasta hoy, la evolución del Universo predicha por la física actual corresponda tan bien a nuestras observaciones. De tal modo que la teoría del *big bang* parece ser una representación fiel de la manera en que el Universo comenzó y se desarrolló. Pienso que se trata de una conformidad notable entre la teoría y la observación».

La radiación fósil de microondas ha sido y es uno de los objetos más estudiados del Cosmos. Reiteradamente, cientos de veces, los astrónomos la han medido y examinado, y han comprobado que la longitud de onda de sus fotones se adecúa a la teoría cuántica (de la que hablaremos), y a la distribución de Planck de la energía en función de la longitud de onda. En 1989 se lanzó el satélite llamado *Cosmic Background Explorer Satelite* —COBE—, también conocido como Explorer 66, precisamente con la misión de investigar la radiación de fondo, cosa que realizó entre los años 1989 y 1993. Sobre esta base Smoot descubrió que no es completamente uniforme, sino que hay zonas en las que la temperatura es unas millonésimas de grado por encima o por debajo de la media, lo que indica que desde el momento mismo del *big bang* la uniformidad no era absoluta. Estas pequeñas heterogeneidades iniciales son el origen de la formación de las macroestructuras (galaxias y cúmulos de galaxias) observables actualmente en el Universo[50]. Tenemos incluso imágenes fotográficas de la radiación cósmica de fondo, resto de la explosión, nos las ha aportado el Satélite Planck lanzado en 2009 por la Agencia Espacial Europea. Igualmente, mucha información nos aportó y mostró el Telescopio Espacial Hubble[51], que no obstante ha sido superado, y mucho, por otro enorme telescopio que se ha enviado al espacio recientemente (concretamente el 25 de diciembre del año 2021), el cual orbita alrededor del sol bastante más lejos, a 1,5 millones de kilómetros de la tierra, lo que le permite hacer observaciones realmente más lejanas. Me refiero a *James Webb Space Telescope*, un telescopio espacial llamado así por un directivo de la NASA que intervino en las misiones Apolo. Este instrumento permite mirar atrás de forma nítida y clara, casi, casi, cruzar el túnel del tiempo[52]. A todo esto hay que añadir, en fin, las numerosas observaciones que se hacen desde la tierra, e incluso desde la otra cara de la luna[53].

---

[50] George Smoot (n. en 1945), investigador de la Universidad de California (Berkeley), fue director del programa COBE. Sobre Smoot y la detección del eco del big bang cfr. Francisco González de Posada, *Teología de la creación del universo y de la relación de Dios con su obra cósmica*, Clie, Barcelona 2018, pp.286 a 288.

[51] El telescopio espacial Hubble lleva más de 30 años en la órbita terrestre a una velocidad media de 28.000 kilómetros por hora, y ha hecho miles de descubrimientos que han revolucionado nuestra visión del Universo, proporcionándonos preciosas imágenes de estructuras de lejanas galaxias.

[52] El gigantesco telescopio James Webb, fruto de la cooperación de la NASA, la Agencia Espacial Europea y la Agencia Espacial Canadiense, lleva un espejo especial de 6,5 metros de diámetro compuesto de 18 espejos hexagonales, y no orbita alrededor de la tierra (como ha sido corriente), sino alrededor del sol a partir de un punto de liberación que está a 1,5 millones de kilómetros de la tierra. Está observando galaxias muy, muy lejanas (por eso mira atrás en el tiempo), estrellas en formación y la radiación de microondas del *big bang*, entre otros objetos del espacio, con lo que nos proporciona una valiosa información.

[53] Radiotelescopios situados en tierra son, por ejemplo, el llamado ALMA (Atacama Lange Millimeter Assay), en el antiplano chileno, y otro instalado a lo largo y ancho de Europa. Se ha enviado uno más a posarse sobre la cara oscura de la luna, con la intención de que pueda captar el eco del primer átomo (de hidrógeno), de aquel átomo primitivo del que ya nos habló Lemaître.

5. El *big bang* y el gran final

Comprobamos que la ciencia sí ha dado una respuesta a la antinomia cosmológica planteada por Kant: ahora sabemos gracias a ella que la tesis de la finitud es la correcta, que el Universo tuvo un comienzo y, como enseguida veremos, tendrá un final. La confluencia entre teoría matemática y observaciones empíricas ha llevado a la mayoría de los cosmólogos —no a todos, ciertamente, pero sí a una gran mayoría— a asumir el llamado «modelo estándar *del big bang»*, que más bien podríamos denominar «modelo cosmológico del *big bang* y del *gran final»*; o si asumiéramos la propuesta de Octavio Paz, en español, «modelo del *gran pum»*.

La física actual nos dice que hace entre 10.000 y 20.000 millones de años, quizá unos 13.800, hubo una *gran explosión*, *big bang* o *gran pum*, con la que nació nuestro Universo. No una explosión como las que conocemos en la tierra, que parten de un centro definido y se expanden, sino una explosión que se produjo simultáneamente en todas partes, en el instante en que toda la materia y el espacio estuvieron apretados en un punto —volvemos al «átomo primitivo»—. En realidad el *big bang* no fue una enorme explosión en el espacio sin más, sino una expansión increíblemente rápida a partir de una inmensa energía que provocó la aparición de un solo punto o cigoto del Universo. Todo lo que existe en el actual Cosmos estaba en ese inicial átomo, por eso los astrónomos dicen que el *big bang* ocurrió en todas partes a la vez. De esta singular explosión surgió una especie de sopa de partículas elementales extraordinariamente caliente, un conjunto indiferenciado de materia y radiación colisionando entre sí, que se fue enfriando al mismo tiempo que se expandía. Pero para poder llegar al Universo que tenemos la intensidad de la explosión tuvo que ser la justa, ni muy fuerte, ni demasiado débil. Si hubiera sido más violenta de lo que fue, la materia se habría dispersado tan deprisa que no habrían podido formarse las condensaciones que dieron lugar a las estrellas y los planetas, ahora no estaría yo escribiendo y el lector leyendo. Si hubiese sido más débil, la gravedad habría frenado la expansión colapsando el Cosmos, pues las leyes de la física se caracterizan por tener unas constantes universales como la constante de gravitación G, que mide la intensidad con la que se atraen las masas, en este caso tampoco este libro existiría[54].

De manera que según el modelo estándar del *big bang* que, corroborado por la teoría y los experimentos científicos, se ha impuesto, el Universo tuvo un comienzo, causada por una inimaginable energía la gran explosión inicial existió —a modo de una auténtica concepción del Universo—, con el surgimiento de un átomo primigenio —su cigoto—, que inmediatamente comenzó su expansión —como si se desarrollara mediante una especie de mitosis—. Dejando este símil biológico y utilizando otro matemático, podemos decir que al comienzo el Universo se encontró reducido a su más sencilla expresión, todo estaba escrito en un primer átomo que era pura energía, una superfuerza, el cual sabiamente se fue desarrollando y expandiendo por sí mismo. De una u otra forma es lo que sostienen actualmente la mayoría de los cosmólogos y astrofísicos, mencionaré algunos de ellos a simple título de ejemplo: Jordan, un científico que en Gotinga se dedicó a la física cuántica junto a Heisenberg bajo la dirección de Born, afirma que nuestro Universo finito y curvo (según la relatividad) tuvo un inicio en el tiempo[55]; Weinberg, racionalista y materialista, gran físico, deduce de sus cálculos que «debe haber habido un comienzo, un estado de densidad infinita y de temperatura infinita», conclusión que según afirma tiene un firme apoyo matemático[56]; Xuan Thuan, especialista en astronomía extragaláctica y codescubridor de la más reciente galaxia que conocemos, explica que «en la actualidad una

---

[54] En el reciente escrito que antes mencioné, Robert Wilson nos dice que «para que el universo primordial haya podido evolucionar hacia lo que hoy tenemos, el *big bang* ha tenido que configurarse necesariamente de manera ultraprecisa. Diferencias increíblemente pequeñas en la densidad del Universo primitivo habrían provocado o bien una expansión tan rápida que el sol y la tierra no se habrían formado nunca, o bien, por el contrario, una expansión breve seguida de una nueva desintegración mucho antes del nacimiento del sol» (Wilson, *Prólogo* datado en la Universidad de Harvard el 28 de julio de 2021 al libro de Bolloré y Bonnassies antes citado, p. 11).

[55] Pascual Jordan (1902-1980), nacido en Hannover, participó en la elaboración de la mecánica de matrices, un algoritmo matemático aplicable a los fenómenos microfísicos investigado por la física cuántica.

[56] Steven Weinberg, *Los tres primeros minutos del Universo*, Alianza, Madrid 2023, pp. 192 y 183.

gran mayoría de cosmólogos creen que el universo inició su existencia con una enorme explosión a partir de un estado enormemente pequeño, caliente y denso, hace aproximadamente catorce mil millones de años»; por tanto, «tiene un pasado, un presente y un futuro, no es eterno, puesto que ha tenido un principio; la idea de la creación del universo introducida en el siglo XIII por Tomás de Aquino ha encontrado, de manera fortuita, respaldo científico siete siglos más tarde». A modo de un paleontólogo cósmico, este científico ha abundado en los primeros instantes de la radiación fósil, señalando que «en sus inicios el universo era como un inmenso acelerador de partículas elementales, que las crea y las destruye en colisiones de una energía fantástica»[57]; el físico teórico Al Khalili escribe que la expansión de universo «es una de las pruebas más convincentes que tenemos de la gran explosión (*big bang*), el instante en que nació nuestro universo en un estado de temperatura y densidad increíblemente elevadas»[58]; Wilson, acabamos de oírlo, asegura que «da teoría del *big bang* es la representación más fiel de la manera en que el universo comenzó»; a lo que el astrofísico Bogdenov añade el argumento de la edad de las estrellas, que es coherente con la idea de que el Cosmos tuvo un origen[59]; el también astrofísico Hogan dedica un libro a explicar por qué el *big bang* es hoy día un firme «credo científico», así lo dice, «el modelo más fiable y verdadero de la evolución cósmica», añade[60]… Incluso Hawking, el físico teórico inglés que atrapado en su silla de ruedas investigó las singularidades gravitatorias, sostuvo que el Mundo comenzó con una de ellas, la singularidad del *big bang*. Lo hizo en su primera época, es cierto, antes de cambiar su punto de vista con la ayuda de Hartle, en el siguiente capítulo hablaremos de su posterior modelo cosmológico. Así en el año 1978, hablando de sus propios trabajos, escribió lo siguiente: «El resultado final fue un artículo conjunto entre Penrose y yo en 1970 que probó que debe haber habido una singularidad como la del *big bang*, con la única condición de que la relatividad general sea correcta y que el universo contenga tanta materia como observamos»[61]. Al final de su vida

[57] Xuan Thuan (n. en 1948), *El destino del universo: después del big bang*, Blume, Barcelona 2011, pp. 61 y 63.

[58] Al Khalili, *El mundo según la física*, Alianza, Madrid 2022, p. 93.

[59] Jean Guitton, *Dios y la ciencia*, Debate, Madrid 1995, p. 39.

[60] Hogan, *El libro del big bang*, ob.cit., pp. 11 y 17.

[61] Stephen W. Hawking (1942-2018), *Historia del tiempo. Del big bang a los agujeros negros*, Crítica, Barcelona 1988, p. 78. Reitera la misma idea en las pp. 155 y 156.

rememoraba a esta misma conclusión y volvía a ella, escribiendo lo siguiente: «El universo empezó en el *big bang*, un instante en el que todo él, y todo su contenido, se comprimió en un único punto de densidad infinita»[62].

En definitiva: nuestro maravilloso Mundo no es eterno, tuvo un comienzo en el tiempo, un principio. No obstante, a pesar de todas las pruebas científicas que avalan esta conclusión, todavía hay algunos que la niegan y afirman que el Mundo es eterno, en el siguiente capítulo intentaremos comprender sus razones y las refutaremos.

Tuvo un principio y tendrá un final. En este sentido el astrofísico británico Paul Davies, especializado en cosmología, astrobiología y teoría cuántica, nos dice lo siguiente en su libro titulado *El universo desbocado, del* big bang *a la catástrofe final*: «Seguramente hay pocas conclusiones en la ciencia más profundas que la predicción de que el Universo está predestinado a morir, pero el principio en el que se basa esta predicción —la segunda ley de la termodinámica— es el regulador de la actividad natural más fundamental que conoce la humanidad. Su aplicación determina la evolución y el destino de sistemas tan diversos como recipientes de gas, castillos de arena, seres humanos, estrellas y el Cosmos. El progreso inexorable hacia el desequilibrio y la entropía máxima está escrito dentro del comportamiento de todas las cosas; a nuestro alrededor vemos como el Universo lenta, pero inexorablemente, se va apagando»[63]. Ya lo había dicho Eddington en la conferencia a que antes me referí, la que impartió hablando del fin del mundo desde el punto de vista de la física matemática, esa que tanto hizo pensar a Lemaître: apoyándose también en el hecho dinámico de la entropía concluyó que el Cosmos llegaría a un estado de completa dispersión, a una desintegración total de la materia. Pues según la segunda ley de la termodinámica, la que cita Davies, la entropía de un sistema cerrado siempre aumenta, considerando por entropía el grado de desorden de un sistema. Un ejemplo es el de las cartas: al comienzo del juego están ordenadas, pero cuanto más se barajan y utilizan más se mezclan y desordenan, aumentando la entropía. Con el Universo

[62] Hawking, *Breves respuestas a las grandes preguntas*, Crítica, Barcelona 2018, p. 81.

[63] Paul C. W. Davies (n. en 1946), *El Universo desbocado. Del big bang a la catástrofe final*, 1978, Salvat, Barcelona 1988, p. 163.

sucede lo mismo: es un sistema cerrado que tuvo un comienzo en el que el orden era total y absoluto, pero a causa de la segunda ley de termodinámica la entropía siempre va aumentando, de manera que con su expansión tiende al desorden y la degradación, de donde resulta que habrá un final en total y completo desorden, lo que Davies llama la catástrofe final.

Los físicos hablan de dos escenarios posibles del fin del mundo: su muerte térmica, poco a poco, o una gran implosión a la que llaman *big crunch*. El primero, que es el más probable, es el que acaba de describir Davies afirmando que el Universo se va apagando: si el espacio sigue expandiéndose cada vez más rápido y enfriándose, a medida que se estabiliza en un estado de equilibrio termodinámico, dentro de muchos miles de millones de años podría tener lugar la muerte térmica del Universo. Todas las estrellas se consumirán, incluido nuestro sol[64], y el Cosmos se irá quedando más y más frío y más y más vacío, hasta su extinción total. La idea de que el Universo terminará así fue propuesta ya en 1860 por un profesor de Planck, el físico alemán Helmohltz[65], y después de haber sido defendida por Eddington, Kelvin, Davies y otros científicos, algunos de los cuales hablan de un *big rip* o *muerte fría*, ha sido aceptada, como digo, por gran parte de los físicos, acaso por la mayoría.

[64] Paul Davies, en *El universo desbocado*, Salvat, Barcelona 1988, p. 164, describe la muerte térmica del sol con las siguientes palabras: «Aunque la segunda ley de la termodinámica nos asegura que el Universo se está apagando, no dice nada acerca de la velocidad de declive y caída del orden en el mundo. Esta información sólo se puede obtener a partir de un cuidadoso estudio de las fuentes importantes de desequilibrio termodinámico, como las estrellas. En los dos capítulos anteriores se examinó con detalle el destino de las estrellas, y se calculó una escala de tiempo inmensamente grande hasta su muerte. El porvenir generalmente aceptado para nuestro rincón del universo es que el sol se volverá gradualmente más luminoso y más grande dentro de unos cinco mil millones de años. Su radiación destruirá finalmente toda la vida de la tierra, y tal vez incluso el mismo planeta. Durante varios miles de millones de años más su comportamiento será algo errático, incluyendo probablemente cambios súbitos de naturaleza explosiva, o puede volverse inestable y efectuar pulsaciones de tamaño y de luminosidad. En la última fase de su vida será como una enana blanca, una estrella diminuta y comprimida que se irá enfriando lentamente durante un largo período de tiempo si se compara con su edad actual. Al cabo de cien mil millones de años estará constituida por materia negra y consumida».

[65] Hermann Helmholtz (1821-1894) fue un médico, filósofo de la ciencia y físico que centró sus investigaciones en la electrodinámica y la conservación de la energía. Estuvo influenciado por las ideas de Kant y Fichte, el cual era amigo de su padre.

El otro escenario, menos probable, se produciría si se supera una cantidad crítica de materia, pues entonces la atracción gravitacional entre galaxias hará más lenta su expansión, al final comenzarán a caer unas sobre otras, y todas se unirán en una *gran implosión* o *big crunch* que será el final de la historia del Universo en tiempo real, también dentro de miles de millones de años. Al igual que sucede con el *big bang* (como enseguida veremos), este final es lo que los científicos llaman una «singularidad» cósmica, un punto singular o, lo que es lo mismo, algo en lo que las leyes de la física no se cumplen. Esto lo apuntó Hawking, el cual precisamente se dedicó a estudiar las singularidades: la teoría de la relatividad general de Einstein —dice— predijo que el espacio-tiempo comenzó en la singularidad del *big bang*, y que iría hacia un final en la singularidad del *big crunch*, gran crujido o implosión[66]. Y como sucede con todas las singularidades, también con la del comienzo del Mundo según de inmediato expondré, la implosión final es una singularidad acerca de la cual los físicos no saben ni pueden decir nada, es algo misterioso para ellos. La razón es sencilla: como dije aquí ya no se cumplen las leyes de la física, las magnitudes tienden al infinito. En este sentido Weinberg escribe lo siguiente: «Todas las incertidumbres que encontramos al tratar de explorar la primera centésima de segundo vuelven a acosarnos cuando consideramos la última centésima de segundo». Y hablando de la hipótesis del *big chunch* o gran implosión, cuando todas las galaxias se unen, continúa diciendo: en este caso «el universo entero debe ser descrito en el lenguaje de la mecánica cuántica a temperaturas superiores a los cien millones de millones de millones de millones de grados (10^{32} K), y nadie tiene idea de lo que ocurre entonces»[67].

A la vista de esto que afirma Weinberg volvamos al comienzo, para hablar de esas incertidumbres que, según parece, tienen los físicos con relación al *big bang*.

---

[66] Hawking, *Historia del tiempo*, ob. cit., p. 155.
[67] Weinberg, ob. cit., p. 207.

6. Primeros minutos del Universo a partir de 10^{-43} segundos

Continuemos nuestro apasionante viaje al origen mismo de nuestro asombroso Universo, ahora, lector, vamos al comienzo mismo. De momento, enseguida verás porqué, nos encontramos a 10^{-43} segundos de la explosión original, ahí está el átomo primitivo y primigenio que predijo Lemaître. Ha transcurrido muy poco tiempo, 10^{-43} es la notación científica del número uno dividido por uno seguido de 43 ceros, cantidad muy, muy pequeña. En este momento todo lo que contendrá el Universo, las galaxias, los planetas, la tierra, con sus mares, sus montañas, sus árboles, sus flores y nosotros mismos, todo, está contenido en algo de un tamaño de 10^{-33} centímetros, miles y miles de millones de veces más pequeño que el núcleo de un átomo actual. En las primeras fracciones de ese primer segundo ese tamaño aumentará rapidísimamente gracias a la energía oscura opuesta a la gravitación, es lo que se conoce como universo inflacionario. A partir de entonces comienza la época de su expansión regular, hasta alcanzar el tamaño actual. La temperatura de este cigoto del cosmos es impresionante, nada menos que unos 10^{32} K (un uno seguido de 32 ceros), la misma que nos describió Weinberg al hablar de la gran implosión final, si bien se va enfriando hasta la actual, que es de 2 a 4 K. La materia, con una densidad en este primer tiempo mayor que 10^{90} kilogramos por metro cúbico (un uno seguido de 90 ceros), y que en ese momento estaba constituida por una especie de sopa de partículas elementales, evoluciona para formar protones y neutrones por unión de quarks, los objetos o elementos que son considerados como ladrillos del universo, y luego los núcleos de los átomos más ligeros, hidrógeno, deuterio y helio. Miles de años después, cuando la temperatura baja a unos tres mil grados, esos núcleos se unen con electrones para formar los átomos, con una consecuencia importante: materia y radiación se desacoplan haciéndose el universo transparente a la radiación. Desde entonces la expansión y el enfriamiento han continuado, haciéndose el mundo cada vez menos denso. Pero en algunos lugares esa densidad variaba, y a causa de esas irregularidades surgieron las estrellas, las galaxias y los planetas. Por último, en este tiempo, 10^{-43} segundos desde el *big bang*, sólo hay una única fuerza universal en la que se confunden y unen las actuales cuatro fuerzas que hacen dinámico el mundo (grave-dad, electromagnética y nucleares fuerte y débil), si bien en muy poco tiempo estas fuerzas se irán separando. En cualquier caso, la energía existente en el Universo es colosal.

7. Los físicos no saben cómo comenzó el Universo, la causa del *big bang* es un misterio para ellos

¿Qué sucedió antes? ¿Qué sucedió en el instante mismo del *big bang*? ¿Qué ocurrió entre ese tiempo cero y 10^{-43} segundos?[68] La respuesta es muy sencilla: no tenemos ni idea, los físicos no tienen ni idea. «El mayor misterio cósmico ha sido siempre la causa del *big bang*», ha confesado Paul Davies[69], y así es, tal causa es un misterio para la ciencia, incluso lo es saber qué pasó en ese crucial momento. Lo es porque tropieza con lo que se ha dado en llamar el «muro de Plank», un muro con muchas facetas. Max Plank fue otro gran científico, alemán, nobel de física que trató a Husserl y Einstein, perdió un hijo en Verdún y otro ejecutado en 1944 por haber participado supuestamente en la operación Valkiria y, en lo que ahora nos interesa, que inició una de las dos revoluciones que han cambiado la física para siempre[70]. Una fue la de la relatividad de Einstein, que ha transformado nuestra forma de ver el Cosmos, la otra, iniciada por Plank, es la de la física cuántica que trata de las leyes de la naturaleza a nivel microscópico y molecular. De manera que hay que partir de la base de que Plank sabía cómo cuantificar los átomos, por tanto, también el llamado átomo primitivo. Pues bien, se dice que cuando queremos saber qué paso al comienzo mismo topamos con un muro que nos lo impide al que llamamos «muro de Plank», porque fue este gran científico el que nos enseñó que la ciencia es incapaz de explicar el comportamiento de los átomos cuando la fuerza de la gravedad llega a ser extrema. En el tiempo cero y hasta 10^{-43} segundos la gravedad —unida como estaba

[68] Se contempla este brevísimo espacio de tiempo porque, como más abajo se recoge, según mostró Planck (1858-1947) esta es la unidad natural de tiempo para el Cosmos con un comportamiento normal a la que podemos acceder, en palabras de Planck supone «una barrera subjetiva» para nuestro conocimiento.

[69] Davies, *Super-Fuerza*, Salvat, Barcelona 1988, p. 4.

[70] Utilizo la biografía escrita por el profesor de física Brandon R. Brown titulada *Planck. Guiado por una visión, roto por la guerra*, Ediciones de Intervención Cultural / Biblioteca Buridán, Barcelona 2021.

además a las restantes fuerzas—, que aún no tenía estrella, galaxia o planeta sobre los que ejercer su poder, tenía una intensidad inimaginable, colosal, por lo que para decir algo serio acerca de ese instante sería necesario disponer de una teoría cuántica de la gravedad; es decir, que unifique la física cuántica (relativa al átomo) con la relatividad (sobre el Cosmos), la del modelo atómico nuclear con la de la gravitación universal. Pero tal cosa no existe, no hay una teoría cuántica de la gravedad. Sabemos cómo es la gravitación a escala macroscópica gracias a Newton y a Einstein, pero no somos capaces de dar un esquema coherente, matemáticamente correcto y de interpretación clara, del comportamiento de la gravedad cuando hablamos de un átomo primitivo en el que naturalmente tiene que intervenir la física cuántica. Eso es lo que nos impide saber que sucedió antes de 10^{-43} segundos, nos encontramos ante una barrera infranqueable, un muro.

Que como acabo de apuntar tiene muchas facetas. Otra es el «muro de temperatura», pues a 10^{32} K grados hace tal calor, que la física se derrumba. En el comienzo nos encontramos con una temperatura infinita y una densidad infinita. En su libro *Los tres primeros minutos del universo* Weinberg dedica el capítulo 5 a eso, a los tres primeros minutos… pero no a todos ellos, le falta lo más interesante, que es el primer instante, él lo justifica diciendo: «Por desgracia no puedo empezar la película en el tiempo cero y con temperatura infinita… Por encima de un umbral de temperatura de un billón y medio de kelvin ($1,5 \times 10^{12}$ K) el universo contendría grandes cantidades de partículas…Y la presencia de una gran cantidad de partículas de interacción fuerte hace extremadamente difícil calcular la conducta de la materia a temperaturas superelevadas, de modo que, a fin de evitar tan difíciles problemas matemáticos, iniciaré la historia de este capítulo una centésima de segundo después del comienzo, cuando la temperatura se había enfriado ya hasta unos 100.000 millones de kelvin»[71]. A continuación, promete referirse a lo que pudo pasar en el comienzo mismo en el capítulo 7 de su libro, y así lo hace. Pero en ese capítulo, que titula «La primera centésima de segundo», seguimos sin respuestas, ya que el propio Weinberg nos dice al mismo comienzo que «sencillamente, no sabemos lo suficiente sobre la física de las

---

[71] Weinbeg, *Los tres primeros minutos del universo*, capítulo 5, inicio, Alianza, pp. 145 y 146.

partículas elementales como para poder calcular las propiedades de tal mezcla [la inicial] con ninguna seguridad. Así, nuestra ignorancia de la física microscópica se cierne como un velo que oscurece nuestra visión del comienzo mismo»[72]. Después de intentar imaginar lo que hubiese podido suceder en el primer instante, en el mismo capítulo este físico se declara insatisfecho, y concluye diciendo: «No sabemos aún lo suficiente sobre la naturaleza cuántica de la gravitación ni siquiera para especular inteligentemente acerca de la historia del universo anterior a este tiempo [el de Planck]. Podemos hacer una tosca estimación de que la temperatura de 10^{32} K se alcanzó en unos 10^{-43} segundos después del comienzo, pero realmente no está claro que tal estimación tenga algún significado. Así, cualesquiera que sean los otros velos que podamos levantar, hay uno concerniente a la temperatura de 10^{32} K que aún oscurece nuestra visión de los tiempos primigenios»[73].

Otro velo viene dado por el tiempo y el tamaño. La «constante de Plank» representa la más pequeña cantidad de energía y valores que existe en nuestro mundo físico, un «cuanto» (de ahí la expresión de física cuántica), es un muro dimensional que señala el límite de la divisibilidad de la radiación y, por tanto, el límite último de toda divisibilidad[74]. A tenor de esta constante el tiempo inicial de 10^{-43} segundos se llama «tiempo de Planck», y el tamaño del universo de 10^{-33} centímetros es una dimensión que se conoce como el «tamaño de Planck», estas dos dimensiones forman el límite inferior del comportamiento normal del tiempo y del espacio. Es decir, son el tiempo más corto y el espacio más pequeño de los que se puede hablar según la física cuántica, por debajo de ellas nada es observable para el científico, por debajo de estas dimensiones no se cumplen las leyes de la física, lo que supone que dichas leyes no se cumplen en el comienzo del Mundo[75]. Así, la ciencia nada puede decir sobre lo que pasó mientras se completaba el primer cronón o tiempo mínimo del *big bang*, y menos aún sobre el tiempo cero ordinal en que comienza el tiempo continuo, por definición es incapaz de saber lo que pasa en menos de 10^{-43} segundos. Como ya

---

[72] Ibídem, capítulo 7, p. 184.

[73] Ibídem, capítulo 7, p. 199.

[74] La ecuación que expresa el cuanto elemental de acción se escribió sobre la tumba de Planck, en Gotinga.

[75] Cfr. lo que dice A. Udias acerca del modelo estándar del *big bang*, en ob. cit., p. 265.

anunció Lemaître, en el punto inicial del Universo las leyes de la física pierden todo su sentido[76].

Esta es la cuestión: ninguna causa física explica el *big bang*, los físicos no tienen la menor idea acerca de lo que podría explicar o aclarar la aparición del Universo, porque tal como escribe Davies, en ese instante «las leyes conocidas de la física dejan de ser aplicables, y no es posible hacer ninguna predicción»[77]. «Todas nuestras teorías científicas —dijo Hawking en una de sus conferencias— están formuladas sobre la hipótesis de que el espacio-tiempo es suave y casi plano, de modo que todas dejarían de ser válidas en la singularidad del *big bang*, donde la curvatura del espacio-tiempo es infinita»[78]. Así es, en efecto, la relatividad general no nos sirve para llegar a comprender lo que sucedió en el tiempo cero, pues como el comienzo del tiempo ha sido un punto de densidad y curvatura infinitas, «todas las leyes de la ciencia dejan de ser válidas en este punto»[79]. Recordemos el tiempo de Plank: en los primeros instantes, en el llamado átomo primitivo, predominaban los efectos cuánticos e, insisto, carecemos de una teoría física que unifique la mecánica cuántica con la relatividad general. En conclusión, dado que no existe una causa física conocida, el origen de la gran explosión inicial ha sido, es y sigue siendo un misterio para los científicos. «Es una época —dice Weinberg— que aún permanece en el misterio… hay una embarazosa vaguedad con respecto al comienzo mismo»[80]. Respecto al cual, confiesa otro de los grandes científicos, «sólo tenemos una ligera sospecha de lo que sucedió… si bien en realidad es imposible ver absolutamente nada de los primeros momentos»[81]. «Lo que sigue siendo misterioso es el instante del comienzo —escribe Jou—, que no es un instante usual en el tiempo sino el instante en el que el tiempo, como el espacio, comenzaron a existir». Para este científico «da física es incapaz de conocer el estado inicial

[76] Cfr. D. Lambert, *El universo de Georges Lemaître*, en Investigación y Ciencia número 307, Barcelona, abril de 2002, p. 27.

[77] P. Davies, *El universo desbocado*, ob. cit., p. 189.

[78] Hawking, *La teoría del todo. El origen y el destino del universo*, Debolsillo, Barcelona 2022, p. 39.

[79] Ibídem, p. 100.

[80] Weinberg, ob. cit., pp. 24 y 23.

[81] Davies, *El universo desbocado*, ob. cit., pp. 38 y 25.

del Universo, eso es algo que está más allá de nuestras capacidades de comprensión»[82].

Cuando no se cumplen las leyes de la física, ni siquiera sus constantes, de manera que los científicos se consideran impotentes para describir, explicar o incluso imaginar un fenómeno, tal como sucede en este caso, entonces dicen que se da lo que en matemáticas se llama una «singularidad». Por tanto, un punto singular es aquel en el que las leyes de la física no rigen, no sirven. Hawking se ha dedicado junto con Penrose a estudiar las singularidades gravitatorias, que (dejando aparte la del *big crunch*) son dos: la del *big bang* o inicial del universo, y la de los agujeros negros que surgen del colapso gravitatorio incontrolado, sobre todo en estrellas supermasivas. En ambas hay unas magnitudes físicas que, como hemos visto respecto al *big bang*, tienden al infinito, y así la usual matemática física y sus ecuaciones no sirven. Tropezamos con el muro de Planck. Lo confirman el astrónomo Hogan y el geofísico Bercovici; aquel concluyendo que «no tenemos un conocimiento de los primeros instantes el *big bang*, no existe un modelo acerca de dónde surgió la primera mota cuántica»[83]; Bercovici, especialista en placas tectónicas, afirmando que «lo cierto es que no tenemos ni idea de cuál es el estado del Universo en el tiempo de Planck, ni de cómo se llegó a ese estado, ni tampoco de que había antes»[84]. Y con admirable sinceridad lo confiesa un importante físico en una de sus lecciones, un científico que visualizaba el mundo en diagramas y recibió el premio nobel por su contribución a la creación de la

[82] David Jou, *Pensar la Creación*, ob. cit., p. 86. En la p. 237 del mismo libro este científico escribe también que «una barrera teórica complicada surge al combinar la relatividad general con la física cuántica, cuando se llega al llamado tiempo de Planck, que es del orden de 10^{-43} segundos después del inicio del universo. Las formulaciones teóricas para esa etapa todavía son parciales y especulativas». En *Cerebro y Universo*, ob. cit., pp. 157 y 158, el mismo científico escribe: «Para poder conocer el inicio del universo deberíamos tener unas leyes que unificaran la gravitación, descrita por la relatividad general, y la física cuántica, ya que, como hemos dicho, el universo sería menor que un núcleo atómico y tanto los efectos gravitatorios como los cuánticos serían insoslayables. Por ahora no tenemos una teoría definitiva que combine convincentemente ambas teorías… El modelo estándar del *Big Bang*, sin efectos cuánticos, supone un estado inicial en el que el universo habría tenido temperatura y densidad infinitas. Pero como la física no sabe tratar con valores propiamente infinitos, sino tan sólo con valores muy grandes, ello nos diría que la física es incapaz de conocer el estado inicial del universo, que sería un acontecimiento singular más allá de nuestras capacidades de comprensión».

[83] Hogan, *El libro del big bang*, ob.cit., pp. 80 y 81.

[84] David Bercovici (n. en 1960), *Los orígenes de todo*, Alianza, Madrid 2020, p. 23.

electrodinámica cuántica, me refiero a Feynmann, quien textualmente dijo lo siguiente: «No sabemos como comenzó el universo, esta es la horrible situación de nuestra física actual»[85].

Ante esta situación hay científicos que pretenden salir del atolladero y del misterio fingiendo hipótesis, a veces muy imaginativas ciertamente, sin el más mínimo soporte empírico, o volviendo a antiguas soluciones que ni han sido ni son probadas. Algunos han pretendido resolver el dilema sosteniendo que el Universo es eterno, de manera que no hay un tiempo cero porque hubo un tiempo anterior, consideran verdadera la antítesis de la antinomia kantiana a tenor de la cual el mundo no tiene un comienzo. Otros pretenden resolver el problema no con la eternidad, sino con la hipótesis de que el Mundo se creó a sí mismo. Es la tesis de la autocreación que sostuvo Hawking en su segunda etapa, prescindiendo de la idea de la singularidad y acudiendo en su lugar a la idea del surgimiento espontáneo de la materia y todo lo demás mediante una fluctuación cuántica. Aquí, dice, no hay tiempo cero porque el tiempo empezó después de ella.

Yo, por mi parte, quiero seguir hasta donde mis fuerzas y mi conocimiento me lo permitan el ejemplo del gran Newton, por eso no voy a fingir hipótesis. Ya Aristóteles nos dijo, y dijo bien, que «das hipótesis deben ser a voluntad, pero no deben ser nada imposible»[86], y tal consejo sin duda lo tuvo muy en cuenta Newton cuando escribió: «no he logrado descubrir la causa de la fuerza de la gravedad, y yo no finjo hipótesis»[87]. Yo no invento ni fabulo, sino que voy a seguir el razonamiento hasta donde me lleve (como creo ya dije al comienzo), intentando razonar ordenadamente como le gusta a Descartes. Para conseguirlo lo primero que haré será afianzar la conclusión que afirma que el mundo tuvo un comienzo, y nada mejor para ello que hablar con quienes piensan que no es así, sino que es eterno. Lo haré a continuación. Una vez comprobado que según nos muestra la física experimental existió un tiempo cero con el que todo comenzó, y

[85] Richard P. Feynmann (1918-1988), *Seis piezas fáciles. La física explicada por un genio*, Crítica, Planeta, Barcelona 2022, p. 76.

[86] Aristóteles, *Política*, 1265a, 7.

[87] Newton, *Principios matemáticos de la filosofía natural*, «Escolio General», Tecnos, Madrid 1987, p. 621.

teniendo en cuenta que no sabemos nada sobre dicho comienzo, que el *big bang* es un gran misterio para la ciencia, la razón me dice que, descartada la eternidad, sólo caben dos posibilidades: o el Mundo se creó a sí mismo, o bien fue creado por algo o alguien. Por eso en el siguiente capítulo además de los modelos de la eternidad vamos a examinar la hipótesis de la autocreación espontánea, intentando averiguar si es o no cierta esta propuesta. Y si resulta que no lo es, que el Mundo no se creó a sí mismo de la nada, dedicaremos el siguiente a comprobar si el Mundo tiene una causa transcendente a él, es decir, un Creador que con el *big bang* le ha dado el ser.

Capítulo II

Refutación de las hipótesis de la eternidad y la autocreación

1. *De aeternitate mundi* de Tomás de Aquino

Allá por el año 426 un inquieto buscador de la verdad, Agustín de Hipona, impugnó con muchos razonamientos la propuesta de la eternidad del mundo. Lo hizo en los libros undécimo y duodécimo de su famoso tratado *De Civitate Dei*, allí llega incluso a calificar de «juego burlesco» la idea del eterno retorno sostenida por «algunos filósofos del cosmos», aludiendo como es lógico a los anteriores a él, pero anticipándose también a las tesis de Nietzsche, la cosmología cíclica y la gravedad cuántica de bucles de las que enseguida trataremos[88]. Pero no hizo lo mismo Tomás de Aquino, para él la posibilidad de la eternidad del mundo no repugna al entendimiento. Efectivamente, ya al final de su vida, concretamente en el año 1270, Tomás escribió un opúsculo, breve pero sustancioso, titulado *De aeternitate mundi*[89]. Al hacerlo se encontró ante un dilema: por una parte, la revelación católica, en la que creía, le indicaba que el mundo tuvo un origen y fue creado por Dios; pero, por otra, la física aristotélica que él seguía —llegó a escribir un Comentario a la *Física* de Aristóteles— afirmaba la eternidad del mundo supralunar. Ante ello Tomás, siempre buscador de la verdad y siempre abierto a ella, se plantea «la duda de si el mundo pudiese haber existido siempre»[90]. ¿Es compatible que haya existido siempre y haya sido creado por Dios? Para Tomás de Aquino sí, lo es, no hay incompatibilidad de conceptos porque Dios, afirma, produce su efecto no a través de movimiento sino instantáneamente, de forma súbita[91]. Dios puede

---

[88] San Agustín (354-430), *La Ciudad de Dios*, XII, 13, edición bilingüe de Biblioteca de Autores Cristianos, Obras Completas XVI, p. 780. Allí escribe: «Algunos filósofos del cosmos admiten periodos cíclicos de tiempo, en los que la naturaleza quedaría constantemente renovada y repetida en todos sus seres. De esta manera, los siglos tendrían un fluir incesante y circular de ida y vuelta…».

[89] Tomás de Aquino (1225-1274*), Sobre la eternidad del mundo*, edición bilingüe, Encuentro, Madrid 2002. Tomás fue profesor en la Universidad de París, y cuando le preguntaron qué era lo que más le agradecía a Dios, respondió: «que he entendido todas y cada una de las páginas que he leído».

[90] Ibídem, p. 17.

[91] Ibídem, pp. 21 y 23.

hacer que lo causado por Él exista siempre que Él esté presente, de manera que «resulta patente que, al decir que algo está hecho por Dios y nunca dejó de existir, no hay repugnancia alguna en el entendimiento»[92]. Pero Dios y el Mundo no son iguales, Dios es eterno en otro sentido: para Él el tiempo «no corre», pues es inmutable, por eso el Mundo no es coeterno con Dios, en este punto Tomás sigue a Agustín[93].

En cierto modo Tomás de Aquino anticipa la primera de las antinomias cosmológicas desarrollada por Kant. Quiero decir que se plantea la tesis de la finitud y la antítesis de la eternidad[94], y lo notable es que desde el punto de vista racional Tomás llega a la misma conclusión que Kant: para él no cabe demostrar ni la una ni la otra. Creemos por fe, dice, que Dios ha creado el mundo, y con rigor no se puede demostrar su existencia eterna, pero tampoco cabe demostrar que haya tenido un comienzo, eso concluye Tomás[95]. De esta forma, contra Averroes, mantiene la posibilidad de un comienzo del universo en el tiempo; pero mantiene también, con Maimónides, la opción de un universo creado desde toda la eternidad[96]; eso sí, supuesto conforme a la fe católica que el mundo fue creado por Dios. En definitiva, para Tomás la hipótesis de la eternidad del mundo no es desechable, como tampoco lo era en un primer momento para el gran científico Lemaître, hasta que, como vimos, cambió y sostuvo la idea de un mundo que tuvo un inicio con lo que él llamaba el átomo primitivo. Esto trae a la memoria algo que dijo otro gran sabio, abogado de los estados de un príncipe elector, que disputó con Newton acerca de la novedad del cálculo infinitesimal, como acaso el lector habrá adivinado me refiero a Leibniz. Según este gran sabio nosotros, los modernos, no hacemos bastante justicia a Tomás de Aquino ni a otros grandes hombres de

---

[92] Ibídem, p. 29.

[93] Ibídem, pp. 33 y 35. En XII, 15 de *De Civitate Dei*, Agustín escribe: «El tiempo, dado que transcurre con mutabilidad, no puede ser coeterno con la eternidad inmutable».

[94] En el *Tratado de la Creación* contenido en su *Suma Teológica*, concretamente en el artículo 1 de la cuestión 46, Tomás se pregunta: «La totalidad de las criaturas, ¿existió o no existió siempre?». Cfr. edición latina de la *Summa Theologica*, Marietti, Turín 1820.

[95] Lo hace en la solución a los artículos 1 y 2 de la citada cuestión 46.

[96] Cfr. Étienne Gilson (1884-1978), *El Tomismo. Introducción a la filosofía de Santo Tomás de Aquino*, Eunsa, Navarra 2002, pp. 202 y 203.

aquella época, pues, nos dice, hay en las opiniones de los filósofos y teólogos escolásticos mucha más consistencia de la que se cree[97].

A la vista de lo que hemos comprobado en el anterior capítulo sabemos por la ciencia lo que Tomás creía sólo por su fe: que el Mundo no es eterno, sino que tuvo un comienzo y tendrá un fin. No obstante, vamos a examinar ahora propuestas de quienes han sostenido la infinitud temporal del Universo, comprobaremos que nada nuevo hay bajo el sol. Quiero decir que, como nos enseñó el buen Plutarco respecto a ilustres personajes griegos y romanos, podemos hablar de vidas paralelas entre los primeros cosmólogos griegos y determinados científicos modernos, como el lector podrá comprobar en los siguientes apartados.

---

[97] Gottfried Wilhelm Leibniz, *Discours de Métaphysique*, número once, en *Escritos Filosóficos*, Charcas, Buenos Aires 1982, p. 291. El citado número once se titula: «Que las meditaciones de los teólogos y de los filósofos llamados escolásticos no deben ser objeto de total desprecio».

2. Modelo cosmológico de un Mundo eterno y estático

Comienzo por el primer modelo astronómico que conocemos, que se debe a un gran matemático griego, oyente de Platón y amigo de Aristóteles, en cuya física influyó, me refiero a Eudoxo de Cnido[98]. Estableció un sistema de esferas homocéntricas (de igual centro), con la tierra inmóvil en el centro del Universo rodeada por esferas de radio creciente en las que se hallan situados los astros (la luna, el sol y los planetas), con una última esfera en la que están las estrellas. Como acabo de apuntar, en su física Aristóteles siguió este modelo astronómico geocéntrico (la tierra en el centro) de esferas homocéntricas[99], y respecto a nuestro tema, la eternidad o finitud, concibió una sustancia no sensible que es eterna y mueve eternamente la última esfera, y de esta manera todo el mundo, le llamó Θεός, Dios[100]; y otra sustancia que a pesar de ser sensible también es eterna: me refiero al mundo celeste a partir de la esfera lunar. Según Aristóteles todo lo que está encima de la luna —a lo que denomina mundo supralunar— sí es eterno, así lo dice en su tratado *De Coelo*, en su *Física* y en su *Metafísica*[101]. Llega incluso a plantearse si esos astros son dioses, como creía la mitología[102], dado, dice, que es eterno su movimiento circular alrededor de la tierra. A diferencia del mundo sublunar, en el que se encuentra la tierra, que, formado por los cuatro clásicos elementos (tierra, agua, aire y fuego), es finito, corruptible. Esto piensa Aristóteles, quien en

[98] Astrónomo, geómetra y matemático, nació hacia el año 408 a. C. y murió hacia el 355 a. C.

[99] Este modelo astronómico (al que volveré a referirme en IV, 3) fue modificado después, y en cierto modo perfeccionado, por los astrónomos Calipo e Hiparco de Nicea (190-120 a. C.). Este último hizo una clasificación de las estrellas según su brillo, que todavía hoy se usa como base para el sistema de magnitudes estelares.

[100] Aristóteles (384-322 a. C.), *Metafísica*, 1073a, 30 y siguientes, edición trilingüe de Gredos, Madrid 1987. Discípulo de Platón y preceptor de Alejandro Magno, Aristóteles enseñó en el Liceo, donde llegó a tener una gran biblioteca. Murió en Calcis a los 61 años de edad.

[101] *Acerca del Cielo*, Libro I; *Física*, Libro VIII; *Metafísica*, Libro XII, 8.

[102] Cfr. *Metafísica*, 1074b.

realidad se había anticipado en cierto modo a Kant en el planteamiento de la primera antinomia cosmológica[103].

Hay un modelo que sostienen algunos científicos modernos que, en cierto modo, es una reminiscencia del de Aristóteles y Eudoxo. Me refiero al «modelo cosmológico del estado estacionario» que en 1948 propusieron los físicos Bondi, Gold y Hoyle[104]. Es un hecho que el Universo se está expandiendo, y a pesar de ello estos científicos niegan que haya habido un *big bang* —recordemos que Hoyle fue el primero en utilizar esta expresión en tono jocoso para negar la inicial explosión[105]—, sostienen, por el contrario, que el Cosmos no tuvo un principio, sino que está ahí siempre, igual, eterno, estacionario. ¿Cómo es posible, si resulta que se expande? Tras la relatividad general de Einstein hay un principio generalmente admitido, el de homogeneidad, según el cual el Universo tiene siempre la misma apariencia desde cualquier lugar (no hay un centro definido). Pues bien, lo que hicieron estos científicos fue extender este principio al tiempo: el Universo, dicen, también tiene siempre la misma apariencia visto en cualquier momento del tiempo, es estacionario. ¿Cómo, si las galaxias se alejan unas de otras? Creando nueva materia, responden, una materia que haga constante la densidad y llene los huecos dejados por la expansión. Así las galaxias van sucediéndose unas a otras eternamente.

Como el aristotélico este modelo carece de lógica, ya que si la nueva materia va llenando el espacio vacío provocado por la expansión, pero esta continúa, el Universo aumenta de tamaño, con lo que no es estático. Carece también de cualquier confirmación empírica, a lo que cabe añadir que si fuese estático se hubiera contraído por la fuerza de gravedad, y no ha sucedido así sino todo lo contrario. Y, sobre todo, a partir del descubrimiento de la radiación de fondo procedente del *big bang*, que mostró que había

[103] Así, en *Acerca del Cielo*, I, 10, 15, 279b, Aristóteles viene a plantear la tesis y la antítesis kantiana cuando escribe lo siguiente: «Afirmar que el mundo ha sido engendrado y sin embargo es eterno, pertenece a las cosas imposibles».

[104] Hermann Bondi (1919-2005), nació en Viena y fue profesor en Cambridge y en el King's College de Londres; Thomas Gold (1920-2004), también austríaco, se formó en Cambridge, de donde pasó a la Universidad de Cornell, en Estados Unidos; Fred Hoyle (1915-2003) fue profesor en Cambridge.

[105] Cfr. Agustín Udías, *Breve historia de la física*, Síntesis, Madrid 2019, p. 262, así como lo anteriormente dicho al hablar de las teorías matemáticas de Lemaître en relación al *big bang*.

existido una gran explosión inicial y una posterior expansión, ha sido abandonado incluso por quienes lo propusieron y habían creído en él. Han constatado que la explosión y la expansión hacen inviable un modelo eterno y estacionario como el suyo, muchos ejemplos hay de ello, destacaré alguno. Uno ya lo conocemos, es precisamente el del descubridor del fósil residual del *big bang* Robert Wilson, nos lo acaba de contar él mismo: hasta que lo descubrió pensaba que el Universo es eterno y estático, pero sus observaciones y sus comprobaciones matemáticas le convencieron de que no es así, sino que comenzó con una ingente explosión y evoluciona a partir de ella. Otra muestra de cómo se hizo añicos la creencia en un estático y eterno Cosmos nos la dan el matemático y colaborador de Hawking Robert Penrose y su maestro Sciana. El año 2010 Penrose publicó un libro titulado *Ciclos del tiempo. Una extraordinaria nueva visión del universo*, pronto volveré a referirme a él, en cuyo *Prefacio* nos dice que cuando ingresó en la Universidad de Cambridge se entusiasmó con la fascinante teoría del modelo del estado estacionario, que aprendió de su amigo y mentor el cosmólogo Dennis Sciana. Pero a renglón seguido confiesa que a causa del descubrimiento del fondo cósmico de microondas «esta teoría no ha soportado la prueba del tiempo», hasta el punto de que, dice, «Dennis Sciana repudió públicamente sus ideas anteriores y pasó a apoyar con fuerza la idea del *big bang* como origen del Universo». Naturalmente Penrose hizo lo mismo que su maestro, abandonó el modelo de un mundo eterno y estacionario[106]. Todo esto muestra a las claras que, como bien ha escrito el físico Davies, «la teoría del estado estacionario, con su atrayente propiedad de evolución sin fin, ha caído bajo la presión de las observaciones astronómicas»[107]. No obstante, todavía hay científicos que huyen de admitir un principio que pueda apuntar a la existencia de una creación *ex novo*, de la nada. ¿Qué hacen? Como no podía ser menos aceptan la existencia del *big bang* (o de una pluralidad de ellos) y de la posterior expansión del universo (y a veces contracción), pero sostienen que aun así el Mundo es eterno. No es estático sino dinámico, a pesar de lo cual según ellos no tuvo

---

[106] Roger Penrose (n. en 1931), *Ciclos del tiempo. Una extraordinaria nueva visión del universo*, Debolsillo, Madrid 2023, *Prefacio*, pp. IX y X. Dennis Sciana (1926-1999) fue un físico británico experto en astrofísica y cosmología, discípulo de Dirac y profesor de matemáticas en Cambridge.

[107] Paul Davies, *El universo desbocado*, ob. cit., p. 204.

un comienzo. Son los modelos cosmológicos que vamos a ver a continuación.

3. Universo cíclico en eterno retorno

Una antigua idea que también ha llegado hasta nuestros días, y que asume la existencia del *big bang* y la expansión, es la de un Universo (o varios) en eterno retorno, cíclico, que rebota sobre sí mismo, algo que existe desde siempre y que quizá ha tenido un número infinito de *bigs bangs*, cada uno con sus constantes físicas aleatorias. Antigua idea, digo, porque ya Epicuro, seguido por Lucrecio, sostuvo no sólo que el mundo es eterno, más aún, que «los mundos existentes son infinitos», es decir, que hay muchos universos[108]. Filosóficamente la han sostenido Hume y Nietzsche, y científicamente físicos que, como vamos a ver, se han metido de lleno en el mundo de la especulación y la invención de hipótesis.

Hume, el buen David como le llamaban sus convecinos, no era escéptico, fue un materialista, por cierto, bastante dogmático, que escribió un sabroso diálogo acerca de lo que él llamaba la «religión natural», en el que por boca de un tal Filón expresa sus opiniones hablando con Cleantes, un racionalista, y con el cristiano Demea[109]. Pues bien, dice aquí Hume que el mundo se compone únicamente de una materia que es eterna[110], y después añade lo siguiente: «Es evidente que el mundo se asemeja más a un animal o a un vegetal que a un reloj o a un telar, por tanto, es más probable que su causa se asemeje a la de los primeros. Así pues, podemos inferir que la causa del mundo es algo similar o análogo a la generación o a la vegetación. Así como el árbol esparce sus semillas y produce otros árboles, así el gran vegetal que es el mundo, o este sistema planetario, produce en su seno ciertas semillas que, al caer

---

[108] Epicuro de Samos (341-270 a. C.), *Carta a Heródoto*, en «Obras», Tecnos, Madrid 1992, pp. 10, 11, 13 y 30; Lucrecio (94-51 a. C.), *De la naturaleza*, Consejo Superior de Investigaciones Científicas, Madrid 1983, pp. 107 y 108.

[109] David Hume (1711-1776), *Dialogues Concerning Natural Religion*, 1777, Tecnos, Madrid 1994. Una semblanza de Hume hecha por él mismo (extraída de su escrito *My own life*) se contiene en mi libro *Diálogos sobre el bien y el mal*, Editorial Ygriega, pp. 52 y siguientes.

[110] Ibídem, pp. 116 y 117.

desperdigadas por el caos circundante, afloran en nuevos mundos. Un cometa, por ejemplo, es la semilla de un mundo… No tenemos datos para establecer ningún sistema de cosmogonía…, pero no va contra la experiencia decir que el mundo surgió por vegetación, de una semilla producida por otro mundo»[111]. Vemos, pues, que el mundo imaginado por Hume es eterno y plural, al ser generado por otro, todo ello en eterno retorno. Como el propugnado por Nietzsche. Efectivamente, Nietzsche no transmutó todos los valores tanto como él proclamaba, su doctrina cosmológica (si es que podemos denominarla así) es de raíz epicúrea y muy parecida a la de Hume. En uno de sus intervalos lúcidos se refirió al eterno retorno del Cosmos, afirmando entre otras cosas lo siguiente: «¿Qué es para mí el mundo? Este mundo es prodigio de fuerza, sin principio ni fin… Un mundo que cuenta con innumerables años de retorno, un flujo perpetuo de sus formas… y se bendice a sí mismo como algo que debe tornar eternamente, como un devenir que no conoce ni la saciedad ni el disgusto en el cansancio. Este mundo mío dionisíaco se crea siempre a sí mismo, y se destruye eternamente a sí mismo»[112]. Guiado por su maestro Zaratustra[113], vemos que el materialismo de Nietzsche es absoluto, y que su cosmología se basa en un mundo que eternamente retorna.

Estas ideas han inspirado a físicos que también han especulado imaginativamente acerca de la existencia de uno o varios mundos eternos. Voy a comenzar hablando de los que, como ya había hecho Epicuro, afirman la existencia de múltiples universos, proponiendo un sistema cosmológico que se ha dado en llamar «multiverso». Así lo han hecho Leslie y Ellis[114], quienes postulan una evolución de infinitos universos, separados para siempre entre sí y todos alejándose con rapidez unos de otros, de manera que, tal como Hume imaginó por boca de Filón, nuestro universo no sería el único. Según ellos en el multiverso hay otros universos que nunca seremos capaces de ver, y el nuestro fue originado por un suceso local, por un particular *big bang*. Esta teoría no puede ser demostrada

[111] Ibídem, Parte VII, pp. 120-122.

[112] Friedrich Nietzsche (1844-1900), *La voluntad de poder. Ensayo de una transmutación de todos los valores*, 1901, Libro cuarto, parágrafo 1060.

[113] Cfr. *Así habló Zaratustra. Un libro para todos y para nadie*, 1883-1885, Tercera Parte, «El convaleciente», 2, Alianza 1993, p. 303.

[114] John A. Leslie (n. en 1940) lo hizo en el año 1989; George F. Ellis (n. en 1939) ha sido profesor de astronomía en la Universidad de Ciudad del Cabo.

o comprobada empíricamente, es imposible, no sólo porque así lo reconoció el propio Ellis[115], también, y, sobre todo, porque si los otros universos estuvieran físicamente conectados con el nuestro serían parte de él; y si no lo estuviesen nada podríamos saber acerca de ellos, no serían observables al tratarse de algo totalmente ajeno y separado de nuestro mundo. Pero hay más: en esta hipótesis sería necesario que se hubiesen creado universos diferentes bien ajustados para crear otros, y el problema queda simplemente desplazado hacia un universo inicial del que lo ignoramos todo. Como Wilson afirma, la hipótesis del multiverso «no da una explicación científica de cómo empezó el universo»[116]. Por eso, y quizá pensando en la finalidad que tienen quienes la sostienen, el astrónomo extragaláctico Xuan Thuan dijo que «es extraño postular una infinitud de universos paralelos, inaccesibles y desconectados unos de otros, con el fin de desembarazarse de la sombra de un principio creador»[117].

También corresponde al reino de la imaginativa especulación la idea, tan de Nietzsche, del eterno retorno del Universo, ahora me refiero a un solo Universo. Una idea en la que se han basado variadas propuestas cosmológicas, todas centradas en el flujo perpetuo de un mundo eterno, voy a destacar algunas, la primera precisamente la que hizo Penrose en el libro que antes cité, *Ciclos del tiempo*. Como vimos este científico tuvo que abandonar el modelo del estado estacionario que tanto le había gustado, y para sustituirlo se le ocurrió imaginar otro aceptando el *big bang* y la expansión, pero no un comienzo ni una posible creación. De esta forma desarrolló lo que dio en llamar una «cosmología cíclica conforme». Según este modelo el *big bang* es muy especial, pues sabe burlar la segunda ley de la termodinámica (la de la entropía); además de agujeros negros hay agujeros blancos que son su opuesto, ya que expulsan toda la materia; y en la etapa final sólo quedarán fotones y gravitones, unas partículas sin masa «que pueden incluso alcanzar la eternidad», así lo escribe, así textualmente[118]. Con estos curiosos ingredientes Penrose supone que un *big bang* puede suceder a otro *big bang*, y así

---

[115] Cfr. George Ellis, *Theory confirmation and multiverses*, en «Why trust a theory?», Radin Dardashti, Cambridge University Press, 2019.
[116] Cfr. Bolloré y Bonnassico, ob. cit., *Prólogo* de Wilson, p. 11.
[117] Xuan Thuan, *La melodía secreta*, Buridán, Barcelona 2007, capítulo VIII.
[118] Roger Penrose, *Ciclos del tiempo. Una extraordinaria nueva visión del universo*, Debolsillo, Madrid 2023, pp. 37, 38, 124 a 130 y 148, en la que se refiere a la eternidad de los fotones.

sucesivamente, de manera que el universo atravesaría una serie infinita de fases, cada una de las cuales acaba para que otra comience, vemos que su cosmología cíclica es similar a la de Nietzsche. Penrose llegó incluso a buscar una confirmación de su hipótesis en el eco de la gran explosión, especulando que en él podría haber un atisbo de otro Cosmos anterior al nuestro, después me referiré a este frustrado intento.

Ideas parecidas, aunque con distinto soporte científico, son las del «rebote» cósmico y el «modelo de las oscilaciones», según las cuales el Universo se expande y se contrae eternamente, de manera que el actual en expansión sólo sería la fase siguiente a la última contracción y rebote. Si miramos hacia atrás, dicen, podemos imaginar, como imaginó Nietzsche, un ciclo interminable de expansión y contracción que se extiende al pasado infinito, sin comienzo alguno[119]. Y cuando, yendo más lejos, se admite que existe una teoría cuántica de la gravedad (cosa que no es cierta), el rebote se produce como propone el modelo de la «gravedad cuántica de bucles» defendido por el físico Martin Bojowald[120]. Según él hubo un Universo previo al nuestro que colapsó, pero sin llegar a una singularidad, pues antes de que se produjera rebotó formando otro nuevo. En su modelo el tiempo es cíclico, su idea es simple: no hubo tiempo cero porque hubo un tiempo anterior. El tiempo, dice, es una variable cuantificada, avanza a cuantos o saltos (como sucede en física cuántica), con un intervalo igual al tiempo de Planck. Y existen tiempos negativos anteriores al supuesto tiempo cero (el del *big bang*), por lo que el universo podría ser de duración infinita[121]. Es esta una forma más de negar la singularidad en la generación o creación de nuestro Cosmos, olvidando de nuevo que no existe una teoría cuántica gravitacional.

Pero esa singularidad es un hecho real, físicamente real, como vimos. Hubo *big bang*, fue una singularidad en la que las leyes físicas dejan de ser válidas e ignoramos lo que sucedió en el tiempo cero (lo

---

[119] Cfr. Weinberg, que alude a esta teoría (sin sostenerla él) en *Los tres primeros minutos del universo*, ob. cit., pp. 207 y 208.

[120] Bojowald (n. en 1973) es un físico alemán que, después de trabajar en el Instituto Max-Planck de Física Gravitacional, lo hace en el Departamento de Física de la Universidad de Pensilvania.

[121] Cfr. Martin Bojowald, *Antes del* big bang: *una historia completa del Universo*, Libro de Bolsillo, 2011.

que también hemos constatado), ¿cómo vamos a saber si hubo o no un tiempo anterior?, ¿cómo hablar de un retorno eterno?, ¿cómo hacerlo cuando es otra evidencia científica que el mundo tiende a la muerte térmica? No, el Mundo no es un flujo en eterno retorno a tenor de una cosmología cíclica, oscilatoria, cuántica de bucles o como queramos llamarle, por esas y otras poderosas razones. Una de ellas, muy evidente, es que todas estas hipótesis violan la segunda ley de la termodinámica, ya que la entropía que tanto estudió Planck y de la que después hablaremos aumenta en cada ciclo, y eso hace imposible regresar a la anterior situación, a un punto inicial con entropía cero. Así lo ha constatado el cosmólogo y matemático Tolman[122], y esa es la razón por la que el propio Penrose en su libro se dirige al lector diciéndole que «quizá se sienta preocupado» por el hecho de que en su cosmología cíclica se pasa de un mundo totalmente frio a otro de temperatura infinita[123]. Es para preocuparse, sí, y ese hecho pone de relieve que su modelo no es viable. Conclusión que corrobora el gran físico Weinberg en su libro *Los tres primeros minutos del universo*, en el que afirma que este modelo cíclico plantea una seria dificultad teórica, lo explica con estas palabras: «En cada ciclo la razón de los fotones a las partículas nucleares (o, más precisamente, la entropía por partícula nuclear) aumenta ligeramente por una especie de fricción (llamada viscosidad de volumen) a medida que el universo se expande y contrae. Según nuestro conocimiento —continúa diciendo Weinberg—, el universo comenzaría entonces cada nuevo ciclo con una proporción ligeramente mayor de fotones a partículas nucleares. Ahora esta proporción es grande pero no infinita, de modo que —concluye Weinberg— es difícil comprender cómo el universo podría haber experimentado antes un número infinito de ciclos»[124]. Hay que admitir, además, que tanto o más difícil es comprender que los fotones puedan «alcanzar eternidad» como escribe Penrose, realmente para asumirlo hace falta fe, mucha fe.

A lo hasta aquí dicho sobre el eterno retorno cabe añadir algo más, ahora desde el punto de vista experimental. Como apunté Penrose especuló con la posibilidad de que determinadas observaciones del fondo cósmico de microondas, realizadas con un

---

[122] Richard Tolman (1881-1948), físico especialista en mecánica estadística.
[123] *Ciclos del tiempo*, ob. cit., pp. 150 y 151.
[124] Weinberg, ob. cit., p. 208.

concreto satélite, pudieran mostrar anomalías concéntricas que fuesen consecuencia de explosiones anteriores a la nuestra[125], lo que según él confirmaría su cosmología cíclica conforme. Pero no ha sido así, como respuesta a su propuesta se constituyeron tres grupos de trabajo independientes y ninguno encontró rastro de esas supuestas anomalías, y además concluyeron que en todo caso no hubieran sido significativas estadísticamente, ni confirmarían la hipótesis cíclica. Más aún, incluso seguidores de Penrose como Shann Cole cuestionan que haya una comprobación fiable. En conclusión, puede decirse que para quienes aún sostienen el modelo del mundo eterno y cíclico el origen de tal mundo sigue siendo un profundo misterio cósmico, tal como, por cierto, apunta Penrose al comienzo del libro en el que promete una nueva extraordinaria visión del Universo, creo que ya lo dije[126]. De suerte que acierta Davies cuando asegura que «el mundo cíclico de muerte y renacer es sólo una especulación fruto de nuestra ignorancia acerca de las singularidades del espacio-tiempo»[127].

---

[125] Lo hizo en 2010 junto al físico y matemático armenio Vahe Gurradyan (n. en 1955).

[126] Penrose, *Ciclos del tiempo*, comienzo del Prefacio.

[127] Davies, *El universo desbocado*, ob. cit., p. 204.

4. La hipótesis Gaia

De nuevo regresamos al origen de la física, esta vez a Platón, y vamos a seguir constatando que pocas cosas nuevas hay acerca de la tesis de la eternidad del mundo. Platón, cuyo verdadero nombre era Aristocles, anticipó la llamada «teoría de Gaia» que considera la tierra como un superorganismo vivo, una hipótesis que mucho después fue defendida con pasión por Schopenhauer en el plano filosófico y por Margulis en el científico. Lo hizo en un bello diálogo, como todos los suyos, titulado *Timeo*, en referencia a un político y filósofo de Lócride, diálogo que, por cierto, Cicerón tradujo al latín. Según el ateniense Platón hay dos realidades eternas: las ideas, que son la realidad pura, y la materia en caos o estado de desorden —si usamos el término que gusta a los físicos diríamos que está en un alto grado de entropía—, en un espacio que hace posible el devenir. Es notable que también Platón se plantea la antinomia kantiana acerca del Universo o Cosmos, pues por boca de Filón afirma que «hay que considerar, en primer lugar, si siempre ha sido, sin comienzo de generación, o si se generó y tuvo algún inicio»[128]. Volvemos a la cuestión: ¿es eterno el Universo? Para él el Cosmos ha sido engendrado o generado por un Demiurgo o Hacedor y Padre del Universo, proyectando las ideas (que son modelos perfectos) sobre la materia (ambas realidades eternas, no lo olvidemos). De esta manera del desorden nació el orden —volvemos a la entropía—, y el Universo se convirtió en una especie de Ser Vivo, con alma cósmica y con todas las criaturas vivientes dentro de sí, Platón llega a calificarlo como el dios más perfecto, él endiosa incluso la tierra que está en el mundo sublunar. «Es así que

---

[128] Platón (427-347 a. C.), *Timeo*, 28b, Gredos, Madrid 1992, p. 171; texto griego en *Platonis Opera*, Tomo IV, Oxford University Press 1992, pp. 7-105. Platón era de familia noble, tuvo una buena educación y vivió en Atenas durante la construcción del Partenón de Pericles, las guerras del Peloponeso (en las que parece que luchó), la oligarquía de los treinta tiranos, la restauración de la democracia ateniense y el comienzo de la hegemonía de Macedonia. Discípulo de Sócrates y maestro de Aristóteles, fundó allí, en Atenas, una escuela filosófica llamada Academia (en recuerdo del héroe Academos) a la que dedicó sus últimos veinte años y en la que fue sepultado.

este universo —escribe— llegó a ser verdaderamente un viviente provisto de alma y razón,… un ser vivo completo que no envejece»[129]. Es decir: que es eterno. De esta forma el mundo sensible refleja la eternidad del mundo ideal, con un movimiento uniforme de los cuerpos celestes que Platón considera matemáticamente perfecto. Pues con él las matemáticas comienzan a ser, como siempre serán, y cada vez en mayor medida, el lenguaje con el que se expresa la física. Está claro que esta fábula platónica es opuesta a lo que nos enseña la ciencia actualmente, ya que ahora sabemos que la materia, la energía y el tiempo surgieron a la vez (como veremos en un próximo capítulo), lo que supone que no cabe sostener científicamente que hubo una materia caótica prexistente al Mundo. Pero la idea de considerar a este como a un ser vivo si ha tenido y tiene seguidores.

Uno de ellos, y muy apasionado, fue Arthur Schopenhauer, con quien he tenido el gusto de dialogar en uno de mis libros anteriores[130]. En su libro *El mundo como voluntad y representación*, publicado en 1818, Schopenhauer concibe al Mundo como un Macrohombre divino, como hizo Spinoza, pero al revés. Quiero decir que nos habla de un Macrohombre demoníaco que en su seno contiene todo, todas las cosas que existen incluidos los hombres, todo lo de todos, él utiliza la fórmula helénica que designa tal panteísmo con la expresión «ἐν καὶ τιαν», es decir: «uno y todo». Más aún, la voluntad todopoderosa, eterna, totalmente libre y omnipotente de tal Macrohombre diabólico —que para Schopenhauer es la auténtica cosa en sí que Kant no supo encontrar— es la fuerza que mueve el Cosmos y controla todo a su capricho. Anticipando a Nietzsche, su discípulo, Schopenhauer habla de un «eterno devenir» de un Mundo cuya voluntad, afirma, «es lo único αὐτόματος, y por ello inmortal e incapaz de envejecer»[131]. Estas conclusiones se basan en un galimatías kantiano-

---

[129] *Timeo*, ob. cit. pp. 171 a 176, en especial 30b, donde Platón escribe el texto entrecomillado.

[130] Concretamente en *Diálogos sobre el bien y el mal con Hume, Kant, Schopenhauer y Zubiri*, editorial Ygriega, Madrid 2022, pp. 263 a 338.

[131] Schopenhauer (1788- 1860), *Die Welt als Wille und Vorstellung*, 4 Libros y un Apéndice titulado *Kritik der Kantischen Philosophie*; 2ª edición con «Complementos» a los 4 Libros en 1844; 3ª edición en 1859. La idea del Macrohombre está en *El mundo como voluntad y representación* II, Círculo de Lectores y Fondo de Cultura Económica, Madrid

oriental cuya crítica ya hice en el diálogo antes citado[132], el cual supone un total determinismo transcendente y, de hecho, convierte al ser humano en una especie de marioneta de un Universo supuestamente divino (diabólico, mas bien) e inmortal; lo cual, por supuesto, está muy lejos de lo que actualmente nos dicen la física y la astrofísica. No obstante, quiero resaltar algo notable: Schopenhauer es el ídolo filosófico de algunos eminentes científicos que asumen sus ideas, como comprobaremos. Pienso que el punto dc convergencia acaso es el siguiente: la gran mayoría de los que han considerado que el Universo es eterno lo han endiosado, han convertido el mundo sensible y móvil en una especie de dios (o demonio) que es fundamento de sí mismo, de esta manera los científicos que niegan a Dios como espíritu Creador profesan como Schopenhauer una religión cósmica, una religión que predica fe en el Cosmos, es lo que hace Einstein. Dejo ahora este tema, más adelante hablaremos de físicos que admiran a Schopenhauer y su panteísmo brahmanista que mezcla las ideas de Kant con los *Vedas* y las *Upanishads* de la India, y también de la ciencia y sus demonios, como los de Laplace y Maxwell, aquel precursor de Schopenhauer, este otro vencedor sobre el de Laplace[133].

Lynn Margulis fue una bióloga evolucionista nacida en Chicago, que estuvo en España indagando sobre los microrganismos en el Delta del Ebro, y que, en mi opinión, vuelve en cierto modo a las tesis del *Timeo* de Platón, a la hipótesis Gaia avanzada por Hutton y elaborada por Lovelock, cuando se refiere a la tierra como un Superorganismo. Ella nos dice que se aleja de Lovelock, porque en lugar de hablar de un Organismo prefiere referirse a un Gran Ecosistema Continuo que está formado por la trama de muchos ecosistemas[134]. No obstante, al tratar de la selección natural y de la sinfonía de la vida Margulis afirma que cabe hablar de la tierra como un «sistema vivo» en conjunto, «resultado de la interacción entre la biota y los componentes geoquímicos», en el bien entendido de que

2004, p. 625, y en «Complementos al libro cuarto», Capítulo 50; la fórmula helénica en pp. 624 y 625; y las últimas citas en pp. 255 y 206.

[132] Es decir, en *Diálogos sobre el bien y el mal*, pp. 259 a 263.

[133] Cfr. Jimena Canales, *La ciencia y sus demonios*, Arpa, Barcelona 2024, y después V, 6.

[134] Lynn Petra Margulis, nacida Alexander (1938-2011), *Gaia es una pícara tenaz*, en L. Brockman, «La tercera cultura», Tusquets, Barcelona 1995, p. 130.

los humanos no lo dominan, sino que dependen de ello[135]. También existe un esbozo de filosofía planetaria basado en la hipótesis Gaia que ha desarrollado el astrofísico Arnau. Según él la constante de Planck ha cambiado el Mundo para siempre, ahora la radiación por impulsos que este emite lo ha convertido en una especie de ser vivo en el que la libertad y la necesidad se combinan, en el que el acto de creación sucede aquí y ahora, sin cesar, eternamente[136]. Nos habla de la hipótesis Gaia (como eso, como mera hipótesis de trabajo), según la cual, dice, Gaia es «un superorganismo con fisiología propia que comprende toda la biosfera». Para Arnau la naturaleza es una madre —como lo fue para Lucrecio—, la tierra es fundamento de lo que somos y todos los seres son un único ser. De nuevo encontramos una reminiscencia del *Timeo* de Platón y de las ideas orientales de Schopenhauer, por eso nos dice también este científico que «al abordar el universo, más que de creación es preferible hablar de manifestación espontánea de lo divino»[137].

En sentido impropio el Mundo está vivo, pues es dinámico, pero no es un dios ni un diablo del que seamos parte, como si fuésemos sus marionetas carentes de libertad. Este panteísmo, bueno o malo, carece de base alguna, tanto científica —no hay propuestas matemáticas ni pruebas experimentales que lo respalden—, como filosófica —la segunda antinomia cosmológica de Kant nos muestra que el mundo es uno y está compuesto de seres diversos[138]—. Es una fábula que incluso el escéptico fenomenólogo lingüista Wittgenstein ha criticado, calificándola de «mística materialista» de la que es mejor no hablar[139]. Desde otra perspectiva yo he criticado en otros lugares a los que me remito,

[135] Margulis y Sagan, *Microcosmos*, Tusquets, Barcelona 1995, pp. 296 y 311 y siguientes.
[136] Juan Arnau (n. en 1968), *Materia que respira luz. Ensayo de filosofía cuántica*, Galaxia Gutenberg, Barcelona 2023, p. 23.
[137] Ibídem, pp. 168, 196 y 30. Arnau, además de astrofísico, es especialista en filosofías orientales.
[138] Kant, *Crítica de la razón pura*, B462 a B465 y B551 a B555.
[139] Ludwig Wittgenstein (1889-1951), *Tractatus Logico-Philosophicus*, 1922, 6.44, 6.45, 6.522, 6.53 y 7, Alianza, Madrid 1995, pp. 181 y 183. Nacido en Viena, estudió ingeniería y se dedicó a la filosofía con Russell, nacionalizándose inglés en 1939 siendo catedrático en la Universidad de Cambridge.

creo que fundadamente, el carácter supuestamente divino o demoníaco del mundo que nos cobija[140].

Hasta aquí he hablado de vidas paralelas, más bien de ciencias paralelas, de científicos griegos y modernos que defienden la eternidad del Mundo. Confirmamos que esta hipótesis es una pura invención, lo era antiguamente y lo es en la época relativista y cuántica. Con ello pasamos a la segunda parte de este capítulo, en la que vamos a examinar la posibilidad de que el Universo, aun teniendo como tiene un origen, se haya creado a sí mismo sin causa extrínseca alguna.

---

[140] Cfr. *Diálogos sobre Dios*, VI y VIII, 6, titulado «¿El mundo es dios?»; y *Diálogos sobre el bien y el mal*, especialmente VI, donde conversando con él se critica la idea de Schopenhauer del Macrohombre diabólico.

5. ¿Es posible que el Mundo se haya autocreado?

Dado que el Mundo no es eterno, la pregunta inevitable es: ¿de dónde viene el primer átomo de la realidad?, ¿cómo fue la concepción del Universo?, ¿qué sucedió al principio, antes del tiempo de Planck? Según Heidegger la pregunta fundamental de la metafísica es por qué hay algo en lugar de la nada[141], pero en realidad esta es también la pregunta básica de la física. Para intentar contestarla adecuadamente volvemos de nuevo a Kant y a sus antinomias cosmológicas, ahora a la cuarta, que es dinámica[142]. Su tesis es que hay un Ser absolutamente necesario que es causa del Mundo, y la antítesis afirma que no existe tal Ser, ni en el Mundo ni fuera de él como causa suya[143]. Dedicaré el siguiente capítulo a la tesis del Ser creador, y en él veremos la solución que Kant da a esta antinomia, ahora vamos a centrarnos en la antítesis, a tenor de la cual resultaría hoy día que, a pesar de haber tenido un principio en la inicial explosión, el Universo no habría sido originado por algo o alguien ajeno a él. Es decir, se habría autocreado. La propia materia, y con ella el espacio, el tiempo y la energía, habría nacido por sí misma en virtud de una potencialidad que tendría incluso antes de existir. ¿Es posible que el Universo se cree a sí mismo? La mayoría de los astrofísicos y científicos piensa que no, pero esta antítesis tiene un defensor entusiasta: Stephen Hawking.

---

[141] Martin Heidegger (1889-1976) comienza su *Einführung in die Metaphysik*, de 1935, diciendo: «¿Por qué es el ente y no mas bien la nada?: esta es la pregunta fundamental de la metafísica».

[142] Kant plantea dos antinomias cosmológicas estáticas o matemáticas (la primera y la segunda), y otras dos dinámicas (la tercera y la cuarta). Según él tanto la tesis como la antítesis de las estáticas son falsas, mientras que las de las dinámicas son ambas verdaderas.

[143] *Crítica de la razón pura*, A452-A460 y B480-488.

6. Modelo de Hawking de autocreación mediante fluctuación cuántica

Ya señalé que Hawking se dedicó a las singularidades gravitatorias, en las que las magnitudes tienden a valores infinitos y se rompen las leyes de la física. Dos físicos rusos llamados Lifshits y Khalatnikov dijeron que el Universo no tuvo un comienzo, a Hawking no le convencieron sus argumentos y se dedicó a estudiar este asunto junto al físico matemático Penrose, a quien ya conocemos. Así en 1970, es decir, en su primera época, Hawking afirmaba que sí había existido un inicio del Mundo mediante el *big bang*, un comienzo al que calificó como una «singularidad gravitatoria» en la que la teoría general de la relatividad de Einstein deja de tener validez. Es decir, él admitía en este momento que la explosión inicial habría tenido lugar sin ninguna causa o explicación física, lo que suponía que a la ciencia le era imposible explicar el origen del Universo, esto era algo que quedaba totalmente fuera de su alcance[144]. Al final de su vida lo recordaba diciendo lo siguiente: «Aunque los teoremas que George Penrose y yo demostramos pusieron de manifiesto que el Universo tuvo que tener un comienzo, no dieron mucha información sobre la naturaleza de dicho comienzo. Indicaban que el universo comenzó en el *big bang*, un instante en que todo él y todo su contenido se comprimió en un único punto de densidad infinita, una singularidad del espacio-tiempo. En este punto la teoría general de la relatividad de Einstein habría dejado de ser válida. Por tanto, no podemos usarla para decir como comenzó el Universo; el origen del Universo, pues, parece quedar fuera del alcance de la ciencia»[145]. Esta es la conclusión de la mayoría de los científicos, como vimos en el apartado 7 del primer capítulo, pero era una idea que, aunque estuviese matemáticamente

---

[144] Cfr. Hawking, *Historia del tiempo*, 1988, Crítica, Barcelona 1989, pp. 78 y 155; *El universo en una cáscara de nuez*, 2001, Capítulo 3, Crítica, Barcelona 2002, p. 79.

[145] Hawking, *Breves respuestas a las grandes preguntas*, 2018, Crítica, Barcelona 2018, p. 81.

demostrada por él mismo y por Penrose, no le gustaba nada a Hawking[146]. Tenía gran fe en su razón y en las leyes físicas y sus constantes, por eso para él una ruptura de tales leyes suponía cuestionar el orden racional del mundo. Si el instante inicial fuera un punto singular en el que no se cumplieran las leyes de la física, decía, estas podrían fallar también en otras ocasiones, y la racionalidad de la ciencia misma quedaría en entredicho, lo que significaría que no podríamos predecir nada[147]. Para Kant «toda filosofía práctica tiene su límite»[148], a pesar de haber divinizado prácticamente la razón pura Kant fue consciente de que, como humana que es, dicha razón se topa con conceptos, categorías, leyes y hechos que no puede explicar —por ejemplo, la imperceptibilidad de los noúmenos y la obligatoriedad de los imperativos morales[149]—. Para Hawking no, su física carece de límites, él no admite que la razón no pueda llegar a explicar el origen del Universo basándose exclusivamente en la ciencia misma, según él todas las preguntas pueden ser contestadas aplicando las leyes de la física, todas.

¿Qué hace? Hawking quiere evitar a toda costa que el *big bang* sea una singularidad gravitatoria que no le da explicación alguna del comienzo, y lo consigue no como Penrose con una cosmología cíclica, sino de otra forma muy simple y muy forzada: afirmando que el Universo se creó a sí mismo mediante una fluctuación cuántica producida al azar. La propia materia, y con ella el tiempo y el espacio, habría nacido por sí misma en virtud de una potencialidad que tendría incluso antes de existir. Para llegar a esta conclusión este científico prescinde, de hecho, de las leyes que regulan la gravedad (a pesar de que son las aplicables al Universo incluso en su inicio, por

[146] «Que el Universo hubiera comenzado con una singularidad no era una idea que me gustara», escribe en *Breves respuestas a las grandes preguntas*, p. 82.

[147] En *El universo en una cáscara de nuez*, ob. cit., p. 79, Hawking escribe: «Si las leyes de la ciencia se suspendieran en el comienzo del Universo, ¿no podrían fallar también en otras ocasiones? Una ley no es una ley si sólo se cumple a veces. Debemos intentar comprender el comienzo del Universo a partir de bases científicas». Cfr. también *Breves respuestas a las grandes preguntas*, p. 82 y *Einstein Traum. Expeditionen an die Grenzen der Raumzeit*, Reinbeck, Roroso 2002, p. 92.

[148] Kant, *Fundamentación de la metafísica de las costumbres*, AK IV, 455, Ariel; Barcelona 1996, edición bilingüe, p. 241.

[149] La imperceptibilidad de los noúmenos la trata Kant en su *Crítica de la razón pura*, A255/B310. Y en su *Fundamentación de la metafísica de las costumbres*, observación final de la tercera sección (con la que concluye el libro), AK IV, 463 *in fine*, Kant escribe: «No concebimos ciertamente la necesidad incondicionada práctica del imperativo moral, pero concebimos sin embargo su inconcebibilidad».

eso hablamos de singularidad «gravitatoria»), y acude exclusivamente a las leyes de la física cuántica que rigen el comportamiento de los átomos (por eso habla de fluctuación «cuántica»). Es decir, aplica al Universo a gran escala, aunque esté en su fase inicial, las leyes del comportamiento de los átomos, especialmente el principio de incertidumbre de Heisenberg según el cual no podemos conocer todas las variables concurrentes. «Las leyes cuánticas permitieron que ocurriera el *big bang*», llega a afirmar ahora, en esta nueva fase[150]. Pero es imposible ignorar las leyes que según Newton y Einstein regulan la fuerza de la gravedad, una fuerza que existe en el punto inicial del Mundo junto con las demás fuerzas, y que en ese momento tiene una potencia inimaginable. ¿Qué hace Hawking? Como quiere entenderlo todo, sea como fuere, inventa y desarrolla una llamada «teoría del todo» que pueda explicarle el origen y destino del Universo, una artificial «teoría cuántica de la gravedad» que unifique todas las teorías y todas las leyes, las de la relatividad gravitatoria y las de la física cuántica. El tema principal de su *Historia del tiempo* es ese, «la búsqueda de una nueva teoría que incorpore a las dos anteriores: una teoría cuántica de la gravedad»[151]; una búsqueda de la que habló en varias conferencias que pronunció en 1996 que se han publicado con el título de *The Theory of Everything*[152]. En una de estas conferencias Hawking dijo: «Hay que utilizar una teoría cuántica de la gravedad para discutir las etapas más tempranas del Universo. Como veremos, es posible en la teoría cuántica que las leyes ordinarias de la ciencia sean válidas en todo lugar, incluso en el comienzo del tiempo. No es necesario postular nuevas leyes para las singularidades, porque no hay necesidad de singularidades en la teoría cuántica»[153]. No las hay porque, en esta artificial conmixtión, incorpora el principio de incertidumbre de Heisenberg a la teoría general de la relatividad de Einstein[154].

Contradiciéndose respecto a lo que había afirmado en 1970, en 1983 Hawking, junto con el físico James Hartle, formula un modelo cosmológico que describe la dinámica del Universo considerándolo

---

[150] *Breves respuestas a las grandes preguntas*, 2018, Crítica, Barcelona 2018, p. 63.

[151] *Historia del tiempo*, 1988, Crítica, Barcelona 1989, pp. 30.

[152] Hawking, *La teoría del todo. El origen y el destino del Universo*, Debolsillo, Barcelona 2015.

[153] Ibídem, quinta conferencia, p. 101.

[154] Así lo dice Hawking en numerosos lugares, entre otros en *Breves respuestas...*, p. 84 y en *La teoría del todo*, p. 127.

como un objeto cuántico, es decir, como un átomo. Intenta mostrar (en relación al átomo primigenio) que lo que aparece como una singularidad cosmológica en el marco de la física relativista podría ser descrito como un punto físico ordinario (no singular), de manera que el Universo no se habría iniciado con una singularidad, sino que todos los puntos del espacio-tiempo serían puntos ordinarios. Una de las reglas de la física cuántica que rige el comportamiento de los átomos es el principio de incertidumbre de Heisenberg, del que después hablaré más detenidamente, según el cual es imposible conocer a la vez y con precisión pares de variables, como la posición o la velocidad de un electrón. Constantemente se están produciendo fluctuaciones al azar, sin una causa especial. Partículas virtuales aparecen y desaparecen en lo que llamamos espacio vacío, que en realidad es un intenso borboteo de fluctuaciones, una efervescencia de corpúsculos que se crean y se destruyen[155]. En otras palabras, el vacío cuántico no es un vacío clásico, es un ente vivo en el que la materia aparece y desaparece al azar, el vacío (previo al Mundo) no está vacío: hay en él un mar hirviente de corpúsculos virtuales. Sobre esta base Hawking y Hartle imaginan que la materia apareció espontáneamente (no de la nada, pues como vemos ese vacío es ya algo) con una enorme, ingente y descomunal fluctuación cuántica de dicho espacio vacío, y ello debido al azar, según el principio de incertidumbre de Heisenberg, como si Dios hubiese jugado a los dados. Somos un producto del azar y de las fluctuaciones cuánticas, la materia se explica a sí misma, el Universo no tiene ninguna frontera inicial y el tiempo cero no existe, ya que, vuelve a imaginar Hawking, antes del tiempo de Planck el tiempo era imaginario y no real. Nada ajeno al Mundo causó el *big bang*, nada[156].

De esta forma Hawking soluciona el problema y cree tener todas las respuestas gracias única y exclusivamente a la física: «Creo que el Universo fue creado espontáneamente de la nada, según las

---

[155] Fernández Rañada, en ob. cit., pp. 144 y 145, pone el siguiente ejemplo: «Alrededor de un electrón se producen incesantemente fotones virtuales, es decir, partículas de luz que son reabsorbidas por el espacio, tras una duración que depende inversamente de su energía, o por otros electrones, pero entendido esto en términos de probabilidades, por lo que podría producirse alguno con una vida que, comparada con las demás, resulte anormalmente larga».

[156] Estas ideas las desarrolla Hawking en todas sus obras, me remito especialmente a *La teoría del todo*, pp. 127, 134 y 135, y a *Breves respuestas a las grandes preguntas*, pp. 62,63, 64 y 93, donde escribe: «Somos un producto de las fluctuaciones cuánticas del Universo muy temprano, Dios realmente juega a los dados».

leyes de la ciencia», concluye[157]. Pero no creado por Dios o cualquier otro Ser o cosa, sino autocreado, como si el propio Mundo fuese una especie de dios. Para él el Universo se autocreó en el *big bang*. «La explicación más simple —dice— es que no hay Dios, nadie creó el Universo y nadie dirige nuestro destino»[158]. Implícitamente la singularidad inexplicable lleva a admitir la creación del Mundo por Dios, por eso Hawking huye de tal singularidad, y negándola puede decir que Dios no es necesario, que no existe. Lo que hace sencillamente es, saliéndose del terreno de la física, colocar la humana razón en lugar de la divina, poner el hombre científico en el lugar de Dios. Lo confiesa muchas veces al acabar sus obras, termina varias de ellas utilizando una expresión que recuerda algo que ya dijo Einstein[159] y se ha hecho célebre, es esta: «Si descubrimos una teoría completa debería ser comprensible para todos, no sólo para unos pocos científicos, entonces todos seremos capaces en tomar parte en la discusión de por qué el Universo existe. Si encontrásemos la respuesta a esto sería el triunfo definitivo de la razón humana, porque entonces conoceríamos el pensamiento de Dios»[160].

---

[157] *Breves respuestas…*, ob. cit., p. 57.
[158] Ibídem, p. 67.
[159] Cuando uno de sus estudiantes le preguntó qué buscaba con sus ecuaciones, Einstein le contestó: «Quiero saber cómo Dios creó el Universo. No me interesa tal o cual fenómeno, tal o cual detalle, lo que quiero conocer es el pensamiento de Dios».
[160] Así concluye Hawking, entre otros, su libro *La teoría del todo. El origen y el destino del Universo*, y también su *Historia del tiempo*.

7. El Universo no se creó espontáneamente de la nada

¿Se ha cumplido esa promesa? ¿Nos ha dado la teoría cuántica de la gravedad todas las respuestas? ¿Conocemos la mente de Dios? No, creo poder afirmar que de ninguna manera. La teoría cuántica de la gravedad que se utiliza para sustentar la autocreación del Mundo no tiene el más mínimo soporte, ni filosófico, ni científico, ni empírico, ha hecho predicciones que nadie ha podido comprobar, por lo que los cosmólogos apenas la han tenido en consideración. No obstante, voy a resumir las objeciones principales que se le pueden hacer de la siguiente manera:

En primer lugar, no se puede aplicar la física cuántica al Universo en su totalidad. Más adelante hablaré de la revolución cuántica y de la nueva visión que nos ha dado del Mundo, ahora basta decir que es una teoría que fue desarrollada para partículas microscópicas, y además habría serias dificultades matemáticas[161]. Lo que es aplicable al Universo, su origen y su expansión —aunque en el momento inicial haya estado muy, muy comprimido— es la relatividad general y la teoría de la gravitación universal de Einstein (de las que trataremos en el capítulo cuarto), no hacerlo así es precisamente ignorar el campo propio de las leyes físicas, de cada una de las leyes de la física.

En segundo término, no existe una teoría cuántica de la gravedad bien formulada y comprobada experimentalmente. Para decir algo sobre el tiempo cero y hasta 10^{-43} segundos —recordemos el muro de Planck—, dado que la atracción gravitatoria tenía una intensidad inimaginable, colosal, sería necesario disponer de una teoría cuántica de la gravedad, es decir, al nivel microscópico fundamental. Pero como bien enseña el profesor de mecánica

---

[161] El físico David Jou, en ob. cit., p. 88, escribe que «este modelo del vacío cuántico combinado con la relatividad general, en el que la entidad que fluctúa es el propio espacio-tiempo, extrapola en quince órdenes de magnitud hacia lo infinitesimal la física cuántica conocida».

cuántica y especialista en partículas elementales Fernández Rañada, no existe tal cosa[162]. Nadie ha sido capaz de dar un esquema coherente, matemáticamente correcto y de interpretación clara del comportamiento de la gravedad en tales condiciones, esta conclusión la comparte la mayoría de los físicos y astrofísicos, citaré algún ejemplo: en *Explicar el mundo*[163] Weinberg escribe que «da teoría cuántica deja fuera la gravitación»; David Bercovici en *Los orígenes de todo*[164] dice que «actualmente no se dispone de ninguna teoría que explique cómo unificar la gravedad con las otras trcs fucrzas fundamentales»; y con su habitual claridad Feynman asegura que «actualmente no existe una teoría cuántica de la gravedad»[165]. Después nos explica uno de los motivos: «En los experimentos factibles —dice— nunca intervienen la mecánica cuántica y la gravedad al mismo tiempo, pues la fuerza de la gravedad es demasiado débil en comparación con la fuerza eléctrica»[166]. Y sin la teoría cuántica de la gravedad la idea de un Universo autocreador se queda sin ninguna base científica sólida. Dado que, como digo, de hecho, esta teoría no existe y nadie vislumbra siquiera cómo alcanzarla, a la vista de que sus estructuras matemáticas son incompatibles[167], Hawking y Hartle han desarrollado su modelo cosmológico con ayuda de una formulación «tentativa» de esta teoría, según dicen ellos, a la que denominan «aproximación canónica». Pero ni tal aproximación canónica es una teoría cuántica de la gravedad, ni ninguna otra línea de trabajo en el campo de la gravitación ha recibido, hasta el momento, el más mínimo soporte empírico. Ni tampoco el modelo cosmológico de Hartle y Hawking ha dado lugar a la formulación de predicciones comprobables empíricamente, por lo que hoy por hoy apenas si es tenido en cuenta por los cosmólogos. Esto es un hecho que el propio Hawking reconoció en una conferencia trece años después de formular su supuesta teoría cuántica de la gravedad: «Aún no tenemos una teoría completa y consistente que combine mecánica cuántica y gravedad», dijo[168]. En realidad, no la tuvo nunca.

[162] Antonio Fernandez Rañada, *Los científicos y Dios*, Nobel, Oviedo 1994, p. 146.
[163] Tecnos, Barcelona 2021, p. 270.
[164] Alianza, Madrid 2020, p. 22.
[165] Feynman, *El carácter de la ley física*, Tusquets, Barcelona 2021, p. 37.
[166] Ibídem, p. 176. La fuerza electromagnética se trata en V, 2.
[167] Así lo dice Al-Khalili en el epígrafe titulado «En busca de una gravitación cuántica» de su libro *El mundo según la física*, ob. cit., p. 155.
[168] *La teoría del todo*, apartado «Gravedad cuántica», ob. cit., p. 101.

Una tercera alegación es que en el comienzo del Universo no hubo azar, sino perfecto orden. No se aplica el principio de incertidumbre de Heisenberg, como Hawking pretende, por el contrario, hay un grado de orden infinitamente superior a todo lo que podamos imaginar. En el átomo primitivo —cigoto del Universo le llamé— existe un orden magnífico que se basa en unas constantes cosmológicas, de manera que, si alguna de ellas hubiera sido modificada lo más mínimo el Universo, tal como lo conocemos, no hubiera podido aparecer. La intensidad de la explosión tuvo que ser la correcta, ya lo dije, ni más fuerte ni más débil, la justa, si no el Mundo no habría evolucionado como lo ha hecho. La densidad inicial también, y la fuerza nuclear y, por supuesto, la fuerza de la gravedad. Si esta hubiera sido apenas un poco más débil en el instante de la formación del Universo, las estrellas nunca habrían aparecido; y una gravedad más fuerte habría provocado incontroladas reacciones nucleares, causando la rápida muerte de las estrellas. La conclusión es que el Universo no nació por una fluctuación cuántica al azar, como propugnan Hartle y Hawking, en su origen no hay acontecimiento aleatorio alguno. Mas bien un cierto orden supremo regula sus condiciones físicas iniciales, hablando de entropía podemos decir que al comienzo las cartas estaban muy bien ordenadas y sin barajar.

Hablemos de esas leyes físicas que Hawking dice debieron gobernar el *big bang* por si mismas, con ello formulo mi cuarta objeción a su teoría. Él cree que tales leyes son anteriores a la explosión inicial, no que nacieron con ella, sino que le preceden, llega a afirmar que «das leyes de la naturaleza nos dicen que el Universo podía haber aparecido sin ayuda»[169]. Son las leyes las que, existiendo antes de originarse en Universo, nos dicen cómo fue su aparición: esta afirmación carece de la más mínima lógica. Las leyes físicas, cuánticas o no, no pueden ser anteriores al propio Universo, más bien nacieron con él, luego es absurdo basarse en ellas para explicar su comienzo. Esto lo explicó muy bien otro gran científico que emuló a Newton al establecer las cuatro ecuaciones que describen los fenómenos electromagnéticos, hablo ahora del gran Maxwell. Nos dijo Maxwell que responder a la pregunta de cómo surgió el Universo (en el instante inmediatamente anterior a su

---

[169] *Breves respuestas a las grandes preguntas*, ob. cit., p. 64.

comienzo) recurriendo a las leyes físicas carece de sentido, porque esas leyes nacieron con el Universo y, por tanto, ello trasciende los límites de la ciencia[170]. Así es, tal como afirma el filósofo de la naturaleza Juan Arana, acudiendo además a Weinberg, «las leyes naturales son incapaces de explicarse a sí mismas, incluso si fuera concebible una única legislación cósmica»[171]. No cabe identificar el Universo sólo con la materia, la energía y el tiempo, como hace Hawking, también surgieron con él esas leyes que rigen su comportamiento, la de la gravedad por la que se atraen los cuerpos, las del electromagnetismo, las leyes nucleares de la mecánica cuántica… ¿de dónde han surgido tales leyes?, ¿quién decidió que fuesen el fundamento y la regla de una fluctuación cuántica? Si antes del comienzo no había tiempo real (cosa que admite Hawking), ¿cómo había ya leyes físicas? Con el modelo cosmológico de Hawking y sus émulos Vilenkin y Krauss[172] estas grandes preguntas carecen de respuesta.

Hablando de tiempo cabe decir, en quinto lugar, que la distinción que hace Hawking entre tiempo imaginario y tiempo real es artificial y carece de base científica. Según él el tiempo cero no existe, ningún instante es origen del tiempo real, a pesar de que este empezó en el *big bang* o inmediatamente después, ya que antes lo que (supuestamente) había es tiempo imaginario. Francamente, esto es una antinomia, un paralogismo, una ficción mental, si el tiempo comenzó con y en el Universo tuvo que haber un instante inicial. El químico y astrofísico Alemañ hace una buena crítica de la idea del tiempo imaginario propuesta por Hawking: «nadie ha conseguido explicar claramente cómo surge el tiempo clásico, y la evolución típica del universo, a partir del estado inicial en donde solo había tiempo imaginario», dice; y añade que Hawking y Hartle carecen de respuesta para el problema que entraña la transición desde el estado inicial, sin tiempo físico, hasta un estado posterior en el que sí lo

---

[170] Así lo recoge el físico teórico y filósofo de la ciencia Karim Gherab Martin en el libro *La cosmovisión de los grandes científicos del siglo xix*, coordinado por Juan Arana, Tecnos, Madrid 2021, p. 239.

[171] Juan Arana, *Filosofía Natural*, Biblioteca de Autores Cristianos, Madrid 2023, p. 362.

[172] Alexander Vilenkin, en *Muchos mundos en uno*, Alba, Barcelona 2009, y después Lawrence Krauss en *Universo de la nada*, del año 2012, propusieron como Hawking que el Universo surgió de la nada como resultado de una ley física o una descripción matemática prexistente. A esta propuesta cabe hacer la misma objeción: si el Mundo surgió de la nada, ninguna ley o descripción existía antes para crearlo.

hay. Según Alemañ las evidencias acumuladas no dan credibilidad a su modelo cosmológico, la singularidad inicial no desaparece cuando utilizamos sólo el tiempo físico habitual y, en definitiva, el origen del Universo no fue como imaginan Hawking y Hartle[173].

La sexta observación se refiere a la idea del vacío cuántico en el que se producen las fluctuaciones. Lo que Hawking llama espacio vacío no está vacío, en realidad es un mar hirviente de corpúsculos virtuales que producen fluctuaciones aquí y allí, alguna de las cuales ha creado el Universo al azar. ¿De dónde han salido esos cuerpos? Esto no es una autocreación, ya había algo. ¿De dónde salió ese algo?, ¿cómo comenzó?, ¿quién lo creó? Aquí no hay un comienzo *ex nihilo*, en este modelo imaginado por Hawking la supuesta nada no es tal, es «algo» que tiene potencialidades incluso antes del *big bang* gracias a las fluctuaciones de sus cuerpecillos. Es un vacío cuántico que recuerda al *Timeo* de Platón, en el sentido de que antes de engendrarse el Universo ya existía algo, en aquel caso un espacio y una materia que son eternos, con lo que la cuestión simplemente se traslada al origen de ese algo. A Hawking sólo le faltó referirse al Demiurgo.

Veamos la séptima observación: sucede que de hecho Hawking nos pide que tengamos fe en él y en las leyes físicas. Digo bien, digo «fe», comprobemos por qué. Defiende un Universo autocreado espontáneamente de la nada mediante una fluctuación cuántica, que hizo que la materia apareciera. Eso supone que las leyes (cuánticas) de la física son tan fuertes, que implican la existencia necesaria de la materia. Ninguna prueba hay de que sea así. Este razonamiento es similar al argumento ontológico que utilizaron Anselmo de Aosta y Descartes, pretendiendo demostrar la existencia de Dios. Hawking pretende demostrar la existencia de la aparición espontánea de la materia, pero su razonamiento falla por lo mismo que falla la prueba cartesiana: algo no existe simplemente porque yo lo piense. Si pido que otros acepten que sí, que existe, en realidad les estoy exigiendo fe en mí. Me explico: Descartes prueba que Dios existe, según dice, porque tiene la idea clara y distinta —lo que para él equivale a indubitablemente verdadera— de un ser perfecto; como su existencia está en esa idea tiene que existir, pues si no su idea no sería verdadera. *A priori* pretende demostrar la existencia de Dios

---

[173] Rafael Alemañ, *Cosmología. La ciencia ante el universo*, Guagalmazán, pp. 214 a 217.

exclusivamente en base a su propia idea de Él, igual que había hecho Anselmo de Aosta, también conocido como Anselmo de Canterbury, en el año 1077[174]. Pero nuestras ideas no siempre son verdaderas, no son verdad por el mero hecho de tenerlas, basta dejar de pensarlas para suprimir la prueba, es lo que opusieron Gaunilo a Anselmo y Kant a Descartes. El tal Gaunilo fue un monje de Marmontier que dijo al de Aosta que algo no existe porque yo lo piense[175], y Kant escribió que todo esfuerzo y trabajo en la prueba ontológica cartesiana de la existencia de un Ser supremo a partir de conceptos son inútiles[176]. Trasponiendo estas ideas filosóficas a la física, vemos ahora que se nos dice: las leyes de la física implican la aparición de la materia de la nada, esta idea es verdadera sin duda alguna, luego la materia ha tenido que autocrearse de la nada. Pero la mera idea de que existen unas leyes según las cuales el *big bang* ha tenido lugar, sin pruebas, no supone que el Mundo haya autoaparecido. Basta dejar de pensarla. Aquí no hay demostración alguna, ni filosófica, ni lógica, ni científica, se nos pide fe ciega. Y, francamente, hace falta mucha fe para creer en una materia que se crea a sí misma de la nada según unas leyes anteriores a ella, que se crea *ex nihilo*[177].

Mi octava discrepancia se fundamenta en el hecho de que al comienzo de todo sí existió un punto singular, una singularidad en la que las magnitudes tienden al infinito y las leyes físicas no pueden tenerse en cuenta ni aplicarse. Luego la negación de la creación del Mundo por un Dios —pasando así de la física a la metafísica— es arbitraria, ya que se basa en una negación, no probada científicamente, de la existencia de un punto singular inicial. El silogismo de que al no haber singularidad nadie creó el Universo es un sofisma, un paralogismo, un razonamiento falso como los de Pirrón, Sexto Empírico y Luciano, que cae por su base al mostrarse la inexactitud de una premisa que afirma la inexistencia de tal punto singular. La ciencia y la teoría relativista aplicable al tiempo cero han

[174] Descartes (1596-1650), *Discurso del Método*, edición bilingüe de Universidad de Puerto Rico y Revista de Occidente, Madrid 1954, p. 36 de la edición príncipe de 1637; también en *Ouvres Philosophiques* I, Garnier, Paris 1988; *Meditaciones Metafísicas*, V, 7 y 8; San Anselmo (1033-1109), *Proslogion*, Tecnos, Madrid 1998.

[175] Gaunilo, *Libro escrito a favor de un insensato*, en «Filósofos Medievales», Biblioteca de Autores Cristianos, Madrid 1980, p. 79.

[176] Kant, *Crítica de la razón pura*, B620, B622 y B630.

[177] Cfr. en este sentido el filósofo Justino (100-165), *Diálogo con Trifón*, 121, 2.

confirmado su existencia, tal como vimos y se desprende de lo que hoy se denomina modelo estándar del *big bang*, un modelo que está basado en la con-fluencia de teoría y observaciones empíricas y es comúnmente admitido por la doctrina científica. El cual, por cierto, es el que defendió Hawking al comienzo de sus investigaciones.

Formulo mi novena y última observación a la teoría de Hawking, esta vez de carácter más general a la vista de las incursiones filosóficas que realiza este científico: la astrofísica no tiene valor absoluto. La ciencia no es omnipotente, no puede llegar a explicar las cuestiones más intrincadas de la metafísica[178]. Esta, la metafísica, es parte de la filosofía —de la sabiduría—, más aún, es filosofía primera o del fundamento, del ἀρχή, de dios, mientras que la física es filosofía segunda o de los seres sensibles, claramente lo explicó Aristóteles, el gran Newton fue consciente de ello. Por esa razón la «teoría física del todo» que pretende explicarlo todo, incluido a Dios, se basa en una intrínseca contradicción lógica. Por una parte, absolutiza la física (como hace, por ejemplo, con las leyes de la naturaleza) y así, tal como concluye Wittgenstein en su *Tractatus*, únicamente nos deja hacer proposiciones de ciencia natural, sólo podemos hablar de lo físico mudable, nunca de metafísica, como dice aquel de lo que no se puede hablar hay que callar[179]. Pero, por otro lado, la ciencia de la naturaleza nunca es el final, no puede darnos explicaciones últimas porque es una ciencia experimental que necesita otro fundamento, ya que sus bases firmes e indudables no se encuentran dentro de ella. Esto lo comprendió Kant, y desde el punto de vista científico lo enseña el gran matemático y filósofo amigo de Einstein llamado Kurt Gödel con su famoso teorema, según el cual todo sistema formal de axiomas y reglas de procedimiento, como es la matemática (que, no lo olvidemos, es el lenguaje de la física), incluye necesariamente afirmaciones que no se pueden probar ni refutar desde dentro del sistema, por eso se dice que la verdad de tales afirmaciones es «indecible»[180]. Si absolutizamos la física ella entra en un terreno en el que las cuestiones fundamentales no pueden ser iluminadas por sus experimentos (como sucede con la gravitación cuántica), y las

---

[178] En V.5 hablaré de las limitaciones de la física y de la ciencia.

[179] Wittgenstein, *Tractatus Logico-Philosophicus*, 1922, parte final, 6.53 y 7, Alianza, Madrid, 1995, p. 183.

[180] Trataré del teorema de Gödel después, concretamente en el Capítulo VII, 1.

grandes preguntas de la vida seguirán sin respuesta, esto es algo que piensan científicos como Weinberg y Davies[181] y el propio Hawking ha admitido más de una vez[182].

En este Capítulo hemos confirmado que el Universo no es eterno, y además hemos comprobado que la antítesis de la cuarta antinomia cosmológica kantiana, según la cual no habría sido originado por algo o por alguien ajeno a él, es falsa. Veamos en el siguiente si es o no verdadera la tesis según la cual hay un Ser necesario que es causa del Mundo, su Creador, conclusión, anticipo ya, a la que llegó el científico más grande de la historia —o quizá uno de los dos más grandes, si contamos con Einstein—, naturalmente me refiero a Newton.

---

[181] Según recoge Davies en su libro *Super-Fuerza*, ob. cit., p. 157.

[182] Cfr. Hawking, *Historia del tiempo*, ob. cit., pp. 169 y 170; *La teoría del todo*, ob. cit., pp. 126 y 127; *El gran diseño*, firmado con Leonard Mlodinov y publicado en 2010; *Breves respuestas a las grandes preguntas*, ob. cit., en cuya p. 250 escribe que, en definitiva, «das grandes preguntas de la existencia siguen sin respuesta».

Capítulo III

Creación del Mundo por Dios

1. La creación es una cuestión filosófica que debe contar con los datos científicos

Si resulta que el Mundo no es eterno, pues tuvo un comienzo con el *big bang*, y no se ha autocreado a sí mismo, ¿habrá sido originado por algo o alguien transcendente a él?, ¿es verdadera la tesis de la cuarta antinomia cosmológica propuesta por Kant, y hay un Ser necesario que es causa del Mundo? Esta es la cuestión: ¿se puede hablar seriamente de una creación del Universo por Dios? El tema de una creación de algo que empieza a partir de la nada más que un problema físico es una cuestión filosófica de carácter metafísico, que no puede ser resuelta sólo con consideraciones astronómicas y reglas matemáticas. Sabemos, lo hemos visto, que los astrofísicos son incapaces de responder a la pregunta de cómo surgió el Universo, chocan con el muro de Planck, es un misterio para ellos, al menos hasta que no dispongan de una nueva teoría que unifique la relatividad general y la mecánica cuántica. Por eso, ante esta incapacidad para decir algo con cierto sentido, califican el inicio mismo como una «singularidad física» en la que no se cumplen las leyes de la física. Tampoco pueden explicar el origen de todo lo que existe negando tal singularidad y basándose en dichas leyes de la física —como hace Hawking con la intención de negar una creación por Dios—, tal cosa carece de sentido y transciende los límites de la ciencia porque, recordemos, como bien dijo Maxwell las leyes de la naturaleza no pueden ser anteriores al propio Universo, luego es absurdo basarse en ellas para explicarlo. Sí, la cuestión de una creación es sustancialmente metafísica. Esto es algo que con su habitual clarividencia ya vio el padre del *big bang* y del átomo primitivo, me refiero a Lemaître, quien afirmó que «desde el punto de vista físico, todo sucedió como si el tiempo cero teórico fuera realmente un comienzo; saber si ese comienzo fue o no una creación, algo que empezó a partir de la nada, es una cuestión filosófica que no puede ser resuelta por consideraciones físicas o astronómicas»[183]. Lo han entendido así también muchos otros científicos y filósofos, como, por ejemplo, el británico formado en la Universidad de Oxford Antony Flew, según el cual «el descubrimiento de un universo que está en expansión, en lugar de ser una entidad estática y eternamente inerte, cambia los términos de la discusión; pero lo esencial de ello es que, en último término, los asuntos que están en juego son mas filosóficos que científicos»[184]. Conclusión que acaba de corroborar Robert Wilson, el nobel descubridor con Penzias del eco de un *big bang* que, según él, plantea la cuestión metafísica de la posible creación del Mundo por un Espíritu superior. En concreto, sus palabras son estas: «Si bien mi trabajo de cosmólogo se limita a una interpretación estrictamente científica, puedo comprender que la teoría del *big bang* dé lugar a una explicación metafísica»[185].

Pero, por otra parte, no podemos prescindir de la ciencia, de ninguna manera, lo dije al comienzo y lo reitero, metafísica y física son como dos caras de una sola moneda. Al contrario, para poder hablar de la creación con la esperanza de aproximarnos a la verdad tenemos que prestar atención, y mucha, al estado actual de la ciencia, en especial de la astrofísica. Es necesario partir de los datos empíricos que los físicos y los astrónomos nos aportan, examinando su sentido y la relevancia que ellos les dan y realmente tienen. Además, ahí tenemos el ejemplo de muchos de ellos, como el de los científicos que revolucionaron nuestras ideas sobre el mundo mostrando que es la tierra la que gira alrededor del sol y no al revés, como el caso de Newton, que sin duda es paradigmático, y como el de astrónomos, mecánicos cuánticos, botánicos, matemáticos y otros científicos que han contestado a nuestra pregunta, y siguen haciéndolo actualmente, afirmando que sí, que hay un Dios que ha creado el Universo.

Sobre estas bases, lector, vamos a tratar de la creación. Primero comprobaremos cómo, en efecto, grandes científicos que se han extasiado ante el hermoso espectáculo de la armonía de los cielos y

---

[183] Lemaître, *La Culture Catholique et les Sciences Positives*, en «Actes du VI Congrès Catholique de Malines», Bruselas, 10 de septiembre de 1936.

[184] Antony Flew, *Dios existe*, Trotta, Madrid 2012, p. 120.

[185] Wilson, *Prólogo* datado el 28 de julio de 2021 al libro de Bolloré y Bonnassies antes citado, p. 9.

la tierra han pensado que, teniendo en cuenta el estado de sus conocimientos científicos, lo lógico es concluir que el Universo no surgió por azar, sino que la maravillosa máquina del Mundo que vemos y tocamos ha sido construida para nosotros por el mejor de los Artífices, ha tenido un Hacedor que la ha diseñado con gran precisión. Después nos dedicaremos a comprobar si esas ideas metafísicas acerca de una creación *ex nihilo* por Dios se adaptan, o no, al modelo estándar del *big bang* y a la idea del Universo que hoy día nos aporta la ciencia. Y en el supuesto de que sea así, trataremos del carácter y de la naturaleza de la creación hecha por Dios.

2. Los dos libros

¿Ha sido creado el Universo por Dios? Los científicos que han contestado a esta pregunta positivamente han acudido con frecuencia a una metáfora: la de considerar el Mundo como un libro, un libro que, como todos, tiene su autor, el Dios creador, y que, también como todos, puede ser leído por quienes conocen el lenguaje en el que está redactado, que es el de las matemáticas. Por su parte, ha habido filósofos que han pensado que en realidad Dios ha escrito dos libros: este, el de la Naturaleza, pero también el de la Biblia, que supuestamente contiene lo que nos ha revelado de forma más personal y directa. Un libro, el de la Biblia, que para el gran matemático Euler (el Mozart de las matemáticas) ha sido «absolutamente necesario» a la vista del riesgo de errar que tenemos los humanos[186]; y al que Agustín de Hipona —que amaba mucho la inteligencia[187]— acudió repetidamente buscando lo que hubiera de cierto en la idea de una creación del mundo por Dios[188]. Comienza con el *Génesis* que narra el «sea la luz» del primer día, una analogía del *big bang* que recuerda la separación entre materia y radiación (hubo luz antes que galaxias y estrellas), si bien ahora voy a centrarme en el otro libro, el de la Naturaleza al que normalmente acuden los científicos, y hacen bien. Pues, aunque con frecuencia se han mezclado y confundido ambos —sobre todo a partir de que

---

[186] Leonhard Euler (Basilea 1707-1783), *Leohnardi Euleri opera omnia*, Teubner, Leipzig y Berlín 1911, III, 11, p. 44, citado por Juan Arana en *La cosmovisión de los grandes científicos de la ilustración*, capítulo III, pp. 63 y siguientes. Respecto al riesgo de errar, Chesterton (1874-1936) dijo que si hay algún dogma claro e irrefutable es el del pecado original, cuyas consecuencias vemos y comprobamos a diario.

[187] En *Epist.* 120, 3, 13: PL 33, 459, San Agustín escribe: *Intellectum valde ama*, Ama mucho la inteligencia. Hasta tal punto la amaba él, que conversó con ella, con su propia razón, en un sabroso diálogo contenido en *Los Soliloquios*, Biblioteca de Autores Cristianos, Madrid 1994.

[188] La doctrina de Agustín acerca de la creación se contiene en sus comentarios al «Génesis» contenidos en *De Genesi ad litteram*, en *De Genesi contra Manicheos* y en *De Genesi incompleto*, libro este que comienza diciendo: «Sobre los secretos de las cosas naturales que juzgamos hechas por Dios, omnipotente artífice, se ha de tratar no afirmando, sino buscando lo que haya de cierto».

Juan de Fidanza desarrollara la doctrina de los dos libros[189]—, se trata de textos independientes, como nos enseña lo que se suele llamar el «compromiso baconiano». Se llama así porque lo propuso el filósofo y científico inglés Bacon, cuando advirtió que «nadie mezcle o confunda neciamente esas dos enseñanzas», las de ambos textos[190]. Galileo pensaba de esta manera, como dijo a Cosme II de Médicis cuando le dedicó su *Sidereus Nuncius*, veía en la Naturaleza un libro cuyo autor es Dios, «Artífice y Dominador de las estrellas», escribe, pero un libro que está escrito en el lenguaje de las matemáticas a diferencia del libro de la Biblia, que está compuesto en un lenguaje común accesible a todos[191]. Pueden complementarse, pero son diferentes, por esa razón en una de sus cartas a Cristina de Lorena, gran duquesa de Toscana y madre del citado Cosme II, citando a Belarmino, o quizá a Baronio[192], Galileo dijo una de sus frases más conocidas: «la Biblia nos enseña cómo se va al cielo, no cómo van los cielos», escribió[193]. Sin embargo, quienes le condenaron ignoraron este buen principio y le trataron como antaño había sido maltratado el filósofo presocrático Anaxágoras, el cual, tras el arcontado de Pericles, fue perseguido por haber afirmado que el sol no es un dios sino una piedra incandescente[194]. De la misma

---

[189] Juan de Fidanza, que es San Buenaventura (h. 1217-1274), fue franciscano, amigo y colega de Tomás de Aquino (se doctoraron el mismo día), profesor de la Universidad de París apelado como «doctor seráfico» y cardenal; murió mientras participaba en el Concilio de Lyon.

[190] Francis Bacon (1561-1626) propuso su doctrina acerca de los dos libros en *The advancement of learning*, publicado en 1605.

[191] Galileo Galilei (1564-1642), pisano que vivió en Florencia, reinventó el telescopio y así pudo descubrir los satélites de Júpiter, las fases de Venus, la forma oval de Saturno, las montañas de la luna, muchas estrellas y, sobre todo, confirmó con sus observaciones el sistema copernicano. En 1610 Galileo publicó *Sidereus Nuncius*, texto al que Kepler contestó en forma de carta (ambos textos se contienen en *El mensaje y el mensajero sideral*, Alianza, Madrid 1990, y la cita textual está en la p. 35); y en 1632 *Dialogo supra i due massimi sistema del mondo*, un diálogo con dos amigos que critica la astronomía anterior y defiende la copernicana (volveremos a hablar de este diálogo en el apartado dos del capítulo IV). Finalmente en 1638 Galileo publicó otro diálogo sobre mecánica, titulado *Discursi in torno a due nuove scienze*.

[192] Eso afirma Weinberg en *Explicar el mundo*, Taurus, Madrid 2020, p. 191.

[193] Galileo, *Carta a Cristina de Lorena*, que no se publicó pero tuvo gran difusión, Alianza, Madrid 1987 (en el capítulo IV, 4, nota 400, se recoge el comentario de Weinberg a esta carta).

[194] Plutarco en *Nicias*, 23, 4, escribe que en aquella época «no se soportaba a los físicos ni a los que entonces se llamaba "charlatanes de las nubes", ya que se creía que destruían lo divino con sus absurdas causas, sus fuerzas ciegas y sus acontecimientos necesarios» (cfr. también Platón, *Fedro* 270a). Plutarco añade en el mismo lugar que «Anaxágoras fue encarcelado y a duras penas liberado por Pericles» (cfr. Plutarco, *Pericles*,

forma, Galileo fue condenado a retractarse por defender la idea copernicana de que la tierra no es el centro del universo, sino que es un planeta más que gira alrededor del sol según órbitas circulares (Kepler descubrió que son elípticas).

Cada libro está escrito en su propio idioma, lo cual no es obstáculo para que se complementen. La Biblia tiene un atractivo lenguaje poético, común y accesible a todos, incluso a los que no saben matemáticas, y como dice Kepler no ha de ser interpretada literalmente, sino según el sentido común y los fenómenos que percibimos[195]. En cambio, como bien advierte Galileo, «el libro de la naturaleza no se puede entender si primero no se aprende a comprender el lenguaje y a leer el alfabeto en que está compuesto, y este libro está escrito en el lenguaje de las matemáticas»[196]. Idea que reitera en otro lugar diciendo que «da filosofía está escrita en ese gran libro que está ante nosotros: el universo, pero no podemos entenderlo si no aprendemos primero el lenguaje de los símbolos con que está escrito. Está escrito en el lenguaje matemático, y los símbolos son los triángulos, círculos y otras figuras geométricas, sin las cuales es imposible comprender una sola palabra suya»[197].

Lo notable es que hay científicos que sostienen que, aunque están escritos de distinta forma, si se leen bien ambos textos se complementan. Lemaître creía que los enigmas de la Biblia tienen una solución racional mediante el conocimiento de la Naturaleza; y así pensaban también el descubridor de la corriente eléctrica Faraday (quien, por cierto, también se dedicó al estudio de la Biblia)[198], y el físico atómico Dyson, según el cual cada libro ofrece una visión parcial de un mismo universo[199]. Voy a citar dos ejemplos. Los

---

5-6). Anaxágoras de Clazómene (h. 500-430 a. C.), jónico, fue el primero que introdujo la filosofía en Atenas.

[195] Johannes Kepler (1571-1630), gran científico, filósofo e incluso místico, hizo notables contribuciones en matemáticas (logaritmos) y óptica (telescopios), pero sobre todo en el análisis de los movimientos planetarios, para lo cual utilizó las observaciones del astrónomo danés Tycho Brahe. La idea aquí recogida sobre la interpretación de la Biblia la expuso Kepler en *Astronomia Nova*, de 1609.

[196] Galileo, *Discursi in torno a due nuove scienze*, publicado en 1638.

[197] Cita recogida por Fernández Rañada en *Los científicos y Dios*, ob. cit., p. 117.

[198] Michael Faraday (1791-1867) tenía una visión del mundo basada en la metáfora de los dos libros, entre los que no encontraba contradicción, expresada sobre todo en *Experimental Researches in Chemistry and Physics*, de 1854.

[199] Freeman J. Dyson (1923-2020), profesor en Princenton, ha colaborado en la carrera espacial.

oponentes a la cosmología de Copérnico recordaban a Galileo que la Biblia dice que cuando Josué acudió en defensa de la ciudad de Gabaón necesitaba más tiempo para combatir, y lo que hizo fue pedir a Yhavé que detuviera el sol en aquel lugar, y el sol se paró en medio del cielo[200]. Alegaban que no está quieto un astro que se detiene, por lo que el sol gira alrededor de la tierra. Galileo hizo una interpretación científica y replicó que el sistema de Copérnico permite entender mejor el milagro de Josué, ya que en la cosmología geocéntrica tolemaica parar el sol produciría una complicada perturbación en los movimientos de las esferas, mientras que con el heliocéntrico copernicano bastaría con frenar la rotación del sol en torno a su eje[201]. El segundo ejemplo se refiere a algo que pensaba Maxwell: hablando de los átomos, que como sabemos conforman toda la Naturaleza, afirmaba que son iguales tanto aquí en la tierra como en las estrellas, lo cual indica que no son producto de la Naturaleza, sino que su origen solo se puede explicar por su creación por Dios, como nos dice el otro libro[202].

---

[200] Cfr. *Josué*, 10, 12 y 13.

[201] Galileo, *Carta a Cristina de Lorena y otros textos sobre ciencia y religión*, Carta al Padre Benedetto Castelli, Alianza, Madrid 1978.

[202] James Clark Maxwell, gran científico escocés, dijo esto en un artículo que publicó en la *Enciclopedia Británica*. Y efectivamente, el origen de los átomos (de los que hablaremos en el quinto capítulo) es un misterio para la ciencia, con la teoría cuántica vamos conociendo su estructura y su funcionamiento, pero desde el punto de vista científico aún desconocemos su origen.

3. Armonía del libro de la naturaleza

Hay que admitir que el libro de la Naturaleza está muy bien escrito. No hablo ahora de si este Mundo es o no el mejor de los posibles, un debate en el que Leibniz y Voltaire representan las posturas antagónicas, me refiero a la gran armonía que percibimos en todas sus partes, que corresponden las unas con las otras y todas con el todo, como le gustaba a Platón, aludo al orden y concierto con que ha sido creada, con entropía cero. «Hiciste, Señor, todas las cosas con medida, número y peso», era el versículo del *Libro de la Sabiduría* que el gran científico Maxwell citaba a menudo[203], pues se sentía muy impresionado por la armonía y el orden de la Naturaleza y sus leyes, varias de las cuales había descubierto él mismo plasmándolas en sus famosas ecuaciones sobre los fenómenos electromagnéticos[204]. Precisamente Kepler, del que Einstein decía que «era un hombre extraordinario y sereno» y al que Battaner califica como «piadoso y auténtico místico»[205], publicó en 1619 un libro titulado *Harmonices Mundi*, es decir, *Armonía del Mundo*, en el que alto y claro alaba el orden y la armonía con que Dios ha hecho el Mundo, cosa que conocía bien al haber formulado las leyes del movimiento de los planetas[206]. Kepler lo hace dirigiéndose a Él, y diciéndole: «Gracias a ti, Señor Dios, Creador nuestro, por haberme permitido contemplar la belleza de tu obra… por haber fundado el mundo de acuerdo con el orden, la ley y la medida de cada cosa»[207]. Pero Kepler va aún más lejos, para él el libro de la Naturaleza no es

[203] *Libro de la Sabiduría*, 11, 20, Biblia de Jerusalén, Desclée de Brouwer, Bilbao 1992.

[204] Maxwell logró derivar la velocidad de la luz a partir de sus ecuaciones, demostrando que la luz y el electromagnetismo son básicamente lo mismo.

[205] Einstein, *Mi visión del mundo*, Tusquets, Barcelona 1997, p. 175; Eduardo Battaner (n. en 1945), catedrático de física teórica y del cosmos, *Los físicos y Dios*, Real Sociedad Española de Física, Catarata y Fundación Ramón Areces, Madrid 2021, p. 36.

[206] En este su último libro Kepler culmina su pensamiento astronómico estableciendo su tercera ley, que se refiere a las relaciones entre las distintas órbitas.

[207] Max Caspar, *Kepler*, Dover, New York 1993, pp. 299 y 300; y Soler Gil, *La cosmovisión de los grandes creadores de la ciencia moderna*, Tecnos, Madrid 2023, p. 190.

un libro cualquiera, más bien es similar a una partitura musical armoniosa que proporciona sonidos acordes y proporcionados. Compara las órbitas de los planetas, que bien conocía, con vibraciones de instrumentos musicales, de manera que los astros se encuentran desde la creación del mundo desplegando una obra polifónica, imperceptible para el oído, pero perceptible para el intelecto. Las palabras de Kepler son estas: «Los movimientos celestes son tan solo una inacabable canción para varias voces (percibida por el intelecto, no por el oído); una música que, con discordantes tensiones, con síncopas y cadencias, por decirlo así… avanza hacia un final ideado de antemano, casi a seis voces, y de esta manera deja señales en el inconmensurable fluir del tiempo. No ha de sorprender, pues, que el hombre, a imitación de su Creador, haya descubierto finalmente el arte de la música cifrada, que los antiguos no conocieron. El hombre deseaba reproducir la continuidad del tiempo cósmico en un tiempo breve, por medio de una hábil sinfonía para varias voces, a fin de obtener una muestra del gozo divino Creador en su obra y compartir su alegría creando música a la imitación de Dios»[208]. Este símil lo recrea muy bien la científica Sobel, en un entretenido libro[209]. Y trae a la memoria otro

---

[208] Kepler, *Harmonices Mundi*, libro V, capítulo 7, recogido por Soler Gil en ob. cit., p. 190.

[209] Dava Sobel (n. en 1947), *Los planetas. Del cosmos a la tierra*, Península, Madrid 2025, capítulo 9. Tras referirse a la suite para orquesta de Holst *Los planetas*, Sobel recuerda que ya Pitágoras creía que el orden cósmico obedece a las mismas leyes y proporciones matemáticas que los tonos de una escala musical; idea recogida por Platón en *Las leyes* al emplear la expresión «música de las esferas» para describir la armonía celestial; y después por Copérnico cuando habló del «ballet de los planetas». A continuación (pp. 136 y 137), Sobel escribe lo siguiente: «En 1599, Kepler obtuvo un acorde en do mayor al equiparar las velocidades relativas de los planetas con los intervalos que pueden tocarse con un instrumento de cuerda. Saturno, el planeta más lejano y más lento, emitió la nota más baja de las seis de este acorde, y Mercurio la más alta. Al desarrollar sus tres leyes del movimiento planetario Kepler amplió desde las notas únicas a las melodías cortas las voces de los planetas, cuyos tonos individuales representaban velocidades diferentes en puntos determinados de las diversas órbitas. "Con esta sinfonía de voces —dijo—, el hombre atraviesa la eternidad del tiempo en menos de una hora y saborea en pequeña medida el deleite del Supremo Artista al producir ese mismo placer dulce de la música a imitación de Dios". En su libro de 1619 *Harmonice Mundi* (*La armonía del mundo*), Kepler dibujó el pentagrama de cinco líneas, con alteraciones para las diversas partituras, y estableció el tema de cada planeta en la tabladura hueca y con forma de rombo de su época. El muy excéntrico, veloz y agudo estribillo de Mercurio estaba siete octavas por encima de la clave de fa de Saturno, que pasaba del sol bajo al si bajo, una y otra vez. "Me transporta y habita un éxtasis inefable al contemplar el divino espectáculo de la armonía celestial —dijo Kepler—; dadle aire al cielo y real y verdaderamente habrá música"». Finalmente, Sobel recuerda que este libro

astrónomo que durante veinticinco años se dedicó profesionalmente
a la música, llegando a ser un notable compositor y director de
orquesta que alcanzó fama dirigiendo los oratorios de Handel,
incluso conoció a Hume en un concierto en Edimburgo. Me refiero
a Herschel[210], un científico que, en su época madura, además de
hacer el primer mapa de nuestra galaxia, descubrió Urano y replicó a
quienes decían que lo había conseguido fortuitamente diciéndoles lo
siguiente: «Se ha supuesto que fue una casualidad afortunada, esto es
un error… he ido leyendo página por página el gran libro del
Creador de la Naturaleza, y por eso era necesario que llegara a la
página que contenía el séptimo planeta»[211]. Así fue, su método
consistía en leer lo escrito por Dios en el libro de los cielos
anotando todo para poder comprenderlo, como muestra su lema,
que era el siguiente: «todo lo que brille hay que anotarlo»[212].

De esta forma, cautivados por la belleza y armonía del Cosmos,
muchos científicos se han elevado hasta la idea de un Dios creador
convencidos de que a la vista de las conclusiones de la ciencia es la
tesis más lógica. Así lo han creído los primeros astrónomos
modernos que revolucionaron la astrofísica, comenzando por el
primero de ellos, Copérnico[213]. En 1543, el mismo año de su
muerte, se publicó su revolucionario libro *De revolutionibus orbium
coelestium*, es decir, *Sobre las revoluciones de los orbes celestes*, que él recibió
en su cama, enfermo, y dedicó al Pontífice Pablo III. En dicha
dedicatoria, además de su famosa frase «las matemáticas se escriben
para los matemáticos», dice haber estudiado «los movimientos de la
máquina del mundo, construida para nosotros por el mejor y más

de Kepler sirvió de base para el libreto de la ópera compuesta por Hindemith en 1957
Die Harmonie der Welt (*La armonía del mundo*).

   [210] Willliam Herschel (1738-1822) nació en Hannover, en un electorado que
entonces se hallaba unido a Gran Bretaña por unión personal, y en 1791 publicó *Über den
Bau des Himmels* (Sobre la construcción del cielo), Friedrich Ricclovius, Königsberg.

   [211] Gärtner, *Er durchbrach die Schranken des Himmels Leben des Friedrich Wilhelm Herschel*,
ed. Leipzig, Leipzig 1996, p. 142.

   [212] *Quiequid nitet notandum*, un lema que se puso en el escudo de la *Royal Astronomical
Society*, de la que Herschel fue primer presidente.

   [213] Nicolás Copérnico (1473-1543), fue un canónigo polaco que estudió en la
Universidad de Cracovia, estuvo en Italia, fue consultado para la sustitución del
calendario juliano por el gregoriano y con instrumentos muy rudimentarios hizo
observaciones astronómicas, aunque basó su nuevo sistema heliocéntrico en relaciones
matemáticas.

regular Artífice de todos»[214]. A continuación, al comienzo mismo del tratado, señala como el estudio de los astros nos lleva a admirar a su Creador y Hacedor, y lo justifica diciendo: «pues no en vano el salmista se confesó complacido por el trabajo de Dios, y arrebatado por las obras de sus manos»[215]. Lo mismo pensaban Kepler y Galileo. Aquel, Kepler, auténtico filósofo además de místico y científico, ya en su primer libro titulado *Misterium Cosmographicum* (publicado en 1596 y en 1621 en 2ª edición), en el que establece las bases de su visión física del Cosmos, habla una y otra vez de Dios como «Creador Óptimo» y «Creador Máximo Sapientísimo»[216], incluso le dedica un sentido himno[217]. Según él Dios hizo el Mundo con orden, norma y medida, así lo creó, y al hablar de la imagen de la Trinidad en lo creado Kepler, descubridor de las leyes del movimiento de los planetas, escribe lo siguiente: «era absolutamente necesario que el Creador perfectísimo realizase la más bella obra, pues ni ahora ni nunca se puede evitar que el mejor de los seres produzca la más bella de las obras (como dice Cicerón en su libro sobre el Universo citando al *Timeo* de Platón)»[218]. Según Kepler ello es consecuencia de que «el Creador del mundo preconcibió en su mente una Idea del mundo», y en él la plasmó[219]. Respecto a Galileo, basta recordar que dijo al duque de Toscana que «todo lo que se lee en el gran libro de la Naturaleza es obra del Artífice omnipotente»[220], incluso llegó a exclamar que «la grandeza de Dios se descubre y se lee en el libro abierto del cielo»[221].

[214] Copérnico, *De revolutionibus orbium coelestium*, publicado como *Sobre las revoluciones (de los orbes celestes)*, Tecnos, Madrid 1987, pp. 11 y 9.

[215] Ibídem, pp. 13 y 14. Aquí hace referencia al *Salmo 92* (V 91), 5, que dice: «Pues me has alegrado, oh Yhavé, con tus obras, y me gozo en las obras de tus manos».

[216] Kepler, *Prodomus Dissertationum Cosmographicarum continens Mysterium Cosmographicum*, publicado como *El Secreto del Universo*, Alianza, Madrid 2013, pp. 56, 57, 65, 93 y 94.

[217] Ibídem, pp. 218 y 219.

[218] Ibídem, p. 93; *Timeo*, 30a, 6; la traducción de Cicerón circuló en el renacimiento con el título *De Universitate*.

[219] Ibídem, p. 93. Esta afirmación de Kepler (un tanto platónica), hacer recordar la teoría de las esencialidades de Edith Stein, de la que enseguida hablaré.

[220] Galileo, *Diálogos sobre los sistemas del mundo*, Alcoma, Madrid 1946, edición facsímil Maxtor, Valladolid 2010, p. 17.

[221] Cfr. Udias, *Ciencia y fe cristiana en la historia*, Sal Terrae, Maliaño (Cantabria) 2021, p. 106.

Así lo han creído también físicos y matemáticos a los que el macrocosmos ha causado admiración, como Boyle[222], Euler[223] y Huygens, el cual en su obra cosmológica se opone a la idea de la eternidad del mundo y a una posible autocreación fortuita, como después sostendrá Hawking, afirmando que «debemos adorar y reverenciar a Dios, el Hacedor de todas las cosas, y debemos admirar su providencia y su sabiduría que se manifiestan en el Universo, para la confusión de aquellos que suponen que la tierra se formó por concurso fortuito de los átomos o que no tiene un principio»[224]. También se han elevado a la idea de un Dios creador físicos y botánicos que se han dedicado al microcosmos. Townes, nobel de física por su descubrimiento del *máser* y el *láser*, desde niño sentía gran admiración ante la Naturaleza, que le parecía claramente hecha por Dios, hasta el punto de que se extasiaba contemplando azaleas[225]. Los botánicos están en continuo contacto con la naturaleza, la pisan, la tocan, la examinan, y con frecuencia eso les ha llevado a ver en ella la mano de Dios. Linneo fue uno de ellos[226]. Como rector del jardín botánico de la Universidad de Upsala se dedicó a clasificar todos los seres vivos, para lo que inventó una anotación con dos palabras latinas (género y especie), que es la hoy usada. Se decía que hizo como Adán, dio nombre a los seres vivos, así lo vio un biógrafo suyo cuando escribió: «Dios creó, Linneo ordenó»[227]. Pues bien, Linneo veía las plantas, los animales y todas

---

[222] Robert Boyle (1627-1691), científico británico y uno de los fundadores de la *Royal Society*, sostuvo que Dios creó el Mundo libremente y según un plan, como un reloj con causas segundas que le hacen funcionar. Es autor de *A Free Enquiry into the Received Notion of Nature*, publicado en el volumen 10 de Hunter y Davis (eds.) *The Works of Robert Boyle*, Pickering, Londres 2000, pp. 438 a 581.

[223] Ante la belleza y grandeza del universo, así como ante su duración finita, el gran matemático Leonhard Euler pensaba que lo más razonable es concluir que existe un Creador del Mundo. Él captó esa belleza en la ciencia que practicaba, hasta tal punto que una de sus fórmulas (que lleva su nombre) es tenida por la más bella de la historia de las matemáticas.

[224] Chistiaan Huygens (1629-1695) fue un matemático, físico y astrónomo holandés formado por Descartes (su padre era amigo de él), que descubrió uno de los satélites de Saturno, investigó la naturaleza de sus anillos y desarrolló el péndulo. La cita es de su obra *Kosmotheoros*, de 1698. También publicó un *Tratado de la luz* en 1690.

[225] Charles Townes (1915-2015) trabajó en el desarrollo del radar y la astrofísica. El *máser* es un dispositivo que produce haces muy intensos de microondas, imprescindible en viajes espaciales y radiotelescopios; el *láser*, de incontables aplicaciones, tiene luz visible en lugar de microondas.

[226] Carl von Linneo (1707-1778), médico y naturalista sueco, gran botánico, que publicó *Philosophia botánica* en 1751, *Species plantarum* en 1752 y *Systema naturae* en 1758.

[227] *Deus creavit, Linnaeus disposuit*. El biógrafo era Stövers.

las cosas como algo procedente de Dios. En una edición de su *Systema naturae* aparecida al final de su vida, lo expresó con estas palabras: «Vi al infinito, todopoderoso y omnisciente, Dios… y seguí sus pasos sobre los campos, viendo por todas partes sabiduría y poder eternos, y una inescrutable perfección»[228]. Otro botánico americano, Gray, pasaba largas horas examinando una humilde hierba, y como dije al comienzo lo justificaba diciendo que «el Creador ha puesto mucho trabajo en ella», por eso quería estudiarla a fondo[229]. No mencionaré ahora la nueva visión del mundo que nos han dado los físicos cuánticos, lo haré después; si quiero citar brevemente a quienes han estudiado una de las fuerzas fundamentales de la Naturaleza, la electromagnética. La pareja Faraday-Maxwell guarda notable semejanza con la pareja Galileo-Newton, lo dijo Einstein[230], y aquel, Faraday, descubridor de las leyes de la inducción electromagnética, dijo que «el libro de la naturaleza, que debemos leer, está escrito por el dedo de Dios»[231], una expresión que recuerda el fresco de la Capilla Sixtina pintado por Miguel Ángel. De Maxwell hemos hablado en varias ocasiones, podemos destacar ahora que también hizo aportaciones relativas a la termodinámica, las cuales, unidas a las de otros científicos como Kelvin, conducen a pensar que Dios habría creado toda la materia con pleno orden (entropía cero) y toda la energía primordial potencial, y con ellas las leyes que rigen el comportamiento de ambas, tanto de la materia como de la energía. De manera que por efecto de la segunda ley de la termodinámica[232] el orden primordial se estaría convirtiendo en desorden (aumenta la entropía), y a causa de la primera ley[233] la energía potencial primordial se estaría convirtiendo en energía cinética[234], de esta forma evolucionaría con maravillosa armonía el universo creado por Dios. Una armonía que

---

[228] Cfr. Fernandez Rañada, *Los científicos y Dios*, ob. cit., p. 120.

[229] Asa Gray, *Darwiniana*, Hunter Dupree, Cambridge (Mass.) 1963, p. 310.

[230] Einstein, *Notas Autobiográficas* en *La teoría de la relatividad*, Alianza, Madrid 1993, p. 100. Cfr. después V, 2.

[231] Michael Faraday, *Experimental Researches in Chemistry and Physics*, 1854, Dover, New York 1965, pp. 464-465.

[232] Según la cual la entropía en un sistema cerrado siempre aumenta.

[233] En un sistema cerrado la energía ni se crea ni se destruye.

[234] Energía potencial es la que posee un cuerpo por el hecho de hallarse en un campo de fuerzas (por ejemplo, el de la gravedad o la electromagnética). Energía cinética es la que posee un cuerpo por razón de su movimiento (es la mitad del producto de la masa por el cuadrado de la velocidad).

para Ampère era una evidencia impactante de la creación del Mundo por Dios[235].

Junto con Boltzmann y Gibbs[236], Maxwell fue uno de los fundadores de la mecánica estadística moderna, opinaba que «la lógica verdadera de este mundo es el cálculo de probabilidades». Precursor de esta ciencia fue Pascal, un físico —realizó experimentos con el barómetro de mercurio, demostró que el aire tiene peso e investigó la existencia del vacío— y gran matemático —además de contribuir a la teoría de los números, construyó una máquina calculadora llamada pascaline—, que además fue pionero del cálculo de probabilidades y de la teoría de los juegos, problemas que trató matemáticamente. No es de extrañar, por tanto, que en relación al tema que nos ocupa hiciera una apuesta según probabilidades, a la que suele llamarse «apuesta de Pascal». Según ella en el juego de la vida hay que apostar por Dios, es mejor apostar por la creación del Mundo por Dios que contra ella, es lo más razonable, lo más probable[237]. Es lo que mucho después parece que hizo otro gran matemático llamado Neumann, húngaro de nacimiento y profesor en Berlín que acabó enseñando en Princenton, colaboró con las primeras bombas nucleares y fue pionero de los ordenadores. Después de su fallecimiento, recordando su última enfermedad, su hija Marine manifestó lo siguiente: «Mi padre me dijo una vez, con estas mismas palabras, que el catolicismo es una religión muy dura en la que vivir, pero la única en la que morir. En alguna parte de su cerebro esperaba que pudiera garantizarle alguna clase de inmortalidad, eso estaba en guerra con otras partes de su cerebro, pero estoy segura de que tenía en la mente la apuesta de Pascal»[238]. Una apuesta que, en resumidas

---

[235] André Marie Ampère (1775-1816), físico y matemático francés que descubrió la ley que lleva su nombre sobre los efectos magnéticos de las corrientes eléctricas.

[236] Ludwig Boltzmann (1844-1906) era austríaco y realizó la ecuación que muestra que la entropía tiende a incrementarse (está grabada en su tumba de Viena). Willad Gibbs (1839-1903) fue un científico norteamericano.

[237] Blaise Pascal (1623-1662), hijo de un matemático, pronto dominó la geometría de Euclides, conoció a Descartes en París (del que discrepaba) y al final de su vida preparó una apología del cristianismo escribiendo unas notas que se publicaron en 1670 con el título de *Pensées*. También se publicó su libro *Tratados de Pneumática*.

[238] John von Neumann (1903-1957) escribió *El ordenador y el cerebro*, Bosch, Barcelona 1980 y *The Role of Mathematics*, Princenton Graduate Alumni, 1954. Respecto a la cita cfr. González Vila en *La cosmovisión de los grandes científicos del siglo xx*, Tecnos, Madrid 2020, p. 118.

cuentas, se basa en la existencia de un libro precioso cuyas letras son la multitud de seres que existen en el Universo, desde los astros hasta los átomos; un libro especial que tiene la virtud de persuadir a quien lo lee atentamente y sin prejuicios de que su autor es Dios. Como le sucedió a un gran científico de cuya compañía vamos a gozar ahora tú y yo, lector, tras lo cual aportaré mi propia opinión sobre el origen y la creación del Universo.

4. Newton: gravitación universal y creación del Mundo por Dios

Isaac Newton nació en 1642, el mismo año en que moría Galileo y comenzaba la primera guerra civil inglesa entre el rey Carlos I Esturado y el puritano Oliverio Cromwell. De mediana estatura, ojos vivos y penetrantes, semblante venerable (especialmente cuando se quitaba la peluca), siempre fue un hombre pacífico que nunca usó lentes, no perdió un diente en toda su vida y disfrutó de buena salud hasta que tuvo ochenta años, muriendo a los ochenta y cinco en 1727[239]. Cuando tenía dieciocho años ingresó en la Universidad de Cambridge, a la que estuvo vinculado los treinta y cinco siguientes, primero como alumno y después como catedrático de matemáticas. En concreto fue sucesor de su maestro y valedor Isaac Barrow, un científico que, además, tras la restauración fue capellán de Carlos II[240]. Cuando Barrow renunció a la cátedra lucasiana de matemáticas (llamada sí porque había sido creada por H. Lucas) designó como sucesor a Newton, y fue allí, en ella, donde pudo impartir sus famosas *Lectures*. Retrocedamos ahora algo en el tiempo: en 1665 hubo una grave epidemia de peste y Newton, que era muy joven, tuvo que pasar casi dos años en el campo, en la casa donde había nacido, en Woolsthorpe. Y allí, con esa tranquilidad, pensó las ideas fundamentales que después desarrollaría y que le llevarían a unificar la física celeste con la terrestre. Probablemente el famoso episodio de la manzana no sucedió exactamente como suele contarse, pero también probablemente vio caer alguna de un

---

[239] Estos datos acerca de la persona de Newton (1642-1727) los aporta Fontenelle en el *Elogio* de él que hizo en la Academia de Ciencias de París el 12 de noviembre de 1727, cuando Newton acababa de fallecer, un *Elogio* que se contiene en el libro del propio Newton titulado *El sistema del mundo*, Alianza, Madrid 1992, pp. 23 y siguientes. Los datos aquí recogidos están en las pp. 41 y 43.

[240] Barrow (1630-1677) fue un matemático que anticipó algunas de las ideas de Newton, aunque él siguió anclado en la física aristotélica.

manzano, y con seguridad se planteó ya por qué una manzana cae del árbol y la luna no cae sobre la tierra[241].

En 1689 se produjo la revolución inglesa que destronó a Jacobo II Estuardo. Venció el Parlamento, y Newton fue nombrado uno de sus miembros en representación de la Universidad de Cambridge — no se recuerda que interviniera jamás en la vida parlamentaria, salvo para pedir a un conserje que cerrara una ventana—. En 1696 dejó Cambridge y se fue a vivir a Londres para ocupar el puesto de Intendente de la Casa de la Moneda o *Mint*, donde dirigió su reacuñación o resello. También ocupaba su tiempo en la *Royal Society*, de la que llegó a ser presidente[242]; y más tarde la reina Ana le otorgó el título de *Sir*. Aunque como he dicho concibió sus ideas siendo muy joven Newton era reacio a publicar, y sólo gracias a la insistencia de Halley[243] al fin, en el año 1687, publicó un libro que ha

---

[241] El primero que narró la historia de la caída de la manzana fue Voltaire (1694-1778), que a su vez confesó que se lo había contado una sobrina de Newton llamada Catherine Conduitt. El filósofo austríaco Franz Brentano (1838-1917), en una conferencia que pronunció en 1880 publicada como *La genialidad*, Encuentro, Madrid 2016, p. 14, narra este episodio de la siguiente manera: «Paseando a campo abierto Newton meditaba sobre la ley de Kepler y la explicación de las curiosas propiedades de las órbitas planetarias, cuando de repente una manzana cayó sobre él: —¿Y si hubiera estado colgada más alto, se preguntó, no habría caído también? ¡Sí! —¿Y si hubiera estado colgada aún más alto, tan alto como la luna, no habría caído también? ¡Sí! —Entonces, ¿por qué no cae la luna sobre la tierra?». El manzano que supuestamente provocó esta anécdota vivió hasta 1814, pero antes se habían obtenido injertos y hay varios descendientes suyos, uno de ellos en *Trinity College* de Cambridge y otro junto a la Casa de Ciencias de A Coruña.

[242] Newton había presentado en la *Royal Society* un telescopio de reflexión que él mismo había construido, con el que se evitaba la aberración cromática. Después aquella sociedad científica apoyó la publicación de su libro.

[243] Edmond Halley (1656-1742) fue un astrónomo que hizo el primer catálogo de estrellas del hemisferio austral. Halley preguntó a Newton sobre la idea de Kepler del movimiento elíptico de los planetas (para Galileo seguía siendo circular), que no comprendía, y Newton le contestó que hacía tiempo que había resuelto este problema matemáticamente. Entonces Halley insistió en que publicara sus resultados. En su libro *Explicar el mundo* (Taurus, p. 232) Weinberg narra este episodio de la siguiente manera: «En agosto de 1684 Newton recibió en Cambridge la decisiva visita del astrónomo Edmund Halley. Al igual que Newton y Hooke, y también Wren, Halley había visto la relación entre la ley de la inversa del cuadrado de la gravitación y la tercera ley de Kepler para órbitas circulares. Halley le preguntó a Newton cuál sería la forma de la órbita de un cuerpo que se desplazara bajo la influencia de una fuerza que disminuye con la inversa del cuadrado de la distancia. Newton le contestó que la órbita sería una elipsis, y le prometió enseñarle una prueba. Ese mismo año Newton le presentó un documento de diez páginas, *Sobre el movimiento de los cuerpos en órbita*, que enseñaba cómo abordar el movimiento general de los cuerpos bajo la influencia de la fuerza dirigida hacia un cuerpo central. Tres años más tarde la Royal Society publicó los *Philosophiae Naturalis Principia*

sido el más influyente de todos los tiempos en el campo de la física. Estaba escrito en latín, el idioma científico de la época, y su título es *Philosophiae Naturalis Principia Mathematica*, en vida de Newton se hicieron otras dos ediciones, una en 1713 en la que contó con la ayuda de Roger Cotes para su preparación, y la tercera en 1725 preparada por Pemberton[244]. El primer libro de este gran tratado está dedicado al movimiento de los cuerpos y las leyes que lo regulan; el segundo a dicho movimiento en medios resistentes, como el aire o el agua; y el tercer libro contiene su explicación del sistema solar, según la cual los planetas se mueven en el vacío regidos por la fuerza de la gravedad, que actúa de forma instantánea a distancia y depende inversamente del cuadrado de dicha distancia. Como el mismo Newton dice al comienzo de este tercer libro[245] antes había redactado una versión más sencilla del mismo, sin tanto aparato matemático. Esta versión, también escrita en latín, se publicó después de su muerte en 1728 con el título *De Mundi Systemate*[246]. En otro libro que publicó en 1704 con el título de *Opticks*[247], esta vez escrito en inglés, Newton sostiene, contra Descartes, la naturaleza corpuscular de la luz (ninguno acertó, como veremos es partícula y onda), y que la luz blanca no es homogénea, sino que está formada por el conjunto mezclado de todos los colores, lo que le causó un duro enfrentamiento con Robert Hooke[248]. En matemáticas Newton desarrolló el cálculo diferencial e integral, lo que provocó otra controversia, en este caso con el gran sabio Leibniz. Este había visitado a Newton en Londres, donde vio sus notas sobre el nuevo cálculo, y se adelantó a él en la publicación de sus conclusiones, lo que hizo que un discípulo de Newton acusara de plagio a Leibniz iniciando una disputa que duró hasta la muerte de este[249].

Mathematica (*Principios matemáticos de filosofía natural*), sin duda el libro más importante de la historia de la física».

[244] Newton, *Principios Matemáticos de Filosofía Natural*, Tecnos, Madrid 1987.

[245] Ibídem, p. 459.

[246] Newton, *El Sistema del Mundo*, Alianza, Madrid 1992.

[247] El título completo es *Opticks or a Tretise of the Reflexions, Refractions, Inflexions and Colours of Light*.

[248] Cfr. Arana (cord.), *La cosmovisión de los grandes creadores de la ciencia moderna*, ob. cit., pp. 262 a 264.

[249] Leibniz publicó en 1684 su *Nuevo método para máximos y mínimos* y en 1686 *Sobre la geometría escondida y el análisis de los indivisibles y los infinitos*, ensayos que han sido publicados por Tecnos con el título de *Análisis Infinitesimal*, Madrid 1987. Newton había desarrollado sus ideas mucho antes, pero las publicó después: en 1704 sacó a la luz su *Tratado sobre la cuadratura de las curvas*, en 1707 *Aritmética universal*, el año 1711 *Sobre el análisis por ecuaciones*

En *Principia Mathematica* Isaac Newton expone las leyes de la mecánica que rigen la dinámica, y propone la ley de gravitación universal que explica la caída de los cuerpos sobre la tierra y el movimiento de los astros. Da el paso de identificar la fuerza que retiene a la luna en su órbita alrededor de la tierra con la fuerza de la gravedad que hace caer a los cuerpos sobre su superficie. Generaliza este principio al movimiento de los satélites de otros planetas, incluida la tierra girando alrededor del sol, y así concluye que una sola fuerza regula el movimiento de los cuerpos celestes: la fuerza de la gravedad, que actúa a distancia y de forma instantánea, y hace que dos cuerpos se atraigan con una fuerza directamente proporcional al producto de sus masas e inversamente al cuadrado de su distancia[250]. Esto es, por ejemplo, si un cuerpo está al doble de distancia del centro de su revolución, la acción de la fuerza central sobre él será cuatro veces menor. En la forma moderna esto se expresa diciendo que la fuerza de atracción entre dos masas es igual al producto de las masas, dividido por la distancia entre ellas al cuadrado y multiplicado por una constante de gravitación G. Dicha constante, cuyo valor no llegó a calcular Newton, es la misma para todo el Universo[251]. Este descubrimiento del funcionamiento de la fuerza gravitatoria causó otro enfrentamiento entre Newton y Hooke, el cual erraba al definir cuál sería la velocidad de un cuerpo al orbitar[252].

Principios matemáticos de la filosofía natural (es decir, de la Naturaleza) no sólo está escrito en latín, también sigue la estructura clásica de Eudoxo[253], Euclides[254] y Tolomeo[255], pues su método

---

infinitas en número de términos y, en fin, en 1711 publicó *Método diferencial*. Después de su muerte se dio a conocer *Método de fluxiones y de series infinitas*. Con independencia de la prioridad en el tiempo del hallazgo, parece que fue Leibniz quien estableció con más claridad el sistema de reglas y fórmulas de cálculo, aunque fue Newton el que de hecho lo aplicó a los problemas científicos.

[250] Veremos cómo llegó Newton a esta conclusión después, al tratar del modelo astronómico heliocéntrico.

[251] Cfr. Newton, *El sistema del mundo*, ob. cit., pp. 27 y siguientes; Agustín Udías, *Breve historia de la física*, 5.3, Síntesis, Madrid 2019, p. 112; A. Fernández Rañada, *Los muchos rostros de la ciencia*, Nobel, Oviedo 1995, p. 95.

[252] Cfr. *La cosmovisión de los grandes creadores de la ciencia moderna*, ob. cit., pp. 264 y 265.

[253] Eudoxo de Cnido fue un astrónomo griego que, según quedó dicho, formuló el primer modelo astronómico válido que conocemos.

[254] Euclides de Alejandría (h. 360-240 a. C.) escribió *Elementos de geometría*, Gredos, Madrid 1992 y *Óptica, Catóptica, Fenómenos*, Gredos, Madrid 2000.

consistió en hacer hipótesis, proposiciones, teoremas, problemas, corolarios y escolios. Un escolio es una anotación que se hace a un texto para explicarlo. Digo todo esto porque en la segunda edición de su libro, la de 1713, este hombre tan extraordinario que fue Newton añadió al final un ilustrativo *Escolio General*, con la intención sin duda de resumir algunas cuestiones sin aparato matemático y destacar o aclarar puntos importantes[256]. Es un impresionante testimonio que yo, lector, te aconsejo leer, en el que lo más notable, muy notable, es que Newton pone en relación la fuerza gravitatoria y el elegante sistema cósmico con un Dios Creador de todo ello, de esa fuerza y del Universo. Veamos cómo lo hace.

Newton comienza el *Escolio General* desechando la teoría de Descartes de los vórtices para explicar el movimiento de los planetas[257]. Después reitera algunas de sus ideas sobre la gravitación universal, y más adelante declara que la ley gravitatoria necesita una causa, y esa causa es algo que él no ha descubierto y, más aún, ni siquiera cree que podrá llegar a conocer. Acaso intentó alguna vez averiguarla, pero comprobó que nunca lo conseguiría, de esta forma Newton se anticipó a Planck, Heisenberg y los físicos cuánticos poniendo de relieve que la física tiene sus límites. Así, en su *Escolio* escribe: «Hasta aquí hemos explicado los fenómenos de los cielos y de nuestro mar por la fuerza gravitatoria, pero no hemos asignado aún causa a esa fuerza». Y tras unas observaciones, continúa diciendo: «Hasta el presente no he logrado descubrir la causa de esas propiedades de gravedad a partir de los fenómenos, y no finjo hipótesis. Pues todo lo no deducido a partir de los fenómenos ha de llamarse una hipótesis, y las hipótesis metafísicas o físicas, ya sean de cualidades ocultas o mecánicas, carecen de lugar en la filosofía experimental»[258]. La hipótesis es una suposición de algo, sea posible o imposible, y Newton escribe *hypotheses non finjo*, «no finjo hipótesis» acerca de la causa que provoca la gravitación, porque como él

---

[255] Claudio Tolomeo (100-170) recogió y sistematizó la tradición astronómica griega en su obra *Gran síntesis matemática*, mas conocida por su título árabe *Almagesto*. Frente a la física de Aristóteles, Tolomeo tuvo una visión matemática de esa ciencia.

[256] *Principios Matemáticos de Filosofía Natural*, y allí *Escolio General*, Tecnos, Madrid 1987, pp. 617 a 621.

[257] Vórtice es un término que utilizó Descartes en su filosofía natural para designar unos imaginarios remolinos de materia sutil, cuyas corrientes arrastrarían a los astros en sus movimientos por el cielo. Para él era algo necesario, ya que en su mecanicismo el movimiento siempre se produce por contacto, no a distancia como en el de Newton.

[258] *Principios Matemáticos*, ob. cit., p. 621.

mismo dice se atiene a los hechos probados, practica física experimental, la que se funda en experimentos y observaciones, la que sólo hace hipótesis basadas en indicios empíricos o fenoménicos[259]. Por eso en una carta dirigida a Richard Bentley, profesor de Oxford y miembro como él de la *Royal Society*, datada en 1692, nuestro científico escribe: «Usted habla a veces de la gravedad como algo esencial e inherente a la materia. Por favor, no me asigne a mí esa idea, ya que la causa de la gravedad es algo que no pretendo conocer». No lo pretendía porque, según señala en el *Escolio*, «así como un ciego no tiene idea de los colores, así carecemos nosotros de idea sobre el modo en que el Dios sapientísimo percibe y entiende todas las cosas»[260]. Es un hecho: aunque en la actualidad se hacen muchas suposiciones e hipótesis inverosímiles (a veces de ellas están llenas los libros de física), ni Newton ni nadie hasta hoy ha descubierto la causa de unas leyes físicas que no pueden ser anteriores al *big bang* (recordemos lo que dijo Maxwell), incluida la ley de la gravedad. Es algo que, hoy por hoy, queda fuera de la jurisdicción de la física.

También se anticipó Newton a Hawking negando la autocreación de las leyes físicas y del mundo por el propio mundo, sencillamente porque este no es un dios, no hay panteísmo[261]. «Dios rige todas las cosas no como alma del mundo, sino como dueño de los universos», escribe Newton[262] intentando reparar el desliz en que incurrió en su *Óptica*, donde llamó al espacio «sensorio de Dios», lo

[259] Evidentemente el método experimental de Newton requiere utilizar hipótesis, cosa que él hace continuamente, basta ojear su libro para ver que está lleno de proposiciones, teoremas e hipótesis, pues como dije sigue un método parecido al de *Elementos* de Euclides y al de *Almagesto* de Tolomeo. Y tras estas definiciones, postulados e hipótesis se contiene la demostración matemática, casi siempre en forma geométrica. Sucede que el texto del *Escolio* transcrito está haciendo referencia al caso particular de la gravitación, en el que Newton nos dice «yo no finjo hipótesis», no dice «no hago hipótesis», no pretende que en su ciencia no haya hipótesis, lo que dice es que no las finge o inventa sobre algo totalmente desconocido para él, como es la causa de la fuerza de la gravedad (como le habían echado en cara los cartesianos cuando se publicó la primera edición de su libro). Una hipótesis requiere algún indicio empírico o fenoménico para no ser una fábula, como ya indiqué Aristóteles acierta en su *Política*, 1265a, 7, cuando afirma que «das hipótesis deben ser a voluntad pero no deben ser nada imposible».

[260] *Principios Matemáticos*, ob. cit., p. 620.

[261] En su *Escolio General* Newton incluye dos notas a pie de página. La segunda concluye con estas palabras: «Los idólatras supusieron que el sol, la luna, las estrellas, las almas de los hombres y otras partes del mundo eran partes del dios supremo y debían ser venerados en consecuencia, pero lo hicieron erróneamente».

[262] *Principios Matemáticos, Escolio General*, ob. cit., p. 618.

que efectivamente sonaba a panteísmo. Newton no era panteísta, concebía a Dios como «un Dios vivo, inteligente y poderoso, y además eterno e infinito, omnipotente y omnisciente»[263]. De manera que, anticipándose una vez más, rechaza la visión del Mundo que después propondrán Hawking y otros, rechaza la idea de un Universo que haya surgido del caos por las meras leyes de la naturaleza y que, una vez formado, podría continuar gracias a esas leyes. Parece como si adivinase la teoría que sostiene que una fluctuación cuántica dio origen al Cosmos, para oponerse a ella. No es así, y en su *Escolio* Newton lo razona diciendo que «no debe suponerse que simples causas mecánicas podrían dar nacimiento a tantos movimientos regulares»[264]. Pues, dice también, «una ciega necesidad metafísica, idéntica siempre y en todas partes, es incapaz de producir la variedad de las cosas. Toda esa diversidad de cosas naturales, que hallamos adecuada a tiempos y lugares diferentes, sólo puede surgir de las ideas y la voluntad de un ente que existe por necesidad»[265].

Llegamos así a la conclusión lógica. Si la gravedad necesita una causa, la cual desconocemos; si no cabe autocreación por el propio mundo; para Newton la conclusión es evidente: la causa lógica de esa fuerza gravitatoria, y por tanto del Mundo, es Dios[266]. Él lo ha creado, nuestro sabio científico lo razona y repite así una y otra vez llamándole Uno, Señor Dios, Amo Universal y Παντοκράτωρ (Pantocrátor), escrito así, en griego (recordemos que redactó *Principia Mathematica* en latín). No es el Dios aristotélico de los filósofos, sino el Dios «vivo» que «existe necesariamente, y por la misma necesidad existe siempre y en todas partes», dice en su *Escolio General*[267]. En el cual relaciona la gravitación universal con su creación por Dios, como dije, lo que supone que para Isaac Newton Dios ha creado el Mundo, lo que explica con estas bellas palabras: «Este elegantísimo sistema del sol, los planetas y los cometas sólo puede originarse en la inteligencia y poder de un Ser inteligente y poderoso. Y si las estrellas fijas son centros de otros sistemas similares creados por una sabia Inteligencia análoga, los cuerpos

---

[263] Ibídem, p. 619.
[264] Ibídem, p. 618.
[265] Ibídem, pp. 619 y 620.
[266] Este silogismo está implícito en el *Escolio General*, pero Newton no lo hace expresamente.
[267] Ob. cit., pp. 619 y 620.

celestes deben estar todos sujetos al dominio de *Uno*… Este rige todas las cosas, no como alma del mundo, sino como dueño de los Universos. Y debido a esa dominación suele llamársele Señor Dios, Παντοκράτωρ o Señor Universal… No es eternidad e infinitud, sino Eterno e Infinito; no es duración o espacio, pero dura y está presente… Es el Creador y Señor de todas las cosas»[268]. Esto escribe el sabio Newton: un solo Señor es el origen del Cosmos[269]. Lo cual trae a la memoria aquello que dijo Homero y nos recuerda Aristóteles, naturalmente escribiéndolo en su lengua griega: «Οὐκ ἀγαθὸν πολυκοιρανίη· εἷς κοίρανος ἔστω», es decir, «no es cosa buena el mando de muchos: uno solo sea el Señor, el Soberano»[270]. Tal Señor es, según el *Escolio*, Παντοκράτωρ, *Pantocrátor*, Todopoderoso, una palabra que se utilizaba en el arte bizantino y románico para denominar a Cristo en actitud de bendecir, circunstancia que Newton debía conocer[271]. En su otro libro, *Optiks*, repite varias veces esta idea de la creación del Mundo por Dios. Así, por ejemplo, al hablar de la naturaleza corpuscular de la luz y la composición atómica de la materia, Newton dice: «Me parece muy probable que Dios haya creado desde el comienzo la materia en forma de partículas sólidas». Y al tratar de las distintas fuerzas de la naturaleza, rechazando que hayan surgido de sí mismas, concluye: «A partir de estos principios, todas las cosas materiales parecen haber sido formadas a base de partículas duras y sólidas, diversamente asociadas en la primitiva creación por un Agente Inteligente, pues corresponde ordenar-las a aquel que las creó»[272].

¿A qué Dios se refiere Newton? Sin duda no al Dios de los filósofos —la causa primera o el motor inmóvil de Aristóteles o *res infinita* de Descartes—, sino al Dios bíblico, como lo prueba los enormes esfuerzos que dedicó a intentar descifrar el sentido de los textos de la Biblia. Pocos días después del fallecimiento de Newton

---

[268] *Principios Matemáticos de Filosofía Natural, Escolio General*, Tecnos, Madrid 1987, pp. 618 y 619.

[269] De la multitud de galaxias, nótese que Newton habla de sistemas similares al solar.

[270] Homero (h. 750 a. C.), *Ilíada*, 2, 205; Aristóteles, *Metafísica*, 1076a, XII, 10, ed. trilingüe de Gredos, Madrid 1987, p. 647. Calígula utilizó esta expresión para decir que él era un dios, el único señor, según cuenta Suetonio (75-150) en *Vida de los doce césares*, II, Alma Mater, Barcelona, p. 103.

[271] Aunque como enseguida diré Newton no era trinitario sino unitario, cuando habla de Dios no se refiere a Cristo sino a Dios Padre.

[272] *Opticks*, 1704.

se le hizo un homenaje en la Academia de las Ciencias de París, allí pronunció un discurso laudatorio su secretario perpetuo Fontenelle, y en él dijo que Newton «no confiaba sólo en la religión natural, pues estaba persuadido de la revelación, y entre las diversas clases de libros que siempre tenía en sus manos el que más constantemente leía era la Biblia»[273]. Así es, Newton era un apasionado de la Biblia, que como anglicano interpretaba libremente. Acudía a los dos libros, pues pensaba que Dios había hecho una primera revelación en la creación de la Naturaleza y una segunda en la Biblia. De hecho, en su última época hizo numerosos estudios teológicos que no se publicaron entonces, y han ido saliendo a la luz mucho después[274]. Llegó a redactar una *Historia Eclesiástica* centrándose en Arrio y Nicea, ya que defendió un cristianismo no trinitario sino unitario; estudió la cronología de los antiguos reinos; escribió sobre la profecía de Daniel y sobre el Apocalipsis; e incluso hizo unos comentarios acerca del Templo de Salomón[275]. En definitiva, de forma muy particular, más personal que anglicana, Newton creía en el Dios Padre del Cristianismo, al que consideraba Hacedor del cielo y de la tierra. Como acabo de decir no era trinitario, no creía en la condición divina de Cristo, en este sentido existe un documento, inédito hasta hace muy poco, en el que escribió lo siguiente: «Hay un solo Dios Padre, eterno, omnipresente, omnisciente, todopoderoso, hacedor del cielo y la tierra, y un mediador entre Dios y los hombres, el hombre Jesucristo»[276].

Recapitulemos: en su *Escolio General* Newton realiza una demostración física o científica, por llamarle de alguna manera, de la existencia de Dios y del hecho de la creación de todo por Él, una prueba que no se funda en la mera fe sino en el libro de la Naturaleza, en experimentos y observaciones, no olvidemos que

---

[273] *Elogio de Newton* leído por Bernard de Fontenelle (1657-1757) en Paris el 12 de noviembre de 1727, contenido en Newton, *El Sistema del Mundo*, Alianza, Madrid 1992, p. 44. Fontenelle, científico, escritor y dramaturgo, pronunció muchos discursos laudatorios que se hicieron famosos, y escribió un libro titulado *Conversaciones sobre la pluralidad de los mundos*, en el que consideraba la posibilidad de que exista vida extraterrestre en otros planetas: cfr. José Manuel Sánchez Ron, físico e historiador de la ciencia n. en 1949, *El canon oculto*, Crítica, Barcelona 2024, p. 236.

[274] Los manuscritos personales que dejó, que son muchos, se conocen como Colección Portsmouth, por ser esta la familia que los poseía.

[275] Cfr. Udías, *Ciencia y fe cristiana en la historia*, Sal Terrae, Burgos 2021, p. 123.

[276] Ibídem, p. 124. Es paradójico que Newton, que era unitario y no trinitario, estuviese vinculado toda su vida a *Trinity College* de Cambridge.

practicaba una física experimental. El silogismo (implícito en el *Escolio*) es el siguiente: la fuerza gravitatoria necesita una causa, causa que ni yo ni nadie ha descubierto; no cabe autocreación ciega y mecánica por el propio Mundo, ya que él no es un dios (no al panteísmo); luego la conclusión lógica es que la causa de la ley gravitatoria, y por extensión de todas las leyes físicas y, con ello, del propio Mundo, es Dios, Él es el Creador. Pero Newton acude también al otro libro, al de la Biblia, como acabamos de ver, no se limita a una mera teología natural como hizo Kant. En consecuencia, nos encontramos ante un caso paradigmático de genuina metafísica relacionada con la física y la matemática, ante un científico y matemático que hizo incursiones, breves pero muy sustanciosas, en la metafísica de la naturaleza, y lo hizo utilizando ambos libros, el de la Naturaleza y el de la Biblia. Su física ontológicamente realista le llevó a una metafísica que fundamenta todo en Dios Creador. Le condujo a apostar por Dios, como hizo Pascal. Es otro punto muy notable: un científico serio y profundo que no finge hipótesis apuesta por Dios como Creador del Universo. Más aún, apostó por Él incluso como corrector de los desajustes de los planetas, lo que provocó una vez más un interesante debate, esta vez de nuevo con Leibniz[277].

Cuando Newton murió fue enterrado en la Abadía de Westminster, el poeta Alexander Pope compuso un epitafio que decía: «la naturaleza y sus leyes yacían ocultas en la noche, dijo Dios: "sea Newton", y todo se hizo luz», y Halley, el científico que le había animado a publicar su libro, le dedicó una sentida oda[278]. Sin duda su obra confirmaba la creación del Mundo por Dios. Al menos así lo entendió Roges Cotes, el profesor de astronomía en *Trinity College* que se encargó de la segunda edición (la que contenía el *Escolio*) de los *Principia* de Newton. Pues como tal editor escribió un Prefacio, firmado en Cambridge el 12 de mayo de 1713, en el que a la vista de

---

[277] Juan Arana en *Filosofía Natural*, Biblioteca de Autores Cristianos, Madrid 2023, recuerda el debate que hubo entre Newton y Leibniz, cuando aquel atribuye «acciones directas a la Divinidad en el mantenimiento del orden cósmico a largo plazo» (*Filosofía Natural*, p. 231), y este, Leibniz, le acusa de concebir a Dios como un mal relojero, lo que se ha llamado Dios tapagujeros o de los días laborables (*Ibídem*, pp. 264 y 170). Newton pensaba que Dios se cuida de ajustar los desajustes de los planetas, y Leibniz, cuya fe en Dios era innegable, pensaba con razón que Dios no necesita dar cuerda al reloj cósmico de vez en cuando, así lo dijo en una carta escrita en 1715 a Carolina, Princesa de Gales.

[278] Esta Oda se recoge en *Principios Matemáticos...*, ob. cit., pp. 3 y 4.

los grandes descubrimientos cosmológicos que en el libro que prologaba se contenían, dijo lo siguiente: «Podemos en consecuencia presenciar más de cerca ahora las bellezas de la naturaleza, gozándonos con su contemplación, y ser incitados a venerar y honrar encarecidamente al Gran Artífice y Señor del Universo, cosa que es fruto de la filosofía. Ha de ser ciego quien, partiendo de las estructuras óptimas de las cosas, resulta incapaz de ver la infinita sabiduría y bondad de su Creador omnipotente, y debe ser demente e insensato quien se niega a reconocerlo. La obra eximia de Newton será la protección más segura contra los ataques de los ateos»[279]. Parece que en Newton se hizo realidad aquello que dijo Pasteur, el gran químico francés que descubrió la isometría óptica: «un poco de ciencia aleja de Dios, mucha ciencia a acerca de nuevo a Dios».

[279] «Prefacio del Editor a la Segunda Edición», en *Principios Matemáticos de Filosofía Natural*, ob. cit., p. 25.

5. Dios creó el Mundo de nada, lo cual se acomoda al modelo estándar del *big bang*

¿Creó Dios el Mundo? ¿Qué es crear? En rigor es llamar a la existencia, saltar sobre el abismo entre el no ser y el ser. Como dice Tomás de Aquino en su *Tratado de la creación o producción de todos los seres por Dios*, «la creación, que es emanación de todo el ser, se hace a partir del no ser que es nada»[280], «*ex non ente quod est nihil*», dice el texto original latino[281]; en este caso es la producción total del Universo con ausencia de un principio natural, *ex nihilo* decía la *Glosa*[282]. Y ello, está claro, no pueden hacerlo ni el hombre ni el propio Mundo, tal como hemos visto ya, sólo puede hacerlo el Ser inteligente y poderoso a que se refiere Newton: Dios. Agustín de Hipona lo expresa muy bien: «Hay un solo artífice —dice—: Dios, autor y creador, que ha formado el mundo sin necesidad de otro mundo. Ha sido este poder divino y, por así decir, eficaz, el único que no ha sido hecho pero sabe hacer, quien ha conferido forma a la redondez del cielo y del sol en la creación del mundo; ese mismo poder divino y eficaz, el único que no ha sido hecho pero sabe hacer, es quien ha conferido la forma a la redondez del ojo, y de la manzana y del resto de las formas naturales: lo podemos observar en los diversos seres que nacen, vemos cómo no les viene la forma de fuera, sino que surge del íntimo poder del Creador»[283]. Tras este bello pensamiento de quien nos confesó los suyos más íntimos, volvamos de nuevo a Kant. Más arriba[284] hablé de la cuarta de sus

---

[280] *Suma de Teología*, I, I, c. 45, a. 1, Biblioteca de Autores Cristianos, Madrid 1988, p. 447.

[281] *Summa Theologica*, Marietti, Taurini (Italia) 1820, p. 805.

[282] Para Tomás *ex nihilo* significa o bien un orden de sucesión, si cabe hablar así, esto es, «después de la nada, el ser creado»; o bien la negación de toda referencia a una causa natural de la que proceda el ser creado.

[283] San Agustín, *La Ciudad de Dios*, XII, 25, Capítulo titulado «Toda naturaleza y toda forma del Universo creado son obra exclusiva de Dios», Biblioteca de Autores Cristianos, edición bilingüe, Madrid 1988, pp. 809 y 810.

[284] En el capítulo II, apartado 5.

antinomias cosmológicas, y prometí ver en este capítulo la solución que Kant le da. Pues bien, para él tesis y antítesis son ambas verdaderas, la tesis de la existencia de un Ser que es causa del Mundo es correcta en el mundo inteligible de la razón pura, mientras que la antítesis de su no existencia se predica del mundo sensible de los fenómenos. ¿Es así? Dado que yo no creo en su idealismo transcendental, pienso que la tesis y la antítesis son verdaderas, sí, pero en otro sentido, y la solución está en la síntesis: en el Mundo (no sólo el fenoménico) toda causa es causada, pero fuera de él hay una primera causa que no está en la serie mundana, un fundamento independiente de todas las condiciones de causas creadas. Como bien dice Kant, concebir un fundamento inteligible del mundo sensible (lo que él llama los fenómenos) y concebirlo, además, como exento de la contingencia propia de este último, no se opone al regreso empíricamente ilimitado en la serie de cosas causadas, ni a la contingencia de cada una de ellas[285]. En el Mundo toda existencia es contingente y causada, lo sabemos por la física, mientras que fuera del Mundo puede haber un Ser inteligible, incondicionado, necesario y no causado que sea su Creador, en cuanto fundamento de la serie del Mundo, a eso puede conducirnos la metafísica[286]. En definitiva, la cuarta antinomia nos impele a dar este paso: la existencia de un Universo físico que no posee fundamento propio, sino que es condicionada, nos invita a buscar algo distinto de él, es decir, a Dios como su Creador[287].

Acerca del origen del Universo conversaban frecuentemente Severo Ochoa y Xavier Zubiri, amigos durante muchos años desde que habían coincidido en Heidelberg, aquel bioquímico, este filósofo, ambos galardonados conjuntamente en 1982 con el premio Ramón y Cajal de Investigación[288]. Ambos coincidían en casi todo, pero Zubiri veía a Dios en la creación de la materia mientras que Ochoa, con una perspectiva darwinista en exclusivos términos de física y química, pensaba que crear de la nada es un gran enigma

[285] *Crítica de la razón pura*, A564 y B592.

[286] Ibídem, B588 a B593.

[287] Cfr. lo que en este sentido dice Kant en *Crítica de la razón pura*, A566 y B594. Naturalmente yo no hablo, como hace él, de un ideal de la razón pura, de una síntesis de todo que es una idea mía, yo me refiero a un Ser transcendente a mí.

[288] De la concesión del premio se enteró Xavier Zubiri (1898-1983) viajando en el tren talgo de Fuenterrabía a Madrid, y recibió un cerrado aplauso de los pasajeros. Severo Ochoa (1905-1993) recibió también el nobel de medicina en 1959.

sobre el que nada podemos saber. En mi opinión, la cuestión previa y fundamental no es puramente científica, es metafísica, quiero decir que todo se basa en sentir o no a Dios, en creer o no en Él: si la respuesta es negativa el paso del no ser al ser es, en efecto, una puerta cerrada, un enigma sobre el que nada podemos saber cómo pensaba Ochoa, ese gran científico que, como Unamuno, buscaba apasionadamente razones para creer en Dios[289]. Si la respuesta es positiva la puerta se abre, como le pasó a Zubiri: se sentía religado a la realidad, y el constatar la relatividad del mundo le llevaba a una realidad absolutamente absoluta, es decir, al Παντοκράτωρ de que habla Newton —usando incluso la palabra *Pantocrátor* con más propiedad: Zubiri sí es trinitario, lo refiere a Cristo—, a Dios, al que, decía, él y el mundo están religados. Por esa razón pensaba que Dios creó el Mundo, y separándose en este punto de Tomás (quien como vimos sí habla de una emanación), nos contesta a la pregunta que hice al comienzo: ¿qué es crear? de la siguiente forma: «La creación no es puramente un hacer, pero tampoco es una προβλή, una emanación. Ni es una acción ni es una emanación, sino que rigurosamente es una creación, es decir, una acción que pone una realidad transcendente a Dios, quien ejecuta el acto creador. Y, como siempre cuando alguien produce una cosa, esa cosa antes no existía: es una creación *ex nihilo sui*, como dirían los teólogos. Pero además dirían *ex nihilo subjecti*, pues todas las acciones (por sublimes que sean) que el hombre ejecuta con carácter creador, son acciones que se ejecutan sobre un sujeto previo, dicho vulgarmente, sobre materiales previos; ahora bien, Dios no solamente ejecuta la acción de creación desde sí mismo sin προβλή ni alteración ninguna, sino que además produce una cosa que no es Él, una alteridad, para la cual no hay ningún supuesto real previo fuera de la propia acción de Dios. Una acción que constituye una alteridad sin alteración: esta es formalmente la definición que yo me atrevo a dar de creación. La creación de un mundo transcendente a Dios significa que una realidad (una alteridad) es puesta sin alteración ninguna, ni por parte de la realidad que lo ejecuta (Dios no es sujeto), ni por parte del

---

[289] Gómez Santos en *Severo Ochoa. La enamorada soledad*, Plaza Janés, Barcelona 2003, p. 269, recoge estas palabras de Ochoa: «Yo no puedo pensar que Dios existe porque no creo, ojalá yo encontrase razones para creer. Mi mujer, por ejemplo, era muy religiosa, pero yo no compartía esas creencias [...] vuelvo a decir que ojalá tuviese fe y esas creencias que me hiciesen esperar y confiar en otra cosa».

término ejecutado»[290]. Si por «emanar» entendemos que algo trae origen y principio de otro ser de cuya substancia participa, en la creación por Dios no hay emanación, Zubiri tiene razón, ya que lo creado no tiene la misma sustantividad que el Creador (no hay panteísmo). Vimos que Tomás de Aquino sí habla de una «emanación» de todo el ser, a pesar de que claramente diferencia la naturaleza del Creador y de lo creado, quizá está pensando en lo que él llama el vestigio trinitario que hay en las criaturas[291], el cual —yendo una vez más de la metafísica a la física, y naturalmente salvando las distancias—, podríamos pensar que es similar al eco cósmico producido tras el *big bang* que aún percibimos. Sí coincide Zubiri con Tomás en otro lugar de su tratado, concretamente cuando dice que «la creación debe concebirse como la vida misma de Dios proyectada libremente *ad extra*, por tanto, en forma finita»[292].

Se esté o no de acuerdo con las anteriores apreciaciones metafísicas, ciertamente a la luz de los actuales conocimientos físicos nuestra razón natural puede llegar a conocer la posibilidad, incluso la necesidad, de la creación *ex nihilo* del Universo por Dios, como, por cierto, ya razonó hace tiempo el eximio Francisco Suárez. Este gran filósofo, de una profundidad que apenas tiene igual según dijo Hugo Grocio, puso de relieve los motivos para dudarlo, destacó las diferentes opiniones, las respondió, mostró que «la producción por creación no es tan imposible que implique repugnancia o contradicción en sí misma», y concluyó que «la creación existe de hecho… porque vemos que los cielos han sido constituidos con todas sus posiciones, aspectos y movimientos de la manera que más convenía para la conservación y para las generaciones y corrupciones de las cosas inferiores; luego esto es una prueba evidente de que no existen por sí sino que han sido producidos por el autor común de todas las cosas»[293].

---

[290] Zubiri, *El problema teologal del hombre: Cristianismo*, 1997 (lecciones impartidas en 1967 y 1971), Capítulo III titulado «Creación», Alianza y Fundación Xavier Zubiri, Madrid 1997, p. 153.

[291] Cfr. *Suma Teológica*, I, I, cuestión 45, artículo 7.

[292] Zubiri, *El hombre y Dios*, escrito en 1984 (murió precisamente cuando estaba terminando este libro), Alianza y Fundación Xavier Zubiri, Madrid 1998, p. 313.

[293] Cfr. Suárez (1548-1617), *Disputaciones Metafísicas*, Disputación XX, Sección I, Gredos, Volumen III, edición bilingüe, Madrid 1961, pp. 454 a 474; las citas se contienen en las pp. 458 y 462.

Hoy sabemos que es un hecho que todo comenzó con una gran explosión a la que solemos llamar *big bang*, con un flujo de energía inconmensurable que tendía al infinito y generó unas partículas elementales, el «átomo primitivo» de Lemaître al que yo llamé «cigoto del universo». En el tiempo cero había únicamente energía y las cuatro fuerzas fundamentales estaban unificadas en una única superfuerza, por eso el comienzo mismo se relaciona con una inmensa energía que, como digo, por la física sabemos que tiende al infinito. ¿De dónde salió esa colosal energía en el comienzo del *big bang*? No hay causas mecánicas ni físicas, como dice Newton, y dice bien, por eso los astrofísicos hablan de una «singularidad» para denominar algo de lo que, en realidad, no pueden decir nada. Hoy por hoy la única causa lógica es Dios. Si no podemos comprender lo que hay antes de 10^{-43} segundos, tras el muro de Planck, es porque antes del tiempo cero nada existe salvo ese océano de energía ilimitada que es el Principio Original. Este instante fantástico de la creación por Dios, esta energía creadora, la evoca muy bien sin necesidad de palabras Haydn en su composición musical titulada *La Creación*[294]: después de un misterioso inicio que representa la nada, Dios crea el mundo mediante una inicial explosión potente, fuerte, repentina, que timbales, coro y orquesta imitan al unísono; ya nos dijo Kepler que desde la creación del mundo los astros despliegan una obra polifónica y que el hombre, a imitación de su Creador, ha descubierto el arte de la música para compartir su alegría. Desde otro punto de vista, más filosófico quizá, pero sin perder de vista las notas musicales, Bergson describe el acto creativo de Dios de la siguiente manera: «Una energía creadora que sería amor y que querría extraer de sí misma seres dignos de ser amados, podría así sembrar un mundo cuya materialidad, en tanto que opuesta a la espiritualidad divina, expresaría la distinción entre lo que ha sido creado y aquello que crea, entre las notas yuxtapuestas de la sinfonía y la indivisible emoción que las ha dejado salir de ella»[295]. Como vemos, este matemático y profesor de filosofía identifica la Energía Creadora con el Amor, después hablaré sobre esto y sus

---

[294] Joseph Haydn (1732-1809), *Die Schöpfung*, oratorio para tres solistas, coro y orquesta.

[295] Henry Louis Bergson (1859-1941), matemático además de profesor de filosofía, premio nobel de literatura en 1928, *Las dos fuentes de la moral y de la religión*, 272, Tecnos, Madrid 1990, p. 326.

consecuencias. Otro profesor de La Sorbona, Jean Guitton, seguidor de Bergson, ha abundado en esta idea en un texto que ni quiero ni puedo dejar de transcribir, es este: «¿De dónde viene esa colosal cantidad de energía en el comienzo del *big bang*? Intuyo que lo que se esconde tras el muro de Planck es una forma de energía primordial de una potencia ilimitada… El océano de energía ilimitada es el Creador. Si no podemos comprender lo que hay detrás del muro, es porque todas las leyes de la física pierden sentido ante el misterio absoluto de Dios y de la Creación. ¿Por qué ha sido necesario el Universo? ¿Qué ha empujado al Creador a engendrar el Universo tal como lo conocemos? Intentemos comprender: antes del tiempo de Planck nada existe… sólo el Principio Original está allí, en la nada, fuerza infinita, ilimitada, sin comienzo ni fin… En un instante fantástico el Creador, consciente de ser el que Es en la totalidad de la nada, decide crear un espejo de su propia existencia. La materia, el universo: reflejos de su conciencia, ruptura definitiva con la hermosa armonía de la nada original. En cierto modo Dios acaba de crear una imagen de sí mismo. ¿Así comenzó todo? Quizá la ciencia nunca lo dirá directamente, pero en su silencio puede servir de guía a nuestras intuiciones»[296]. Guitton sabe de lo que habla, hace estas intuiciones en diálogo con dos astrofísicos y físicos teóricos, los hermanos Bogdanov. Uno de ellos le explica que «el cosmos, tal como lo conocemos hoy, con todo lo que contiene, desde las estrellas hasta esa llave encima de la mesa, es el vestigio asimétrico de un universo que antaño era perfectamente simétrico. La energía de la explosión inicial era tan elevada que las cuatro fuerzas (gravedad, electro-magnética y nucleares fuerte y débil) estaban entonces unificadas en una sola de simetría perfecta»[297]. A lo que Guitton responde diciendo que «el mensaje más importante de la física teórica de los últimos diez años es haber sabido descubrir la perfección en el origen del universo: un océano de energía infinita. Y lo que los físicos designan con el nombre de simetría perfecta tiene otro nombre para mí: enigmático, infinitamente misterioso, omnipotente, originario, creador y perfecto. No me atrevo a nombrarlo, porque cualquier nombre es imperfecto para designar al Ser sin igual»[298].

---

[296] Jean Guitton, *Dios y la ciencia. Hacia el metarrealismo*, Capítulo titulado «El Big Bang», Debate, Madrid 1995, pp. 38 y 39.
[297] Ibídem, p. 41, intervención de Igor Bogdanov.
[298] Ibídem, p. 41, intervención de Jean Guitton.

Sí, la cosmología basada en el *big bang* confirma que en el principio creó Dios los cielos y la tierra[299]. ¡Seres dignos de ser amados son llamados a la existencia, afirma Bergson! ¡Surge un mundo cuya materialidad es opuesta a la espiritualidad, dice también! ¡El Creador decide crear un espejo de su propia existencia, cree Guitton! Estas ideas las desarrolla otra extraordinaria filósofa que igualmente interpreta el acto creador de manera acorde a la teoría de la gran explosión inicial (aún sin llamarle así), una mujer excepcional, de inteligencia y corazón fuera de lo común, que trató a Husserl, Heidegger y Zubiri sintiéndose libre, totalmente libre durante toda su vida, y que, gracias a su vasto mundo interior, ha sido y es maestra de vida: me refiero a Edith Stein[300]. ¿Cómo expresar con palabras el paso del ser al no ser?, se plantea Edith. Y contesta: debemos nuestra actualidad «únicamente al *"fiat"* creador; hay aquí una llamada-a-la-existencia de algo que no existía antes, una comunicación del ser»[301]. Pero eso, según dice ella también, «es saltar sobre el abismo entre el ser y el no ser, entre espíritu y materia»[302], lo espiritual y actual llama a lo no espiritual y potencial, ¿no estamos ante una puerta cerrada? Para abrirla Stein acude a la idea de las «esencialidades», que según ella son formas ejemplares de las cosas, arquetipos eternos (*eĩdos*) que dan forma o modo de ser (*morfé*) a las cosas. Arquetipo es una palabra griega, ἀρχή-τύπος [*arjé-típos*], que significa exactamente eso: tipo ejemplar, primer modelo. Con ello Edith asume la distinción que Tomás hace entre «ideas» o formas ejemplares, que tienen su ser en el espíritu divino, y «formas o esencias creadas», que tienen su ser en las cosas[303]. La unión

[299] Cfr. *Génesis*, 1, 1 y 2, donde dice que en el principio Dios creó el mundo y la tierra era un caos informe, una especie de soledad caótica para la que emplea la expresión hebrea «*tohuvabohu*». Y González Posada, *Teología de la creación del universo*, Clie 2018, pp. 587 y 589.

[300] Cfr. mi libro *La filosofía de Edith Stein*, Capítulo 5 titulado «El rayo quebrado del mundo. Cosmología: la creación y lo creado», Ygriega, Madrid 2021, pp. 91 y siguientes. Stein nació en Breslau el 12 de octubre de 1891 (día del Yom Kippur, cosa de lo que estaba orgullosa, pues era judía) y murió en la cámara de gas de Auschwitz (como mártir cristiana) el 9 de agosto de 1942.

[301] Edith Stein, *Akt und Potenz*, es decir, *Acto y potencia, estudio sobre una filosofía del ser*, II, 4, en «Obras Completas III», El Carmen, Espiritualidad y Monte Carmelo, Vitoria, Madrid y Burgos 2007, p. 282, [62].

[302] Ibídem, IV, 1, p. 314, [109].

[303] Stein, *Endliches und ewiges Sein. Versuch eines Aufstiegs zum Sinn des Seins*, es decir, *Ser finito y ser eterno. Ensayo de una ascensión al sentido del ser*, I, 4, en «Obras Completas III», El Carmen, Espiritualidad y Monte Carmelo, Vitoria, Madrid y Burgos 2007, pp. 702 y 703, [132-133].

intrínseca entre Dios y las esencialidades es fundamental para evitar la intervención del Demiurgo de Platón o del *Nous* Hacedor de Plotino, gracias a ella las formas puras no son esos rayos divinos del Areopagita que están separados de su centro, están en el mismo centro y permiten así una relación directa entre Dios y las criaturas.

Sobre este presupuesto, ¿cómo llama Dios a la existencia a un ser diferente de su ser?, ¿cómo da vida?, ¿cómo une esos arquetipos con la materia? A diferencia de Hawking, de su vacío cuántico y de su tiempo imaginario, Stein parte de la base de que no hay una materia que sea previa e independiente al ¡sea! creador, sino que ésta se ha creado simultáneamente con muchas figuras en las que ella entra[304]; y también de que el tiempo pertenece al orden de la creación, Dios ha creado el mundo en el tiempo y con el tiempo[305]. Y así, repito la pregunta, ¿cómo pasa Dios las cosas del no ser al ser y conmixtiona las ideas con la materia? Edith Stein nos da una respuesta en un texto de *Acto y potencia* en el que resuelve el grave problema que Descartes provocó cuando separó el mundo del espíritu (*res cogitans*) del de la materia (*res extensa*), un problema que la filosofía moderna y postmoderna no ha podido solucionar. Sólo Dios evita la separación y permite la unión, en este sentido el mencionado texto dice lo siguiente: «Las cosas son llamadas a la existencia por medio de las ideas e igualmente por medio de la idea de la materia. Esta es una afirmación que de acuerdo con Tomás se ha expresado, y con Tomás se debe entender desde la concepción agustiniana de las ideas "en el espíritu divino", y que se relaciona de cerca con la concepción neoplatónico-agustiniana del *Lógos*… Las ideas son, según esta concepción, arquetipos de las cosas y las cosas sus imágenes. Pero que las ideas tienen la fuerza de llamar sus imágenes a la existencia y la materia para formar las imágenes de las ideas, esto lo deben a su ser en el *Lógos*, que las hace vivas y con esto igualmente eficaces»[306]. Sí, Tomás dice que «es necesario que en la mente divina esté la forma a cuya semejanza se hizo el mundo; y en esto consiste la idea»[307]. Así se resuelven las objeciones que Burman, Arnauld y Gassendi hicieron a Descartes, cuando le preguntaron cómo puede unirse lo que es extenso con lo que no lo es. Para aquel

---

[304] *Acto y potencia*, p. 282; *Ser finito…*, pp. 835-836.

[305] *Ser finito y ser eterno,* ob. cit., pp. 715 y 950.

[306] *Acto y potencia*, IV, 3, [117], en «Obras completas III», p. 319.

[307] *Summa Theologica*, I, c. XV, a.1, edición latina de Taurini, 1820, p.115.

el cuerpo y el alma son substancias completamente separadas —esto lo vio Marx, que se quedó sólo con lo físico—, y así no pudo explicar la unión entre algo que es materia y algo que es espíritu, a esto llevó endiosar *res cogitans*. En cambio, un Dios espiritual que es océano de energía infinita (como afirma Guitton) sí puede explicar dicha conmixtión.

De esta forma nos encontramos con y en un mundo creado por Dios-*Lógos* «que posee en Él coherencia y consistencia»; es decir, «todo ente tiene su fundamento arquetípico-causal en la esencia divina»[308]. Como he razonado en anteriores escritos y después concluiré[309], Dios es ἀρχή (*arjé*), fundamento del mundo. Pero aún así no nos engañemos, pues «lo creado —escribe Stein— no es una reproducción perfecta sino solamente una "imagen parcial", un "rayo quebrado". Dios, el Eterno, el Increado, el Infinito, no puede crear nada semejante a sí mismo, puesto que no hay un segundo Eterno, Increado e Infinito»[310]. No, el mundo no es Dios. No lo es, pero remite a los arquetipos eternos, a las esencialidades o formas puras que Edith ha concebido como ideas divinas. Como ella escribe, «todo ser real está anclado en su ser esencial, y es en la inmutabilidad de estos arquetipos donde reposan la norma y el orden del mundo creado sometido a una evolución constante»[311]. Y ese «anclaje» lleva consigo otra importante consecuencia: las cosas son reales. Nada de idealismo kantiano centrado en el ego cartesiano, lo que ha diseñado Dios se hace real en el mundo, «así hay que entender la "idea" como arquetipo creativo en el espíritu divino»[312]. Son cosas temporal-reales no acabadas, con posibilidades no realizas (potencias), no son acto puro[313].

En definitiva, a tenor de lo que actualmente sabemos sobre el comienzo del Universo por las observaciones de los astrónomos, es posible sostener fundadamente la tesis de que la creación del Mundo por Dios se acomoda al hecho del *big bang*. El modelo estándar cosmológico actual es acorde con la existencia de un Creador: esta es la intuición que tuvo un filósofo británico que ya he mencionado

---

[308] Stein, *Ser finito y ser eterno*, ob. cit., pp. 720 y 724, [157].
[309] En el último capítulo, relativo al fundamento metafísico.
[310] *Ser finito y ser eterno*, ob. cit., p. 945, [15].
[311] Ibídem, p. 933, [7].
[312] Ibídem, p. 723, [161].
[313] Ibídem, p. 950, [20].

antes, formado en la Universidad de Oxford, buen conocedor de
Hume, quien después de defender vehementemente el ateísmo
cambió de opinión y descubrió lo divino gracias tanto a argumentos
filosóficos clásicos como a la ciencia moderna, me refiero a Antony
Flew. «Creo ahora —confiesa— que el universo fue traído a la
existencia por una Inteligencia infinita. Creo que las intrincadas leyes
de este universo manifiestan lo que los científicos han llamado la
Mente de Dios. Creo que la vida y la reproducción tienen su origen
en una fuente divina. ¿Por qué creo ahora esto, después de haber
expuesto y defendido el ateísmo durante más de medio siglo? La
breve respuesta es la siguiente: tal es la imagen del mundo que, en
mi opinión —dice Flew—, ha emergido de la ciencia moderna. La
ciencia atisba tres dimensiones de la naturaleza que apuntan hacia
Dios. La primera es el hecho de que la naturaleza obedece leyes. La
segunda es la dimensión de la vida, la existencia de seres organizados
inteligentemente y guiados por propósitos, que surgieron de la
materia. La tercera es la propia existencia de la naturaleza. Pero no
es sólo la ciencia la que me ha guiado, también me ha ayudado la
reconsideración de los argumentos filosóficos clásicos»[314]. Flew tuvo
la valentía de aceptar como paradigma y guía este buen consejo de
Platón: «debo seguir la argumentación hasta dondequiera que me
lleve»[315], y ahora, lector, vamos a centrar nuestra atención en el
tercero de los aspectos de la ciencia moderna que le hizo descubrir
lo divino, que como dice fue la propia existencia de la naturaleza. Le
dedica un capítulo de su libro, el octavo, donde se pregunta: ¿cómo
llegó a existir el universo?, ¿salió algo de la nada?[316] Cuando era ateo
pensaba que no, pero ante el consenso cosmológico contemporáneo
cambió de opinión: «Cuando, siendo aún ateo —dice—, me
enfrenté por primera vez a la teoría del *big bang* me pareció que esta
teoría cambiaba mucho las cosas, pues sugería que el universo había
tenido un comienzo y que la primera frase del *Génesis* ("en el
principio creo Dios el cielo y la tierra") estaba relacionada con un
acontecimiento real… Predije que los ateos estarían obligados a
contemplar la cosmología del *big bang* como algo que requería una
explicación física que, era preciso admitirlo, quizá nunca sería
accesible a los seres humanos. Pero reconocí también que los

---

[314] Antony Flew (1923-2010), *Dios existe. Como cambió de opinión el ateo más famoso del mundo*, Trotta, Madrid 2012, p. 87.
[315] Ibídem, p. 87.
[316] Ibídem, pp. 117 y siguientes.

creyentes podrían, con toda razón, acoger la cosmología del *big bang* como algo que tendía a confirmar su creencia previa de que "en el principio Dios creó el universo"»[317]. Precisamente Robert Wilson acaba de decir algo muy parecido en julio de 2021. Según este científico, descubridor de la radiación de fondo causada por la inicial explosión, «para una persona religiosa formada en la tradición judeo-cristiana, no hay una teoría científica del origen del Universo que coincida mejor con las descripciones del libro del *Génesis* que el *big bang*»[318]. Volviendo a Flew, se adhiere a una opinión de Conway que transcribe, es esta: «No hay buenos argumentos filosóficos para negar que Dios sea la explicación del universo y de la forma y el orden que exhibe. Siendo esto así, no hay ninguna buena razón para que los filósofos no vuelvan una vez más a la concepción clásica de su disciplina, dado que no hay formas mejores de obtener sabiduría»[319]. Y concluye afirmando que la creación por Dios «es algo demasiado grande para ser explicado por la ciencia», pero «es una posibilidad coherente»[320]. Yo estoy de acuerdo con él.

---

[317] Ibídem, p. 119.

[318] Wilson, *Prólogo* antes citado, pp. 11 y 12.

[319] Flew, ob. cit., p. 129; y David Conway, *The Rediscovery of Wisdom*, Macmillan, Londres 2000, p. 134.

[320] Ibídem, pp. 121 y 129.

6. La rica *creatio ex amore*

También estoy de acuerdo con una propuesta que hace David Jou en su libro *Pensar la Creación*[321]. Jou es un científico que ha sido catedrático de física de la materia condensada, así como profesor de termodinámica, física de fluidos, mecánica estadística, física cuántica y biofísica. Su especialidad es la termodinámica de procesos irreversibles y mecánica estadística de sistemas fuera de equilibrio, y ha publicado numerosos libros y ensayos que han sido traducidos a idiomas como el ruso, el húngaro y el polaco, además de los comunes[322]. Destaca igualmente su faceta de poeta. Pues bien, la propuesta que nos hace este científico es la siguiente: «más rica y precisa que la expresión *creatio ex nihilo* parece la expresión *creatio ex amore*»[323], a ella voy a dedicar este epígrafe.

Hace poco prometí abundar en la idea de Bergson según la cual la colosal Energía que dio comienzo al *big bang* se identifica tanto con Dios como con el Amor. Es algo que este profesor judío de origen polaco[324] repite una y otra vez. Nos dice que «la creación de la materia fue hecha por la Energía creadora del Amor, en la que el místico ve la esencia misma de Dios»[325], que «seres destinados a amar y ser amados han sido llamados a la existencia, y la Energía Creadora debe ser definida como Amor; unos seres que, siendo distintos de Dios, que es esa misma Energía, no podían aparecer mas que en un universo, y esa es la razón por la que el universo ha

---

[321] David Jou i Mirabent (n. 1953), *Pensar la Creación. La sorpresa de la Razón Divina*, Albada, Barcelona 2024.

[322] Cabe citar, entre otros, sus libros *Extended irreversible thermodynamics*, un clásico de la termodinámica, *Mecánica estadística y biología molecular*, *Introducción al mundo cuántico…* También ha sido traductor de varias obras de Hawking.

[323] *Pensar la Creación*, ob. cit., p. 84.

[324] Al final de su vida Bergson se acercó a la Iglesia Católica, en su testamento dijo que él se habría convertido y bautizado, pero que no lo hizo para no abandonar a los demás judíos (murió en 1941, cuando el antisemitismo estaba en apogeo).

[325] Bergson, *Las dos fuentes de la moral y la religión*, 270, Tecnos, Madrid 1996, p. 324.

surgido»[326]… En otro lugar Bergson escribe que «Dios es Amor»[327], una expresión que también recoge Jou recordando que es propia de la teología cristiana[328]. Es «Amor Creador» sobre el que yo he conversado con Ratzinger en otro lugar[329], y acerca del cual Zubiri impartió una conferencia en la que explicó que «la causalidad divina produce el mundo… por efusión de amor»[330]. Pero quien mejor y más bellamente lo ha expresado ha sido Dante, mediante unas palabras de Beatriz que sintetizan la finalidad de la creación. ¿Por qué ha creado Dios el Mundo? Beatriz contesta: «Se abrió en nuevos amores el eterno Amor»[331]. El mismo Dante, cuando en su subida por el Paraíso llega hasta Dios, nos dice que «ve que se contiene, ligado por el Amor en un todo (*in un volume*), lo que por el Universo está esparcido (*si squaderna*)»[332]. Es decir, no ve un libro desencuader-nado, roto, pleno de entropía, sino que comprueba que el libro de la Naturaleza está muy bien escrito, ordenado y perfectamente encuadernado por el Amor. Un Amor que es comienzo y es final, por eso Dante empieza y termina *Paraíso* aludiendo a él. Ya en el primer verso, al comienzo de su caminar por las esferas del Cosmos tolemaico, proclama: «La gloria de Aquel que todo lo mueve se extiende por el universo»[333]. Y en su último verso manifiesta el deseo que él tiene de gozar de «*l'Amor che move il sole e l'altre stelle*, el Amor que mueve el sol y las demás estrellas»[334]. Es decir, de Dios que es Energía y es Amor.

---

[326] Ibídem, 273, p. 327. Por eso «el amor es el latido del universo entero», tal como canta repetidamente Verdi por boca de Alfredo (*La traviata*, acto primero).

[327] Ibídem, 267-8, p. 320.

[328] Jou, ob. cit., p. 184; Juan, *Primera Epístola*, 4, 8.

[329] Cfr. *Diálogos sobre Dios*, XII, 1, especialmente apartado D.

[330] Zubiri, *Utrum Deus sit*, conferencia pronunciada el 8 de marzo de 1959, fiesta de Santo Tomás, en el estudio general que los dominicos tienen en Alcobendas, contenida en *Escritos Menores (1953-1983)*, Alianza y Fundación Xavier Zubiri, Madrid 2006, pp. 3 y siguientes. En esta conferencia Zubiri expuso su idea de que Dios creó con causalidad por amor (propia de Dios), una causalidad que abarca y trasciende tanto la causalidad por libertad (propia del mundo moral humano) como la causalidad por necesidad (propia del mundo físico).

[331] Dante Alighieri (1265-1321), *Divina Comedia. Paraíso*, Canto XXIX, 18, Universidad Francisco de Vitoria, Madrid 2021, p. 343, donde escribe «S'aperse in novi amor l'etterno amore». Dante nació en Florencia, ya de niño se enamoró de Beatriz, intervino en política, fue desterrado y murió en Rávena.

[332] Canto XXIII, 85 a 87, ob. cit., p. 397.

[333] *Paraíso*, Canto I, 1, ob. cit., p. 49.

[334] Ibídem, Canto XXXIII, 144, p. 399.

El científico Jou se ha dedicado a la cosmología física, que investiga los constituyentes del Universo, las leyes matemáticas que rigen su dinamismo, y el inicio y la evolución del Mundo; pero también a la cosmología filosófica, que se pregunta por el sentido o por qué y para qué del Universo y de la vida. Lo ha hecho procurando respetar el método propio de cada una de estas cosmologías, pero sin hacer de ellas compartimentos estancos sino al contrario, intentando encontrar puntos de encuentro y diálogo[335]. El subtítulo de su libro alude a «da sorpresa de la Razón Divina», porque en él acentúa el papel de la Racionalidad cósmica como puente hacia una Racionalidad divina aún más amplia y profunda[336]. A diferencia de Einstein, cuya religión cósmica le llevaba a no salir de la Racionalidad cósmica, Jou sale fuera, va más allá y llega a una Razón Divina que es Amor, y sobre esta base indaga en el modelo del *big bang* desde una óptica científica, pero sin perder de vista la cuestión filosófica de su causa, origen o fundamento. Y como tantos otros científicos de los que ya he hablado, Jou acude a los dos libros, al de la Naturaleza con su orden y energía, y al de la Biblia con su Palabra creadora[337]. Es así, a la vista de ambos, como se plantea la cuestión de la creación del Mundo y el sentido del Universo.

¿Cómo es el salto ontológico del no ser al ser? ¿Cómo el Universo puede surgir de nada? Jou concibe una nada no al estilo del vacío cuántico, sino como algo sin espacio, sin tiempo, sin materia, sin energía… pero con información, «una información que *el Libro de*

---

[335] Cfr. Jou, *Pensar la Creación. La sorpresa de la Razón Divina*, ob. cit., pp. 13 y 14.

[336] Ibídem, p. 138.

[337] En las pp. 26 y 27 de *Pensar la Creación*, Jou escribe lo siguiente: «Las lecturas literales de los textos religiosos sobre el comienzo del mundo son interesantes pero limitadas y conflictivas. El primer capítulo del *Génesis* es un texto espléndido: breve, claro, bien organizado, descriptivo y lírico. Hay más razones para admirarlo que para menospreciarlo. El segundo capítulo del *Génesis* presenta de forma diferente al primero el tema de los orígenes, la relación entre el comienzo del hombre y de la mujer, el orden de aparición del hombre, las plantas y los animales. En el primero, la fuerza creadora de Dios es la palabra, de donde emerge el universo, su contenido y su orden; en el segundo, es el aliento de Dios, que actúa sobre la materia y le infunde vida. El capítulo tercero se centra en los orígenes de las grandes heridas existenciales, en los límites dolorosos y arrogantes de la naturaleza humana. Conviene recordar, también, que en la Biblia el tema de la creación no está limitado a los tres capítulos iniciales del libro del *Génesis*, sino que tiene una presencia difusa como cosmovisión implícita, con intensidad especial en los *Salmos* —con un componente de celebración muy acentuado—, en el *Libro de la Sabiduría* —con una apología de la Sabiduría como elemento de fondo de la creación del Mundo— y en el *Libro de Job* —con un reconocimiento de la fuerza creadora de Dios y como una reivindicación divina de su obra».

la Sabiduría llama Sabiduría, que el inicio del *Evangelio de San Juan* llama Logos, que en el pensamiento teológico cristiano podríamos considerar como el Amor de Dios, y que en un cierto pensamiento científico podría ser como el esplendor de la matemática pura»[338]. Frente a la nada hay Logos, Amor de Dios, Sabiduría, Matemática, esa Energía infinita que, por Amor, crea. Es en este sentido como el profesor Jou nos dice que «de hecho, más rica y precisa que la expresión *creatio ex nihilo* parece la expresión *creatio ex amore*. En esta segunda expresión, en lugar de la nada inicial sin ningún tipo de información, habría Dios, información infinita de potencialidades infinitas»[339]. Es una forma «científica» de denominar las esencialidades de que habla Stein: hay nada, pero hay un Dios que gracias a su racionalidad, energía e información crea en el principio. Y crea no para sí, sino por Amor. A continuación, Jou se plantea cómo han surgido el espacio-tiempo, la materia, la energía y las leyes de ese Amor Pleno, Logos riquísimo. Y tras constatar que el instante del comienzo mismo sigue siendo un misterio para la ciencia (recordemos el muro de Planck), habla de una contracción matemática; de una explosión ontológica para espacio y tiempo de dimensión adecuada, con densidad de energía apropiada, con materia y antimateria equilibradas; y del surgimiento de las leyes físicas como emanación de la mente de Dios[340]. Así el Amor de

---

[338] *Pensar la Creación*, ob. cit., p. 84.

[339] Ibídem.

[340] Jou, *Pensar la Creación*, pp. 84 y 85. Este científico relaciona analógicamente el equilibrio de la materia y la antimateria con la narración de la creación en el *Génesis*, y en este sentido escribe lo siguiente en las pp. 69 y 70 de su libro: «De hecho, la compatibilidad de la física cuántica con la relatividad especial exige la existencia de materia y antimateria en las mismas cantidades. Pero si fuera así, la materia y la antimateria se habrían convertido en radiación electromagnética en las primeras millonésimas de segundo del universo, y el universo sólo contendría luz. La materia que observamos, y que forma unos cien mil millones de galaxias, es la superviviente de un cataclismo cósmico en el que cada cien millones de antipartículas entraron en contacto con cien millones más una partícula. En este proceso desaparecieron cien millones de antipartículas y cien millones de partículas, y quedó una sola partícula y doscientos millones de fotones. En términos de homenaje cultural, podríamos considerar este proceso como una cierta analogía con la misteriosa "separación entre las aguas superiores y las aguas inferiores" del segundo día de la Creación según el *Génesis*. También podríamos considerar análogo a la "separación entre las aguas y la tierra" del tercer día la formación de las galaxias, en la que la gravedad hace crecer las pequeñas inhomogeneidades de densidad de masa y separa las zonas de densidad creciente —futuras galaxias— de las de densidad decreciente —futuros vacíos cósmicos—. La formación del Sol, la Luna y las estrellas del cuarto día podría ser comparada con la formación de estrellas y sistemas planetarios. Si incorporamos una analogía entre el "sea

Dios, que es Sabiduría, crea el Mundo, «el Espíritu actúa realmente en la historia y le impulsa hacia su sentido más profundo, el sentido que le dio su Creador, el sentido que hace que la idea de la creación hable… de confluencia con el Amor que le fue origen, que le es fundamento y que le será acogida»[341].

Jou se pregunta, en efecto, por el sentido del Universo, y yendo más allá del famoso principio antrópico (del que hablaremos), y al igual que Dante, poeta como él, lo encuentra en el Amor: «Imaginemos —escribe[342]— que el objetivo de la Creación no fuera que en el Universo aparezcan los humanos, sino algo mucho más importante y más cósmico: el Amor». Para él lo esencial es que «el Creador crea el universo por Amor y para el Amor»[343]. En consecuencia, «si Dios es Amor —dice—, parece que, tal como pasa con los padres y las madres, debería amar los hijos que vengan, sean los que sean… Si lo esencial es el Amor, sea cual sea la especie que pudiera intuir ese Amor se podría considerar especialmente amada y llamada por el Creador»[344]. He aquí un principio antrópico elevado a la máxima expresión (ya que alude a todo racional que pudiera haber en el Universo, no sólo a los humanos), superfuerte (pues se basa no en el hombre, sino en Dios Amor), una reflexión que también evoca las de Stein cuando nos dijo que entre el Creador y cada uno de nosotros hay un nexo único y entrañable. En fin, este científico dedicado a la materia condensada, que no ve a Dios como una realidad mítica dominante con la que tiene que luchar, sino como fundamento de la racionalidad del Mundo, del dinamismo de la materia, de la evolución de la vida y del surgimiento de la conciencia, David Jou, digo, piensa en «un Universo que empieza con una singularidad del tiempo, del espacio, de la energía, en la Mente más matemática de Dios»[345]. En una Sabia Mente que no está reñida con el Amor, al contrario, se trata de un Dios con Corazón, por eso concluye su libro *Pensar la Creación* con las siguientes palabras: «En conjunto, la idea cristiana de Dios siempre me ha resultado atractiva: el Amor como causa inicial y final del Universo, como origen y

---

la luz" del primer día y la gran explosión primordial del *big bang*, tenemos analogías de los cuatro días cósmicos del *Génesis*».

[341] Ibídem, p. 256.
[342] Ibídem, p. 178.
[343] Ibídem.
[344] Ibídem, p. 179.
[345] Ibídem, p. 214.

propósito, como fundamento y plenitud del sentido de la vida y de la historia, más allá de su turbulencia dolorosa y enigmática»[346].

346 Ibídem, p. 226.

7. Dios hace una creación evolutiva y continua

El Dios que rige todas las cosas, no como alma del Mundo según afirmó Newton, hace una creación evolutiva. Uno de los hechos que la ciencia nos aporta es este: el Universo no es estático, es dinámico, tiene una evolución constante, desde las galaxias hasta el ser más microscópico. En consecuencia, la creación no es sólo la aparición en germen de la materia, el espacio, el tiempo, las fuerzas que los interrelacionan y todo lo demás en el *fiat* inicial, sino que es un proceso continuo desde el comienzo, desde el punto cero, tanto en una evolución cósmica como en una evolución biológica y espiritual, con la aparición de las galaxias, la vida, los seres conscientes y el alma. Dicho de otra manera: el acto creador de Dios está fuera del tiempo e incluye toda la evolución que sí tiene lugar en el tiempo. No se limita al primer instante dejando que el Mundo evolucione por sí solo, sino que ese acto es continuo y simultaneo con cada paso de la evolución, como bien dice el geofísico Udías hay una *creatio continua*[347]. El físico Jou nos habla de una «creación abierta e inacabada» de la que nosotros no somos meros espectadores pasivos, sino «una parte íntima de su dinamismo creativo»[348].

Quizá se comprenda mejor esta idea con un ejemplo extraído del campo de la física: Schrödinger fue un físico cuántico, premio nobel, que descubrió la ecuación que describe el comportamiento de los electrones, los átomos y las moléculas. Consciente de la importancia de este gran hallazgo otro científico, cuyo nombre no recuerdo, propuso rescribir el relato de la creación del *Génesis* de la siguiente manera: «En el principio Dios creó la ecuación de Schrödinger; después la tomó como modelo y fue creando todas las cosas de acuerdo con ella»[349]. Esto expresa perfectamente lo que es

---

[347] Agustín Udías, *Ciencia y religión. Dos visiones del mundo*, Sal Terrae, Santander 2010, p. 312.
[348] David Jou, *Pensar la Creación*, ob. cit., p. 202.
[349] Cfr. Fernández Rañada, *Los científicos y Dios*, ob. cit., p. 209. Erwin Schrödinger (1887-1961), austríaco, hizo la segunda formulación de la mecánica cuántica.

la creación continua o evolutiva. Quizá por ser así el *Génesis* dice alegóricamente que Dios creó el Mundo en siete días. Agustín intuyó, e hizo bien, que en el primer día Él lo creó todo como en germen (recordemos que en el átomo primitivo de que habla Lemaître estaba todo así, pendiente de expansión y desarrollo), y los días siguientes significan que la creación continúa hasta hoy haciendo que lo creado se vaya diferenciando, evolucione efectivamente, expandiéndose el mundo físico y desarrollándose también progresivamente el mundo metafísico del espíritu[350]. Vuelvo a Schrödinger: en esta línea escribió un pequeño pero interesante libro titulado *¿Qué es la vida?*, y en él termina afirmando lo siguiente: la vida es «la más fina y precisa obra maestra conseguida por la mecánica cuántica del Señor»[351]. Siendo así, ¿qué le impide culminar esa fina obra dando vida al alma humana, como veremos después?

Sí, nuestro Hacedor ha hecho evolutivo el Universo, lo explica Bergson no solo en *Las dos fuentes de la moral y la religión*, también en otro libro titulado *La evolución creadora*[352]. Parte de la base de que la realidad exterior es móvil —circunstancia que ya constató Aristóteles, por eso para él la filosofía segunda o física se refiere a entes con movimiento—, hay cosas que se hacen, hay estados que cambian y, según él, no basta una explicación físico-química —como también constató Aristóteles, haciendo por ello de la metafísica la filosofía primera—. Es necesaria una explicación metafísica para saber cómo materia y vida evolucionan. Y esa explicación la encuentra Bergson en el *élan vital*, el impulso vital que Dios, energía creadora, ha infundido en el Mundo para coordinarlo maravillo-samente sin que intervenga el azar. Después hablaré del azar y el determinismo, pues la teoría cuántica desmiente esta última conclusión de Bergson. Pero no cabe duda de que, efectivamente,

[350] El *Génesis* confirma esta idea de que el ¡hágase! creador significa ¡váyase haciendo!, de manera que Dios, después de dar el impulso creador inicial, sigue actuando y creando mediante la evolución: en el relato que hace de la creación no dice que Dios creó la hierba, las plantas y los árboles, sino que mandó que estos brotasen; y lo mismo respecto a los animales terrestres, peces y aves, ordenó que salgan de las entrañas de la tierra, que bullan por el mar y que vuelen por el cielo. En este sentido, el *Génesis* dice alegóricamente que Dios creó el Mundo en siete días, en el primer día todo como en germen (en el átomo primitivo estaba todo así), después haciendo que lo creado se vaya diferenciando y evolucione.

[351] Cfr. Battaner, *Los físicos y Dios*, ob. cit., p. 103.

[352] Publicado por Planeta Agostini, Barcelona 1985.

Dios ha creado el Mundo y no lo ha abandonado, sino que lo sigue creando, por eso el Universo es y evoluciona en la forma, paciente lector, que vamos a ver a continuación.

Capítulo IV

Estructura y evolución del Universo

1. Dios creó el mundo material y el tiempo con sus leyes físicas

¿Qué ha creado Dios? ¿Qué procede del océano de energía inicial? La respuesta es sencilla: todo. Luego a partir del *fiat* inicial desde el punto de vista físico Dios creó la materia, el espacio, el tiempo y la energía que hace que se interrelacionen, naturalmente con sus leyes físicas, que también las creó. Después de la teoría general de la relatividad esto está claro, ya que tal teoría funde e interconexiona profundamente entre sí espacio, tiempo y materia: la materia modifica la estructura geométrica del espacio-tiempo, lo que se suele expresar diciendo que la curva. Recordemos lo que contestó Einstein a un periodista que, a su llegada a Estados Unidos en 1921, le pidió que condensase la relatividad en una sola frase: «Antes se creía que si desapareciese la materia el espacio y el tiempo permanecerían. De acuerdo con la teoría de la relatividad, el espacio y el tiempo desparecerían junto con la materia»[353]. Ya no hay espacio absoluto, ni tiempo absoluto, ni previa materia informe en estado caótico que un Demiurgo tenga que ordenar, como ingenuamente creía Platón. Tomás, menos cándido, nos dijo que son cuatro las cosas creadas por Dios simultáneamente: el cielo empíreo (el espacio), la materia corporal, el tiempo y la naturaleza angélica (el mundo del espíritu)[354].

De manera que en el primer impulso o instante Dios creó *ex nihilo* y *ex amore* la materia y el espacio, y junto a ellos el tiempo a partir del tiempo cero. Que materia, espacio y tiempo comenzaron a existir con la creación (que no hay que confundir con el *big bang*), según los entiende la ciencia moderna, lo afirma incluso Paul Davies[355]; y que el tiempo empezó a ser también así lo explica

---

[353] Cfr. Fernández Rañada, *Las revoluciones de la física del siglo xx*, Universidad de Santander, Santander 1982, p. 14.

[354] *Suma Teológica*, I, I, cuestión 46, artículo 3.

[355] Davies, *El universo desbocado*, Salvat, Barcelona 1988, p. 19

Hawking en su *Historia del tiempo*[356] y lo constata Bercovici en *Los orígenes de todo*[357]. Aunque en realidad mucho antes que ellos lo habían razonado Agustín de Hipona: «Tú creaste todos los tiempos —dice dirigiéndose a Dios—, y Tú eres anterior a todos los tiempos, y no hubo un tiempo en que no hubiera tiempo… Puesto que eres Tú el que ha hecho el tiempo mismo, era imposible que transcurriera el tiempo antes de que Tú hubieras creado el tiempo»[358]. El tiempo es hechura de Dios, antes de la creación no existía, pues como también nos dijo Agustín, «el tiempo, dado que transcurre con mutabilidad, no puede ser coetáneo con la eternidad inmutable»[359]. Esta idea la asumió Tomás, para quien la acción creadora no se produce en el tiempo, pues Dios creó sin movimiento (en sentido aristotélico, como paso de la potencia al acto).

Y, naturalmente, el Creador dotó a la materia, al espacio y al tiempo de energía, la cual posibilita la dinámica de los cuerpos en función de las leyes físicas que regulan, con sus constantes, las cuatro fuerzas fundamentales que hay en la naturaleza. Estas fuerzas que mueven el Mundo y lo hacen dinámico, la de la gravedad, la electromagnética y las dos nucleares (en su momento me referiré más detenidamente a cada una de ellas), todas, están ahí porque las puso el Hacedor de todo, y se expresan en el lenguaje que sabemos tiene la física, es decir, matemáticamente, como Newton, Boltzman y Einstein nos enseñan con sus famosas ecuaciones, que alguien ha calificado de sinfonías matemáticas. Estas fuerzas, regidas por las leyes físicas que también estableció el Hacedor del Mundo, permiten que a partir de su inicio —en lo que sabemos al menos a partir de 10^{-43} segundos— el Universo se expanda y evolucione dinámicamente como lo ha hecho y lo sigue haciendo. Esta fue la conclusión del gran científico Maxwell: Dios ha creado todo el orden de la materia y toda la energía primordial, y con ella las leyes que rigen el comportamiento de ambos, tanto de la materia como de la energía. Este eminente físico —que fue precisamente el que

[356] Ob. cit., p. 74.

[357] Alianza, Madrid 2020, pp. 15 y 17, donde este geofísico escribe que «el tiempo comienza con una explosión increíblemente colosal… el tiempo tiene efectivamente un príncipio».

[358] San Agustín, *Confesiones*, XI, 13, 16, Biblioteca de Autores Cristianos, Madrid 1994, pp. 391 y 390.

[359] En *La Ciudad de Dios*, XI, 6, Agustín nos dice también que Dios, en cuya eternidad no hay cambio en absoluto, es creador y ordenador de los tiempos.

unificó las leyes de la electricidad, el magnetismo y la óptica, poniendo de relieve que existe una fuerza electromagnética— estaba convencido de que las leyes físicas que hay en la naturaleza forman parte de lo creado, no son anteriores al comienzo del Mundo, por eso no se puede explicar dicho principio basándose en ellas, como ya vimos. Según Maxwell alguien que investigue adecuadamente verá, a medida que avanza, que «las leyes de la naturaleza no son meras decisiones arbitrarias e inconexas del Poder Supremo, sino que forman parte esencial de un sistema universal, en el que el Poder Infinito revela la sabiduría inescrutable y la eterna verdad»[360]. Conclusión que coincide con lo que acaba de decirnos el científico David Jou, recordemos, según él «podríamos considerar las leyes físicas subyacentes detrás de todos los fenómenos del mundo, como una emanación de la Mente de Dios»[361].

Dice el científico Feynman que las leyes del mundo físico son como las reglas de juego del Mundo. Este gran físico dedicado a la electrodinámica cuántica —se le concedió el premio nobel por la descripción de la interrelación entre electrones y fotones— impartió unas lecciones de física el año 1964 en Caltech, que una vez revisadas han sido publicadas[362]. En una de ellas nos explica las leyes de la física de la siguiente manera: imaginemos, dice, que esta serie complicada de objetos en movimiento que constituyen el Mundo es algo parecido a una partida de ajedrez que están jugando los dioses, y que nosotros somos observadores del juego. No sabemos cuales son las reglas del juego, lo único que se nos permite es observar las jugadas. Si observamos durante el tiempo suficiente podríamos llegar a captar algunas de las reglas, por ejemplo, que el alfil se mueve sólo en diagonal. Pero hay algo más: quizá ni siquiera conociendo las reglas seríamos capaces de entender por qué se ha hecho un determinado movimiento en el juego, por la sencilla razón de que es demasiado complicado y nuestras mentes son limitadas. En realidad, continúa diciendo Feynman, no conocemos aún todas las reglas de juego o leyes del Universo, pero, además, lo que de hecho podemos explicar en base a las que ya conocemos es muy limitado porque, al igual que en el ajedrez, casi todas las situaciones

---

[360] Maxwell, *A Treatise on Electricity and Magnetism*, de 1873.
[361] *Pensar la Creación*, p. 85.
[362] Feynman, *The Feynman Lectures on Physics*, algunas de las cuales se han publicado con el título de *Seis piezas fáciles. La física explicada por un genio*, Crítica, Barcelona 2022.

son tan enormemente complicadas que no podemos seguir las jugadas utilizando las reglas, y mucho menos decir lo que va a suceder a continuación[363]. Es esta una buena forma de mostrar qué son las leyes de la Naturaleza, cómo intentamos comprenderlas y, aún más, cómo queremos saber qué va a suceder en base a ellas. Pero según Feynman hoy por hoy ni conocemos todas las reglas, ni siempre podemos predecir exactamente lo que va a suceder, eso es demasiado complicado para nosotros: esta otra característica de este físico, su gran humildad ante el misterio del Cosmos. Como bien dice Paul Davies en la Introducción a sus lecciones, con ellas aprendemos que toda la física está enraizada en la noción de la ley, y también que, sin embargo, las leyes de la física no son transparentes para nosotros en nuestras observaciones directas de la naturaleza, están frustrantemente ocultas, sutilmente codificadas en los fenómenos que estudiamos[364].

Han puesto de relieve Descartes, Maxwell y muchos otros que las leyes de la física son universales y constantes, son iguales en todos los rincones del Universo y, salvo un milagro, se cumplen siempre. Por eso hablamos de unas «constantes universales», como son la constante de gravitación universal G, la de la velocidad de la luz, la constante de Plank, las que describen cómo interaccionan entre sí las partículas de materia, —una de las cuales precisamente descubrió Feynman, la concerniente al modo en que una fuerza nuclear débil afecta al comportamiento de ciertas partículas subatómicas—... La contemplación de cómo operan estas leyes inmutables y universales causaba reverencia y sensación de misterio a Feynman, en una conferencia dijo que «el mero hecho de que existan reglas que pueden comprobarse es una especie de milagro; que sea posible encontrar una regla, como la ley cuadrática inversa de la gravitación, es algo así como un milagro»[365]. Desde el punto de vista estrictamente filosófico estas reglas son auténticas leyes en el sentido kantiano, en cuanto que se trata de fórmulas que expresan la necesidad de una acción, de mandatos validos universalmente que

[363] Ibídem, Lección 2, *Física Básica*, pp. 56 y 57. Feynman acude al ejemplo de la partida de ajedrez que juegan los dioses también en *El carácter de la ley física*, Tusquets, Barcelona 2021, pp. 67 y 68.

[364] Ibídem, Introducción de Paul Davies datada en septiembre de 1994, p. 14.

[365] Feynman, *La física de las palabras*, editado por su hija Michelle, Crítica, Barcelona 2016, p. 154.

llevan consigo una necesidad incondicionada, objetiva[366]. Son causa[367], según Kant incluso hay una ley natural según la cual todo cuanto sucede posee una causa[368], todo cambio en el ser *(sein)* tiene lugar según una causa o ley física, determinación imperativa que es expresada mediante un deber ser *(sollen)*[369]. También desde el punto de vista filosófico las leyes del mundo físico son de causalidad por necesidad, según razonó Kant en su tercera antinomia cosmológica, pues en la naturaleza sensible todo se desarrolla según leyes para seres no libres[370], leyes que tienen un solo fin, añado yo[371]. Tras el desarrollo de la física cuántica y el principio de incertidumbre de Heisenberg esta conclusión hay que matizarla mucho, como vemos que hace Feynman, físico cuántico. La visión del mundo acorde con la ciencia de hoy sigue aceptando la necesidad de las leyes físicas, de manera que en el mundo sensible hay causalidad por necesidad, según leyes de la naturaleza (causas) que producen necesariamente un solo fin, lo que sucede es que ese determinismo se combina con el azar objetivo en cuanto a las causas. Es decir, un azar en sentido estricto a tenor del cual no se pueden predecir los acontecimientos futuros con exactitud, hay una incertidumbre y un juego de probabilidades que quizá Dios puede prever, pero no nosotros los mortales. En realidad, antes que Feynman y Heisenberg ya lo vieron así Aristóteles y Suárez: con este tipo de azar hay una ausencia de causa eficiente definida. Causa siempre hay, pero *per accidens* o por

---

[366] Kant, *Grundlegung zur Metaphysik der Sitten*, 1785, Capítulo II; *Kritik der praktischen Vernunft*, 1788, Primera parte, Libro I, Capítulo III; *Lecciones de Etica,* 1780-90, Capítulo "De las leyes".

[367] En este sentido Aristóteles dice que «causa eficiente» es el principio del movimiento, entendiendo por tal no el mero movimiento físico sino todo cambio vital, de manera que causa es lo que hace que algo pase de la potencia al acto (*Metafísica*, 1013a-1014b; 1067b-1068b). Suárez afirma que «causa es un principio que infunde esencialmente el ser en otro» (*Disputaciones metafísicas*, XII, Secc. II, 4). Y Zubiri, para el que la realidad es una estructura dinámica, habla de la «fuerza causal» y dice que «causar es dar realidad» (*Sobre el sentimiento y la volición*, p. 168).

[368] Kant, *Crítica de la razón pura*, A542, B570.

[369] Contra lo que entendió Hans Kelsen (1881-1973) en su *Hautprobleme der Staatsrechtslehre* (Libro I, Capítulo I), y en su *Grundriss einer allgemeinen theorie der Staates* (I, 3 y 4), toda ley o causa se refiere al *sollen*, no al *sein*.

[370] Esta antinomia de la razón pura la desarrolla Kant en *Crítica de la razón pura*, A445 y B473 y siguientes. Según la tesis en el mundo, además de la causalidad por leyes de la naturaleza (físicas o por necesidad), hay que admitir la causalidad por libertad; para la antítesis no hay libertad, sino que todo ocurre por necesidad; para Kant tesis y antítesis son verdaderas, ya que el mundo sensible se rige por la causalidad no libre mientras que en el mundo ininteligible se da la causalidad por libertad, hay libertad moral.

[371] Cfr. mi libro *Diálogos sobre el bien y el mal*, II, 3.

accidente esa causa puede tener un efecto excepcional o que no podemos prever[372]. En el capítulo correspondiente abundaré en el carácter probabilista de las descripciones físicas, que lleva a que, como afirma Feynman, no podamos predecir exactamente lo que va a suceder.

Einstein dijo que Dios no juega a los dados, pero acaso juega al ajedrez. Feynman no era un hombre precisamente religioso, aunque apreciaba el valor de la ética cristiana, y como con el símil del ajedrez vemos, imaginó que las reglas del juego del mundo las han creado los dioses y nosotros intentamos conocerlas y comprenderlas. Podemos concluir, pues, que en el *fiat* creador Dios creó las leyes físicas que hacen posible la dinámica de los cuerpos. Esta es también la apuesta que hacen muchos grandes filósofos y científicos, a mero título de ejemplo citaré a Descartes y a Newton. En su famoso *Discurso del método* Descartes, después de decir que no reconocerá como verdadera cosa alguna que no sea tan clara y segura como las demostraciones de los geómetras, afirma que hay «ciertas leyes que Dios ha establecido en la naturaleza y cuyas nociones ha impreso en nuestras almas, de tal suerte que si reflexionamos sobre ellas con detenimiento no podemos dudar de que se cumplen exactamente en todo lo que es o se hace en el mundo»[373]. Newton, ya lo sabemos, no finge hipótesis sobre la causa de la fuerza de la gravedad, pero sí piensa que Dios rige todas las cosas. Recordemos sus palabras: «Este elegantísimo sistema del sol, los planetas y los cometas sólo puede originarse en la inteligencia y poder de un Ser inteligente y poderoso… Es el creador y Señor de todas las cosas»[374], incluidas, por tanto las leyes de la física. Y no puedo evitar volver a citar a Maxwell: pensaba que esas leyes no son anteriores al Universo sino que fueron creadas por Dios con él según su plan para el Mundo, por eso son universales y constantes. Parece que sí, que Dios juega

---

[372] Este asunto es tratado con detenimiento por Francisco Suárez en *Disputaciones metafísicas*, volumen III, edición bilingüe, Madrid, Gredos, 1961, pp. 442 a 449, donde se concluye que el *azar* es una causa *per accidens*.

[373] Descartes, *Discurso del Método*, quinta parte, 5-20, Universidad de Puerto Rico y Revista de Occidente, Madrid 1954, edición bilingüe facsímil de la primera, p. 41 de la edición original.

[374] Newton, *Principios Matemáticos de Filosofía Natural, Escolio General*, Tecnos, Madrid 1987, pp. 618 y 619.

al ajedrez en el teatro del mundo, y esto es algo que con anterioridad a Feynman ya nos lo había enseñado Calderón[375].

Ya sabemos lo que Dios ha creado desde el punto de vista de la astrofísica, veamos ahora cómo es y cómo ha evolucionado, comenzando por el astro que nos cobija.

---

[375] Pedro Calderón de la Barca (1600-1682) en su obra *El gran teatro del mundo* hace intervenir a este, al Mundo, recitando que Dios es el Autor de la pieza teatral que en él se representa, Planeta, Barcelona 1991, p. 73.

2. Los movimientos de la tierra

El planeta tierra es similar a una nave espacial que a todos nos transporta, a ti, lector, a mí, autor, al resto de la humanidad y a todas las cosas que hay en ella. Escribe el físico norteamericano Weinberg que «da tierra gira alrededor del sol a una velocidad de 30 kilómetros por segundo, y el sistema solar es arrastrado por la rotación de nuestra galaxia a una velocidad de 250 kilómetros por segundo. Nadie sabe con precisión qué velocidad tiene nuestra galaxia con respecto a la distribución cósmica de galaxias típicas, pero presumiblemente se mueve a unos cientos de kilómetros por segundo en alguna dirección determinada»[376]. De suerte que si pudiéramos observar desde fuera este multiforme espectáculo provocado por todos esos movimientos (más el de rotación), tal como en otro tiempo imaginó Menipo de Gádara[377], comprobaríamos cuan equivocado estaba Eudoxo al pensar que la tierra es una esfera inmóvil que flota en el espacio[378]. Sucede todo lo contrario, no lo notamos pero la tierra nos transporta en continuo movimiento: de rotación sobre sí misma a una velocidad de 1.670 kilómetros por hora si se mide desde el ecuador (el valor disminuye conforme nos acercamos a los polos, hasta que el valor es nulo), lo que supone que cada año el habitante del ecuador ha recorrido unos 14 millones y medio de kilómetros; y de traslación alrededor del sol, con órbita elíptica a una velocidad media de 107.227 kilómetros por hora o 29,8 kilómetros por segundo (30 según Weinberg), lo que a su vez supone que cada año los terrícolas viajamos 940 millones de kilómetros por el espacio. Pues la citada órbita tiene un perímetro de esos 940 millones de kilómetros, con una distancia promedio al sol de 149.597.870 kilómetros, distancia que se conoce como «unidad

---

[376] Weinberg, *Los tres primeros minutos del universo*, Alianza, Madrid 2023, p. 109.
[377] Cfr. Luciano (125-192), *Icaromenipo o por encima de las nubes*, en «Obras I», Gredos, Madrid 1981, pp. 417 y siguientes.
[378] Eso creía el oyente de Platón y amigo de Aristóteles Eudoxo de Cnido, según las referencias acerca de él que nos han dejado los autores griegos.

astronómica» (UA). A todo esto hay que añadir, en efecto, la
rotación del sistema solar dentro de nuestra galaxia y el movimiento
de esta última en el Cosmos.

Así nos transporta la tierra a través de la inmensidad del
Universo —se comprende que alguien la haya asimilado a un navío
espacial—, gracias a la energía solar y al motor de la fuerza de la
gravedad, que evita un movimiento lineal que la aleje definitivamente del sol. Por eso hay día y hay noche, hay variación de
temperatura y las estaciones van sucediéndose. Sin duda Menipo se
hubiera quedado asombrado ante este magnífico espectáculo, que
combina con perfección tal variedad de movimientos.

3. Modelo astronómico geocéntrico

Acabo de decir que Eudoxo estaba equivocado, pero en realidad lo estuvo prácticamente toda la humanidad hasta la revolución copernicana, hasta ella el modelo astronómico aceptado era geocéntrico, en cuanto que situaba la tierra en el centro del universo y la luna, el sol y los demás planetas giraban alrededor de ella. En función de la visión de los fenómenos que habitualmente tenemos, la mitología de la antigua Grecia identificaba al sol con el dios Helios que todos los días emprende para Zeus una carrera en el cielo, precedido de Aurora, en su carro de fuego tirado por luminosos caballos, y que durante la noche vuelve a su lugar recorriendo en una barca el océano que hay debajo de la tierra para volver a recorrer de nuevo los cielos. Desde el punto de vista científico parece que fue Pitágoras el primero que consideró la tierra como una esfera inmóvil en el espacio, y el sol y los astros girando en círculo a su alrededor[379]. A él le siguió la escuela geocéntrica representada sobre todo por el citado Eudoxo, el primero que formuló un modelo astronómico matemáticamente válido, y por Hiparco[380]; aunque ya entonces hubo quienes propusieron un sistema heliocéntrico en el que todos los planetas, incluida la tierra, giran alrededor del sol, me refiero a Filolao y Aristarco de Samos[381]. Aristóteles, en cambio, en su física siguió el modelo astronómico geocéntrico de su amigo Eudoxo, concibiendo un universo eterno, esférico, finito y móvil y situando la tierra inmóvil en el centro de 47 esferas concéntricas, la más exterior movida por el Primer Motor Inmóvil (Θεός), de manera que unas mueven a las otras. En las esferas sitúa los astros:

[379] Pitágoras de Samos (h. 572-493 a. C.) basó sus conclusiones en el desarrollo que hizo él mismo de la matemática, la aritmética y la geometría.

[380] Como ya dije, Eudoxo de Cnido (408-355 a. C.) fue un astrónomo, geómetra y matemático griego. Hiparco de Nicea (190-120 a. C.) investigó el movimiento de los planetas desde el punto de vista geocéntrico.

[381] Filolao de Crotona (470-380 a. C.), pitagórico contemporáneo de Sócrates, defendió el movimiento de la tierra alrededor de un fuego central. Aristarco de Samos (320-250 a. C.) propuso un sistema totalmente heliocéntrico, como dice Plutarco en *Sobre la cara visible de la luna*, 923a.

siete planetas, estrellas y la luna, concibiendo el mundo por encima de la luna como incorruptible y eterno, mientras que el sublunar (en cuyo centro está la tierra) como corruptible compuesto de los cuatro elementos: fuego, aire, agua y tierra[382].

Este modelo tuvo gran difusión durante la edad media, junto con otro de carácter más matemático, el de Claudio Tolomeo, quien sistematizó la astronomía geocéntrica en su obra *Gran síntesis matemática*, más conocida por su título árabe de *Almagesto* con el que pasó a occidente, al traducirse del árabe al latín[383]. Junto al modelo aristotélico esta obra fue la utilizada hasta la revolución heliocéntrica. Suponía que hay ocho esferas concéntricas girando alrededor de la tierra, una de la luna, otra del sol, cinco de los planetas conocidos y la de las estrellas fijas; si bien por motivos teológicos se añadieron dos más, una novena de los ángeles, y la décima como lugar de un Dios que todo lo mueve. Dante vivió cuando regía esta descripción del Universo, y en su poema llegó al cielo empíreo atravesando todas y cada una de las esferas[384]. Esta fue la cosmología generalmente aceptada, la expuso Isidoro de Sevilla[385] e inspiró las tablas astronómicas que se hicieron en occidente, describiendo la esfera celeste y las estrellas. Las principales fueron las promovidas por el rey Alfonso Décimo de Castilla, denominado el sabio[386].

[382] Aristóteles (384-322 a. C.), *Física*, Gredos, Madrid 1995, pp. 633, 420 y 421 (ed. bilingüe: Consejo Superior Investigaciones Científicas, Madrid 1996); *Metafísica*, ed. trilingüe, Gredos Madrid 1987, pp. 584, 599, 628 y 633; *Acerca del Cielo*, Gredos, Madrid 1996, pp. 57, 63 y 118; *Sobre la generación y la corrupción*, Gredos, Madrid 1987, pp. 24, 109, 110 y 120. Este filósofo-científico habla de 47 esferas en *Metafísica*, 1074a.

[383] Claudio Tolomeo (100-170) vivió en Alejandría, y calculó el tamaño del universo y la distancia de la tierra al sol y a la luna, esta última con un valor bastante aproximado al real.

[384] Así lo expone en *Paraíso*, que es la última parte de su *Divina Comedia*.

[385] Isidoro de Sevilla (562-636), nacido en Cartagena y obispo de Sevilla, habló de las partes y círculos del cielo en *Etimologías*, XIII, 5 y 6, y en *Liber rotatorum*, también llamado *De natura rerum*, donde abordó el movimiento de los astros.

[386] Alfonso X (1221-1284), *Tablas alfonsinas*, redactadas entre 1252 y 1257. Este mismo monarca promovió también la redacción de *Los libros del saber de astronomía*.

4. Modelo astronómico heliocéntrico

El cambio de modelo astronómico se produjo gracias a Copérnico, Kepler, Galileo y Newton, unos científicos que apreciaban, y mucho, la armonía del libro de la Naturaleza, ya hemos hablado de ellos. El primero que revolucionó la astronomía al sustituir el geocentrismo medieval por un sistema heliocéntrico, en el que el centro del universo conocido lo ocupa el sol, no la tierra, fue Nicolás Copérnico. Gracias a él empezamos a comprender los movimientos de nuestro planeta girando alrededor del sol, y también sobre sí mismo. Copérnico llegó a esta conclusión matemáticamente[387], sin confirmarla por observaciones, pues tenía instrumentos modestísimos, y la hizo pública en 1543, año de su muerte, en su libro *Sobre las revoluciones de los orbes celestes*. En este tratado hace un minucioso estudio del movimiento de los astros y de los planetas, asigna a la tierra cierto movimiento en torno a un sol que ahora está inmóvil en el centro de todo, dibuja de nuevo las esferas y hace un bello canto al sol —lo que trae a la memoria a Sócrates[388]—, es este: «En medio de todo permanece el Sol. Pues, ¿quién en este bellísimo templo pondría esta lámpara en otro lugar mejor desde el que pudiera iluminar todo? Y no sin razón unos le llaman lámpara del mundo, otros mente, otros rector. Trimegisto le llamó dios visible, Sófocles en *Electra* el que todo lo ve. Así, en efecto, como sentado en un solio real gobierna la familia de los astros que lo rodean». Aislado entre los muros de la Catedral de Franenburg, esta fue la reflexión de Copérnico[389].

[387] De ahí su famosa expresión, antes citada: «Las matemáticas se escriben para los matemáticos».

[388] Cuenta Platón por boca de Alcibíades en *Banquete* 220d, que todas las mañanas Sócrates hacía una plegaria al sol durante la aurora.

[389] Copérnico (1473-1543), *De revolutionibus orbium coelestium*, publicado como *Sobre las revoluciones (de los orbes celestes)*, capítulo x del libro primero dedicado al «orden de las órbitas celestes», Tecnos, Madrid 1987, pp. 34 y 35

Seguidor de Copérnico fue Kepler, filósofo, matemático y astrónomo alemán del que ya he hablado que, esta vez sí, se basó en observaciones, concretamente en las muchas que había hecho Tycho Brahe. Fue este un noble e inquieto científico danés al que Federico II había donado la isla Hven para poner en ella sus observatorios, isla a la que llamó *Uranisberg*, Ciudad de Urania, musa de la astronomía[390]. Allí, con innovadores instrumentos (sextantes, cuadrantes, esferas amilares…), se dedicó a anotar la posición de los planetas noche tras noche, allí constató que los ciclos no son inmutables como había sostenido Aristóteles —una conclusión, por cierto, a la que también había llegado el astrónomo español Jerónimo Muñoz[391]—, y allí vio una nova en Casiopea y rechazó la existencia de las esferas. En su obra *Introducción a la astronomía renovada* Brahe dice no al geocentrismo de Tolomeo, pero da una solución intermedia entre esta y la copernicana: según él, la tierra está fija en el centro del universo y alrededor de ella giran la luna y el sol, si bien los demás planetas giran alrededor del sol. Es el modelo de compromiso llamado sistema tychónico, basado en geoheliocentrismo[392]. Pues bien, Brahe invitó a Kepler a Praga en 1600, y al morir aquel este le sucedió y adquirió todas sus observaciones. Con esa inestimable ayuda Kepler revolucionó el análisis de los movimientos planetarios, descubriendo las tres leyes del movimiento de los planetas que Newton aceptará para formular la mecánica clásica. En la primera descubrirá que las órbitas alrededor del sol son elípticas y no circulares y uno de sus focos es el sol; en la segunda dirá que un planeta acelera al acercarse al sol y desacelera al alejarse de él, por eso en esas órbitas los planetas barren áreas iguales en tiempos iguales[393]; y en la tercera comprobará que los planetas tardan más en recorrer su órbita cuanto más lejos están del sol, y hallará la formula según la cual el cuadrado del período orbital de los planetas es proporcional al cubo de su

---

[390] En Urania hubo dos observatorios, primero *Uranisborg* o Castillo de Urania, después *Stjerneborg* o Castillo de las Estrellas.

[391] Jerónimo Muñoz (1520-1591) lo hizo en su obra *Libro del nuevo cometa*, de 1573, un libro que Brahe cita y alaba.

[392] Tycho Brahe (1546-1601), *Astronomiae instauratae progymuasmatica*, empezado a publicar en 1598 y no publicado en su totalidad hasta 1602, después de su muerte. Como curiosidad, parece que Brahe perdió la nariz en una pelea, y que fue expulsado de Urania a causa de su despilfarro y su despotismo con ayudantes y sirvientes.

[393] Estas dos primeras leyes las expuso Kepler (1571-1630) durante su periodo de Praga en su libro *Astronomia Nova* (Nueva Astronomía), publicado en 1609.

distancia media al sol, siendo la constante de proporcionalidad la misma para todos ellos[394].

Feynman explica estas leyes con sus diagramas: muestra respecto a la primera que las órbitas elípticas de los planetas alrededor del sol tienen en este uno de sus focos; con relación a la segunda, que las órbitas barren áreas iguales en tiempos iguales porque el planeta va más deprisa cuando está más próximo al sol (la gravedad es mayor), y más despacio cuando está más lejos (por la menor gravedad); y según él la tercera se refiere al tiempo que tarda un planeta en dar una vuelta completa alrededor del sol, un tiempo que se relaciona con el tamaño de la órbita, entendido como la longitud del diámetro mayor de la elipse, y que varía según la raíz cuadrada del cubo del tamaño de la órbita. De esta forma las tres leyes de Kepler ofrecen una descripción completa del movimiento de los planetas alrededor del sol, Feynman las resume diciendo que «la órbita tiene forma de elipse, áreas iguales se cubren en tiempos iguales, y el tiempo que tarda un planeta en dar una vuelta entera es proporcional al tamaño de la órbita elevado a tres medios»[395]. También se planteó Kepler la causa del movimiento de la tierra y otros planetas: ¿por qué giran?, ¿qué es lo que hace que se muevan alrededor del sol? En la anterior cosmología de las esferas se suponía que Dios da el impulso a la primera esfera y el movimiento se transmite de unas a otras (es la teoría de los «ímpetus»), pero con la nueva teoría esta idea ya no sirve, y en este punto Kepler hace unas propuestas similares a las de Gilbert. Fue este un médico de Isabel Primera de Inglaterra que, dedicado a estudiar la brújula y el magnetismo terrestre, consideró que la tierra es un gran imán que rota sobre sí mismo (no mencionó la traslación alrededor del sol)[396]. En esta misma línea, para Kepler los planetas giran en sus elipses por la fuerza magnética producida por el sol, hasta Newton la fuerza gravitacional era desconocida.

---

[394] Esta tercera ley la descubrió durante su período de Linz, y la publicó en *Harmonices Mundi* (Armonía del Mundo) en 1619.

[395] Feynman, *El carácter de la ley física*, Tusquets, Barcelona 2021, p. 16.

[396] William Gilbert (1538-1612), *De magnete* (Sobre el imán), de 1600, y *De mundo nostro sublunari philosophia nova*, de 1651. El giro de rotación de la tierra sobre sí misma seguía negándose por su contemporáneo Francis Bacon (1561-1626), como dijo expresamente en la p. 108 de su libro de 1612 *Teoría del cielo*, Tecnos, Madrid 1989.

Mientras tanto Galileo estaba investigando las leyes del movimiento de los cuerpos, tanto terrestres como celestes. Respecto a los primeros, los terrestres, descubrió el principio de inercia, que establece lo siguiente: si nada actúa sobre un objeto y este avanza a una velocidad determinada en línea recta, esta velocidad se mantendrá para siempre y el objeto seguirá describiendo la misma línea recta. De esta forma, por ejemplo, si una bola rodara por el suelo y nada, ni siquiera la fricción del suelo, influyera sobre ella, entonces la bola conservaría su velocidad para siempre. La razón de este principio no ha sido descubierta, es otro misterio para la ciencia.

Galileo se dedicó también a estudiar el movimiento de los astros, para ello fue esencial el nuevo telescopio que él mismo fabricó mejorando el catalejo[397], en sus *Diálogos* lo pone de relieve haciendo decir a Salviati que «ahora nosotros, gracias al telescopio que nos ha hecho treinta o cuarenta veces más cercano el cielo que lo era para Aristóteles, podemos observar en él cien cosas que él no podía ver, y entre ellas esas manchas del sol que le fueron absolutamente invisibles, así nosotros podemos hablar del cielo y del sol con más autoridad que Aristóteles»[398]. Así fue, el nuevo telescopio permitió a Galileo hacer muchas observaciones astronómicas que le llevaron a publicar en 1610 *Sidereus nuncius, El mensajero celeste*[399]. Se ha dicho con razón que este libro, donde recogió esas observaciones, contiene más descubrimientos científicos por página que cualquier otro libro de ciencia jamás escrito, gracias al cambio de las antiguas lentes telescópicas por un nuevo tubo con una lente convergente y otra divergente Galileo pudo saber que hay montañas en la luna, que varios satélites giran en torno a júpiter y venus tiene fases como la luna, y saturno anillos, y el sol manchas, que la vía láctea se compone de multitud de estrellas… y, sobre todo, confirmó el sistema copernicano según el cual la tierra no es el centro del universo sino un planeta más que

---

[397] En 1609 Galileo (1564-1642) oyó hablar de un nuevo dispositivo holandés conocido como catalejo, fabricó una versión mejorada dando lugar a un telescopio que aumentaba bastante más, lo donó a la República de Venecia para que lo utilizara para divisar los barcos que se aproximaban, y él lo usó para observar el cielo estrellado.

[398] Galileo Galilei, *Dialogo supra i due massimi sistema del mondo*, Maxtor, Madrid 2010, facsímil de Alcoma, Madrid 1946, p. 115.

[399] Galileo, *Sidereus Nuncius*, publicado en *El mensaje y el mensajero sideral*, pp. 29 y siguientes, Alianza, Madrid 1990. En este libro se contiene también la contestación de Kepler a Galileo en *Disertatio cum nuncio sidéreo*, también de 1610.

gira alrededor del sol, con lo que desaparece la distinción entre un mundo sublunar y otro supralunar así como la esfera de las estrellas, que Copérnico y Kepler habían mantenido, aunque él seguía creyendo que las órbitas son circulares (a diferencia de Kepler). Enterado de que la obra de Copérnico había sido puesta en el Índice de libros prohibidos, Galileo se dedicó a escribir en su defensa: envió una carta a Cristina de Lorena, ya hablé de ella, en la que le decía que la Biblia enseña a ir al cielo, no cómo van los cielos, y ponía el ejemplo del milagro de Josué, cuando este pidió a Yhavé que detuviera el sol, y el sol se paró[400]; y compuso un diálogo en italiano que se publicó en 1632 con el título de *Dialogo supra i due massimi sistema del mondo*, es decir, *Diálogo sobre los dos máximos sistemas del mundo*. Los personajes son Salviati, que defiende a Copérnico y representa a Galileo, Simplicio, defensor de la anterior cosmología de Aristóteles y Tolomeo, y Sagredo, noble que modera la conversación[401]. Pero no convenció —hay que destacar que los jesuitas habían recibido la orden de defender el sistema cosmológico aristotélico, y además dos de ellos ya habían polemizado con

[400] *Carta a Cristina de Lorena y otros textos sobre ciencia y religión*, Alianza, Madrid 1978. Acerca de esta carta Weinberg, en *Explicar el mundo*, ob. cit., p. 191, escribe lo siguiente: «Al ver el debate que se estaba generando sobre el copernicanismo, en 1615 Galileo escribió una celebrada carta acerca de la relación entre ciencia y religión a Cristina de Lorena, gran duquesa de Toscana, a cuyo matrimonio con el difunto gran duque Fernando I había asistido. Tal como Copérnico había afirmado en *De revolutionibus*, Galileo mencionó el rechazo de la forma esférica de la tierra por parte de Lactancio como un terrible ejemplo del uso de las Sagradas Escrituras para contradecir los descubrimientos de la ciencia. También criticó la interpretación literal del texto del libro de Josué que Lutero había invocado contra Copérnico para demostrar el movimiento del sol. Galileo razonó que la Biblia nunca pretendió ser un texto de astronomía, puesto que de los cinco planetas sólo menciona venus, y apenas un par de veces. El fragmento más famoso de la carta a Cristina dice así: "Me gustaría afirmar aquí lo que le escuché decir a un eclesiástico de la más alta jerarquía: que la intención del Espíritu Santo es enseñarnos a ir al cielo, no cómo va el cielo" (una nota marginal de Galileo indicaba que ese eminente eclesiástico era el erudito cardenal César Baronio, director de la biblioteca vaticana). Galileo también ofreció la interpretación de la afirmación de Josué, según la cual el sol se habría detenido: fue la rotación del sol, revelada por Galileo en base al movimiento de las manchas solares, lo que se había detenido, deteniendo a su vez el movimiento orbital y la rotación de la tierra y los demás planetas lo que, como se describe en la Biblia, prolongó el día de la batalla. No está claro si Galileo realmente creía este absurdo o simplemente buscaba protección política».

[401] En la dedicatoria de sus *Diálogos*, ob. cit., pp. 21 a 25, Galileo dice que Salviati y Sagredo eran amigos suyos, ya fallecidos, aquel de Venecia y este de Florencia; y que en los diálogos que mantienen tratan tres puntos principales: la imposibilidad de demostrar que la tierra no se mueve, la defensa de la tesis copernicana y el estudio del flujo del mar.

Galileo[402]—, de manera que, a pesar de su antigua amistad con Urbano VIII, Galileo fue obligado a retractarse y abjurar y se le obligó a residir en el palacio del embajador de Florencia en Roma, y después en su casa de la propia Florencia, donde permaneció recluido hasta su muerte[403].

Llegamos así a Newton y su ley de gravitación universal, que es la que ahora nos explica no sólo la dinámica y caída de los cuerpos, también el movimiento de los astros y, en consecuencia, el movimiento de la tierra. Según ella los planetas se mueven en el vacío regidos por una fuerza de gravitación que actúa de forma instantánea a distancia, evitando que por el principio de inercia lo hagan siempre en línea recta y haciendo, por el contrario, que sus cuerpos se atraigan mutuamente con una fuerza directamente proporcional al producto de sus masas e inversamente proporcional al cuadrado de la distancia entre ellos. Todo ello en función de una constante de gravitación (G), que es la misma para todo el Universo y Newton no llegó a calcular, lo hizo, Cavendish[404]; de manera que matemáticamente la ley de gravitación se expresa mediante una fórmula según la cual la fuerza de atracción entre dos masas (F) es igual a dicha constante de gravitación (G), multiplicada por el producto de ambas masas (m m'), dividido por el cuadrado de la distancia entre ellas (r^2)[405]. ¿Cómo llegó Newton a esta conclusión? Pensando en el principio de inercia descrito por Galileo se preguntó: ¿por qué un objeto no va en línea recta? Vio que para que cambie de dirección hace falta una fuerza que se aplique lateralmente sobre él, y comprobó que dicha fuerza es medible en función de la masa y la distancia. Por ejemplo, si atamos una piedra a una cuerda y la hacemos girar alrededor nuestro, descubriremos que hay que tirar de la cuerda constantemente, pues si no saldría disparada en línea recta. Por tanto, debe existir una fuerza que tire hacia dentro, y esa fuerza

---

[402] Galileo polemizó con dos jesuitas: con Scheiner entre 1612 y 1613, sobre la prioridad de los descubrimientos de las manchas solares, y con Grassi acerca de los cometas observados en 1618.

[403] Sobre esta condena téngase en cuenta lo ya dicho en III, 2. El año 1992 Juan Pablo II reabrió el proceso y reconoció la injusticia cometida.

[404] Henry Cavendish (1731-1810), físico y químico inglés, determinó la constante mediante un experimento al que denominó «pesaje de la tierra», en el que medía la atracción entre dos bolas de plomo. Después la constante gravitacional (G) se ha calculado hasta el quinto decimal, siendo G = 6,67418.

[405] La fórmula es: $F = G \dfrac{m \, m'}{r^2}$

es proporcional a la masa, ya que cuanto mayor es la piedra más fuerza tenemos que hacer. De ahí Newton concluyó que si un planeta describe un círculo o una elipse alrededor del sol es necesaria una fuerza para que no escape en línea recta, y está claro que el origen de dicha fuerza está en el propio sol. Lo que se confirma, además, porque cuando el planeta gira en elipse (como lo hace de hecho) su velocidad varía en función de su distancia al sol, disminuyendo cuando está más lejos (hay menos gravedad) y cubriendo así áreas iguales en tiempos iguales, tal como descubrió Kepler. A partir de ello Newton determinó cómo se debilita la fuerza al aumentar la distancia, encontrando que varía en proporción inversa al cuadrado de aquella. En conclusión, descubrió por qué un objeto no se mueve en línea recta cuando la fuerza gravitatoria actúa sobre él[406].

El siguiente paso fue generalizar este principio, llegando a la siguiente conclusión: todo objeto atrae a todo objeto. El sol tira de los planetas, júpiter tira de sus satélites, la tierra tira de la luna… y la tierra tira de todas las cosas que hay en ella hacia su centro (hacia abajo). La gravedad que mantiene la luna en su órbita es la misma gravedad que hace que los objetos caigan hacia la tierra (y nos mantiene en ella), conclusión que se ha podido comprobar calculando la gravitación entre la tierra y la luna y la que ejerce la tierra sobre un cuerpo en caída libre, según las mediciones de Galileo[407]. Todo cuerpo ejerce fuerza sobre todo cuerpo, hasta el

[406] Cfr. Newton, *El sistema del mundo*, ob. cit., pp. 27 y siguientes; Feynman, *El carácter de la ley física*, ob. cit., pp. 11 y siguientes; y Fernández Rañada, *Los muchos rostros de la ciencia*, ob. cit., pp. 95 y siguientes.

[407] Galileo propuso que cuando un objeto cae atraído por la tierra tiene una aceleración constante de 9,81 m/s, en otras palabras, un objeto cae 35,32 Km/h más rápido que el segundo anterior. Y que en el vacío (sin resistencia del aire) esa aceleración es la misma para todos los cuerpos, no depende de la masa como creía Aristóteles, de manera que una bola de cañón y un pelo llegarían al suelo a la vez. No está claro si hizo este experimento en la torre de Pisa, lo que sí es cierto es que en 1971 el astronauta Scott demostró en la luna (a la que había llegado en el Apolo 15) la teoría de Galileo: lanzó desde su cintura un martillo de geólogo (de más de un kilo de peso) y una pluma de halcón (de unos 30 gramos), y como allí no hay rozamiento del aire ambos llegaron al suelo a la vez. Cuando sí hay resistencia de la atmósfera o aire la aceleración constante se va contrarrestando con ella. Esta resistencia es cada vez mayor, hasta un punto en que le contrarresta totalmente y la velocidad se vuelve constante, lo que depende del tamaño y forma del objeto, es lo que se llama velocidad terminal. Por eso una hormiga no se mata cuando cae desde muy alto y el hombre sí, porque la velocidad terminal de aquella (obtenida a unos dos metros) es de 6 Km/h, mientras que la del ser humano (a unos 145

punto de que la ley de la gravedad se aplica más allá del sistema solar: las estrellas tiran sobre las estrellas, las galaxias se mantienen unidas gracias a la atracción gravitatoria entre cada una de sus estrellas, y unas galaxias tiran de otras dando lugar a cúmulos de galaxias.

Ahora queda totalmente claro cuál es la situación de nuestro planeta en el sistema solar, y sabemos que no lo mueve una fuerza magnética, sino que el planeta tierra se mueve por la fuerza de gravitación que actúa entre masas y conforma toda la estructura del Universo. En un Universo que, según Newton, es infinito, estático y regido por tal fuerza, los planetas se mueven en elipses que tienen su foco (en realidad, uno de sus focos) en el centro del sol, y con radios trazados a dicho centro describen áreas proporcionales a los tiempos, todo ello según las leyes de Kepler y los axiomas del movimiento del propio Newton[408].

Después el gran matemático Euler dio a la dinámica de Newton su forma actual, desarrollándola sobre bases matemáticas analíticas, más operativas que las geométricas de aquel. Puede decirse que gracias a Euler los *Principia Mathematica* de Newton cobraron su verdadero valor[409].

---

metros) es de 200 Km/h. Esta curiosidad la narra Pedro Gargantilla (n. en 1972) en *Ciencia por un tubo*, Doce Calles, Madrid 2023, pp. 107 y 108.

[408] Newton, *Principios Matemáticos de Filosofía Natural*, Tecnos, Madrid 1987; *El Sistema del Mundo*, Alianza, Madrid 1992.

[409] Leonhard Euler, *Leonhardi Euleri opera omnia*, Teubner, Leipzig y Berlín, 1911. Demostraciones geométricas como las de Newton se hacen mediante dibujos de figuras (triángulos, etcétera), mientras que las demostraciones analíticas como las de Euler utilizan símbolos en lugar de figuras (Á como área, r como radio, etcétera).

5. La revolución relativista: Einstein

Dos revoluciones de la astrofísica han cambiado radicalmente nuestra manera de entender el Universo: la relativista y el descubrimiento de que se está expandiendo. La primera la llevó a cabo Einstein entre 1905 y 1916, la segunda Friedmann, Lemaître, Hubble, Wilson y Penzias entre 1922 y 1964. Voy a centrarme ahora en la primera, la de la relatividad, que replantea la estructura del espacio y el tiempo, la manera de concebir la gravitación y la relación entre masa y energía.

Cuando mediante la observación del eclipse solar que se produjo el 29 de mayo de 1919 se comprobó la teoría de la relatividad general de Einstein, la *Royal Astronomical Society* de Londres dio a conocer los resultados el día 6 de noviembre de ese mismo año, y a petición suya Einstein explicó cómo había llevado a cabo sus investigaciones en un artículo titulado *My Theory*[410]. En él nos dice que la de la relatividad «es una teoría parecida a un edificio de dos plantas, pues está compuesta por la teoría de la relatividad restringida y la teoría de la relatividad general. La restringida, base de la general, contempla todos los fenómenos físicos excepto la gravitación. La teoría de la relatividad general ofrece una ley de gravitación y sus relaciones con las otras fuerzas naturales»[411]. Para comprender los movimientos de la tierra y del resto del Universo la que nos interesa, por tanto, es la general que cambia la forma en que Newton entendió la gravitación, pero como la especial o restringida es su base tenemos que comenzar por examinar esta, aunque sea de forma sucinta.

[410] Este artículo apareció en el diario *Times* el 28 de noviembre de 1919, actualmente se le ha dado el título de *¿Qué es la teoría de la relatividad?*, y así está publicado en Einstein, *Mi visión del mundo*, Tusquets, Barcelona 1997, pp. 142 a 147.

[411] Einstein, *¿Qué es la teoría de la relatividad?*, ob. cit., pp. 143 y 144.

Einstein dio a conocer la teoría de la relatividad especial en 1905, tenía tan solo 26 años[412], lo hizo en un artículo que llevaba el título de *Sobre la electrodinámica de los cuerpos en movimiento*[413]. Con ella cambió radicalmente nuestras ideas acerca del espacio, el tiempo y la materia. Espacio y tiempo dejan de ser absolutos como aún creía Newton, y se unen e influencian mutuamente. El propio Einstein nos lo explica en otro artículo que publicó en 1930, en el que escribe lo siguiente: «Llegó la teoría de la relatividad especial con el descubrimiento de la igualdad física de todos los sistemas inerciales[414]. En conexión con la electrodinámica, como por ejemplo la ley de propagación de la luz, se hizo patente la inseparabilidad del espacio y el tiempo. Hasta entonces se había supuesto tácitamente que el continuo tetradimensional de los sucesos se podía estructurar de manera objetiva en el tiempo y en el espacio, es decir, que al "ahora" del mundo de los sucesos le corresponde un significado absoluto. Con el descubrimiento de la relatividad de la simultaneidad se fundieron el espacio y el tiempo en un continuo unitario, de manera parecida a como anteriormente se habían fundido las tres dimensiones espaciales en un continuo homogéneo. El espacio físico se completó, formando así un espacio de cuatro dimensiones que incluía la dimensión temporal»[415]. Se fundieron el espacio y el tiempo, nos dice, a partir de esta teoría el escenario natural de la realidad física es de cuatro dimensiones: es el «espacio tiempo», como en 1908 puso de relieve el matemático alemán Minkowski. Pero un espacio tiempo que se relativiza en función del sistema de coordenadas o segundo cuerpo de referencia, como también nos explican Einstein[416] y el gran divulgador de sus ideas, Eddington, el

---

[412] Albert Einstein nació en 1879 en la ciudad alemana de Ulm, en el seno de una familia judía. En 1901 se nacionalizó ciudadano suizo y trabajó en la oficina de patentes de Berna. Después fue profesor en las Universidades de Berna, Zurich, Praga y Berlín. Estuvo en España en 1923 y el año 1933, huyendo del régimen de Hitler, Einstein, judío, se traslada a Estados Unidos. Allí se nacionalizó norteamericano y allí trabajó hasta su fallecimiento, que tuvo lugar en 1955.

[413] *Zur Electrodynamik bewegter körper*, publicado en «Anales de física». Meses más tarde publicó su continuación en otro artículo titulado *¿Es la inercia de un cuerpo dependiente de su contenido de energía?*, en el que presenta la relación entre energía y masa y donde, por tanto, aparece por primera vez su famosa ecuación: la energía es igual a la masa por la velocidad de la luz al cuadrado.

[414] Es decir, cuando los observadores se mueven entre sí con velocidad constante.

[415] Einstein, *El problema del espacio, del éter y del campo en la física*, artículo aparecido en 1930 en *Forum Philosophicum*, contenido en «Mi visión del mundo», Tusquets, pp. 164 y siguientes; la cita aquí recogida se contiene en la p. 170.

[416] En *¿Qué es la teoría de la relatividad?*, ob. cit., p. 144.

cual afirmó que «la teoría especial de la relatividad de Einstein, que explica la indeterminación del sistema espacio-tiempo, corona el trabajo de Copérnico, que nos llevó a abandonar la concepción geocéntrica de la naturaleza»[417].

¿Cómo llegó Einstein a estas conclusiones? Él mismo nos dice también que «la teoría de la relatividad restringida no era más que el desarrollo sistemático de la electrodinámica de Maxwell-Lorentz»[418], y como señalé el artículo con el que la dio a conocer trataba «sobre la electrodinámica de los cuerpos en movimiento». Tras los experimentos de Michelson y Morley intentando medir la velocidad relativa de la tierra, y el descubrimiento hecho por Lorentz respecto a la diferencia de mediciones hechas por dos observadores en movimiento relativo, quedó claro que el espacio y el tiempo se manifiestan con distintas propiedades en los fenómenos mecánicos que en los electromagnéticos. ¿Qué hizo Einstein? Aceptando el principio de relatividad válido para la mecánica de Newton, según el cual las leyes de la física son las mismas para todos los observadores que se mueven entre sí con velocidad constante (es decir, en todos los sistemas inerciales), lo que hizo fue modificar la teoría mecánica de Newton y la ajustó al electromagnetismo de Maxwell, es decir, a las propiedades espaciotemporales del electromagnetismo. Construyó una mecánica en la que las relaciones espacio temporales son las correspondientes a la teoría electromagnética.

Los resultados de esta operación son sorprendentes para nuestra manera habitual de relacionarnos con el mundo en que vivimos. Las duraciones temporales y las distancias espaciales entre dos sucesos no tienen un valor absoluto, sino que dependen del estado de movimiento del observador; es decir, el tiempo y el espacio se relativizan. En la medida en que dependen del estado de movimiento del sistema inercial escogido son relativos, la simultaneidad de dos acontecimientos sólo tiene sentido si se refieren a un mismo sistema de coordenadas. La forma de los

---

[417] Eddington, *La teoría de la relatividad y su influencia sobre el pensamiento científico*, The Clarendon Press, Oxford 1922.

[418] *Qué es la teoría de la relatividad?*, ob. cit., p. 145. En otra conferencia impartida en Londres en 1921, titulada *Sobre la teoría de la relatividad*, Einstein dijo que «la teoría de la relatividad ha sido la culminación de la maravillosa estructura construida por Maxwell y Lorentz, intentando extender la teoría de campos a todos los fenómenos, incluida la gravitación».

patrones de medida, así como la velocidad de la marcha de los relojes, depende de su estado de movimiento respecto al sistema de coordenadas (o segundo cuerpo que sirve de referencia). Todo esto lo explica así Einstein en sus artículos y sus conferencias, y — partiendo de la ley de la constancia de la velocidad de la luz para todos los observadores, con independencia de lo rápido que estos se estén moviendo en relación a otros— provoca un cambio en nuestra noción de la distancia y del tiempo. Suele explicarse con el ejemplo de la llamada «paradoja de los gemelos»: si uno de ellos permanece en la tierra y el otro sale en un viaje espacial a una velocidad cercana a la de la luz, el tiempo pasará más despacio para el que viaja por el espacio, y a su regreso será unos años menor (más joven) que el que se ha quedado en nuestro planeta. Ambos ven que la luz se mueve a la misma velocidad, y así ambos miden distancias y tiempos de manera diferente[419]. En Japón esta paradoja de los gemelos se conoce como «efecto Urashima», por el cuento *Urashima y la tortuga*, en el que el protagonista que salva a este reptil marino vive 300 años como si fueran sólo tres[420]. El sistema GPS[421] confirma que esta

---

[419] El físico británico-iraquí Jim Al-Khalili explica esta paradoja en su libro *El mundo según la física* (Alianza, Madrid 2022, pp. 66 y 67) de la siguiente manera: «Imagine que usted envía desde la tierra una serie de pulsos o destellos de luz detrás de una amiga, que partió hacia el espacio a bordo de un cohete muy veloz (uno futurista y muy potente capaz de viajar al 99% de la velocidad de la luz). Desde su posición usted medirá que los destellos de luz se alejan a mil millones de kilómetros por hora, de modo que rebasan despacio el cohete de su amiga, a tan solo el 1% de la velocidad de la luz respecto de ella (de la misma manera que un coche que circule por el carril rápido de una autopista un poco más deprisa que otro vehículo que vaya por el carril lento lo rebasará con una velocidad relativa equivalente a la diferencia entre las velocidades de ambos). Pero, ¿qué observará su amiga desde el cohete cuando los destellos de luz le adelanten? La teoría de la relatividad dice que verá que le sobrepasan a mil millones de kilómetros por hora. Recuerde, la velocidad de la luz es constante, y todos los observadores perciben que viaja a la misma velocidad. La única forma de que esto tenga sentido consiste en que el tiempo a bordo del cohete transcurra a un ritmo más lento que en la tierra. De este modo lo que usted ve desde aquí como un destello de luz que rebasa despacio al cohete, será percibido por su amiga desde la ventana como un relámpago porque habrá transcurrido muy poco tiempo en su reloj, que funciona más lento dentro del cohete (aunque a su amiga le parezca que el reloj de a bordo marcha a un ritmo normal). Por tanto, una de las consecuencias de que todos los observadores vean que la luz se mueve a la misma velocidad es que todos medimos distancias y tiempos de maneras diferentes. Y lo cierto es que esto es lo que vemos: la constancia de la velocidad de la luz para todos los observadores es un hecho que se ha comprobado de forma experimental una y otra vez, y sin el cual el mundo en que vivimos no tendría ninguna lógica».

[420] Cfr. Toshifumi Futamase, astrónomo japonés, ob. cit., p. 272.

[421] *Global Positioning System*, un sistema que permite a un dispositivo receptor localizar su posición sobre la tierra con bastante precisión, mediante trilateración con al

paradoja no es una invención: a causa de la relatividad especial los relojes atómicos de los satélites, que orbitan a unos cuatro kilómetros por segundo, marchan más lentos que los relojes terrestres de los receptores. A lo que hay que añadir que según la relatividad general un reloj más cercano a la tierra va más lento que el alejado de ella (el tiempo transcurre más despacio cuando la gravedad es mayor), de manera que en este caso son los relojes receptores en tierra los que van más despacio que los de unos satélites que orbitan a 20.000 kilómetros de altura (por tanto, con menor gravedad). A causa de todo ello los relojes de los satélites GPS tienen que ser sincronizados y ajustados con los de tierra, para que todos marquen la misma hora.

Volviendo a la electrodinámica, se había comprobado que la masa de un electrón aumenta con la velocidad, y Einstein reformuló la relación entre masa y energía, de forma que estas dejan de ser independientes. Al depender la masa de la velocidad, parece que masa y energía están relacionadas y se pueden transformar una en la otra, de ahí otra de las consecuencias sorprendentes de la relatividad especial, que llevó a Einstein a formular su famosa relación masa-energía, según la cual: $E = mc^2$, energía igual a la masa por la velocidad de la luz al cuadrado. Con ello, dado el valor de la velocidad de la luz al cuadrado, una pequeña cantidad de masa puede convertirse en una enorme cantidad de energía. Lo que se comprobaría con la física nuclear que divide el núcleo atómico en dos, haciendo que la falta de masa se convierta en gran energía, la de una bomba atómica. Einstein había escrito que «el resultado más importante de la teoría de la relatividad se refería a la masa inerte; demostró que ella no era mas que energía latente. Así la ley de conservación de la masa perdió su independencia y se fundió con la de conservación de la energía»[422]. Es llamativo que Einstein recibió el premio nobel «por su descubrimiento de la ley del efecto fotoeléctrico» pero no por su teoría de la ley de la relatividad general, de la que paso a hablar[423].

---

menos cuatro satélites que orbitan a 20.000 kilómetros de altura y a una velocidad de 4 kilómetros por segundo.
    [422] Einstein, *¿Qué es la teoría de la relatividad?*, ob. cit., p. 145.
    [423] Se le otorgó el nobel en 1922, sin mención alguna a la teoría de la relatividad.

La relatividad especial no se acomodaba a la gravitación, por eso Einstein dedicó once años a construir una teoría válida para todos los observadores, sea cual fuese su estado de movimiento y el tipo de coordenadas que usaren, y así llegó a una nueva teoría de gravitación universal que va más allá de la de Newton. Presentó su teoría general de la relatividad, que proporciona una nueva manera de entender la gravitación y por tanto el movimiento del Universo y de la tierra, en 1916, en un artículo titulado *El fundamento de la teoría general de la relatividad*[424]. Recordando algo que Kepler había afirmado: *ubi materia, ibi geometría*, Einstein prescindió de la idea de fuerza y la sustituyó por la geometría, describiendo los fenómenos gravitatorios mediante una profunda interrelación entre materia y geometría. Así, él mismo nos dice lo siguiente: «En la teoría de la relatividad general la ciencia del espacio y del tiempo, la cinemática, ya no juega el papel de fundamento independiente del resto de la física. El comportamiento geométrico de los cuerpos y la marcha de los relojes dependen en mayor grado de los campos gravitatorios. Y estos, a su vez, están generados por la materia»[425]. Esta es la cuestión: la materia modifica la estructura geométrica del espacio-tiempo, lo que suele expresarse diciendo que lo curva; y a su vez el espacio-tiempo determina cómo debe moverse la materia. La interrelación es total. De esta forma no es necesaria ninguna fuerza, la gravedad entre masas en el espacio no es producida por una fuerza entre ellas —ni magnética ni gravitacional—, sino que es el espacio-tiempo quien determina cómo se mueven estas masas según su geometría (forma); la cual a su vez precisamente está determinada por las masas. Así la gravedad determina la geometría del espacio-tiempo, y esta a su vez el movimiento de los cuerpos. La energía ahora no es una fuerza, sino una manifestación de la curvatura del espacio-tiempo. Como dice Eddington, «la teoría general de la relatividad de Einstein pone de manifiesto la curvatura de la geometría no euclidea del espacio y el tiempo»[426]. La geometría de Euclides se abandona, ahora se trata de una geometría no-euclídea de curvatura positiva, que ya había desarrollado Riemann en el año 1854.

---

[424] *Die Grundlage der allgemeinen Relativitätstheorie*. Ese mismo año 1916 publicó *Über die spezielle und allgemeine Relativitätstheorie*, Alianza, Madrid 1994.

[425] *¿Qué es la teoría de la relatividad?*, ob. cit., p. 146.

[426] Eddington, *La teoría de la relatividad y su influencia sobre el pensamiento científico*, ob. cit., p. 141.

Gracias a ello se pudo formular una nueva ley de gravitación de estructura simple, lo que Einstein, con la ayuda del matemático Grossmann, llevó a cabo mediante sus famosas ecuaciones[427]. En ellas por primera vez aparecen estrechamente fundidas entre sí las propiedades del espacio, del tiempo y de la materia. Como anteriormente dije, Einstein mismo condensó la relatividad en esta frase: «Antes se creía que si desapareciese la materia el espacio y el tiempo permanecerían. De acuerdo con la teoría de la relatividad, el espacio y el tiempo desaparecerían junto con la materia»[428]. Paradójicamente esta teoría relativista proporcionó un conocimiento absoluto: la igualdad de las le-yes físicas para todos los observadores, sea cual sea su estado de reposo o movimiento[429]. Y no se quedó en mera teoría, ya que la relatividad y sus efectos en la gravitación han sido comprobados con numerosos experimentos. Al comienzo de este epígrafe aludí a la observación del eclipse solar que tuvo lugar el día 29 de mayo de 1919, este es uno de ellos, muy importante, para explicarlo acudimos de nuevo al divulgador de la teoría de la gravitación de Einstein, a Arthur Eddington, director del observatorio de Cambridge y miembro de la *Royal Society*. La teoría de Einstein predijo que la influencia gravitatoria de cualquier astro sería capaz de cambiar la trayectoria de un haz de luz, la cual carece de masa. Si se lograba demostrar este fenómeno había que abandonar la teoría de Newton y aceptar la de Einstein. Para confirmar o no la teoría de uno u otro se hicieron dos expediciones inglesas: una a Sobral, en el norte de Brasil, la otra a la isla de Príncipe, en el golfo de Guinea. En esta última participó Eddington, y cuando se produjo el eclipse solar del citado 29 de mayo, utilizando su telescopio y realizando numerosas fotografías comprobó que, en efecto, el sol cambiaba la trayectoria de la luz proveniente de determinada estrella al pasar relativamente cerca de él. La estrella aparecía ligeramente desplazada en el cielo, había un desplazamiento de 1,61 s en su posición, valor muy cercano al resultado previsto por Einstein (1,7 s). El 6 de noviembre de ese

---

[427] Marcel Grossmann (1878-1936) había sido compañero de estudios de Einstein, y fue profesor de matemáticas del Instituto Politécnico de Zúrich. Parece que poco antes de morir Einstein exclamó: «¡Ojalá hubiese sabido más matemáticas!».

[428] Citado por Fernández Rañada en *Las revoluciones de la física del siglo xx*, Universidad de Santander, 1982, p. 14.

[429] Esta paradoja la puso de relieve Ortega y Gasset, según recoge Fernández Rañada en la obra citada en la nota anterior, p. 17.

mismo año 1919, John Thomson informó en la *Royal Astronomical Society* lo siguiente: «El campo gravitatorio del sol origina, en efecto, la desviación de los rayos de luz que se desprende de la teoría general de la relatividad de Einstein». La curvatura del espacio-tiempo generada por el sol había modificado la trayectoria de la luz proveniente de una estrella. Bastante después este efecto de curvatura ha sido utilizado para observar galaxias muy lejanas, en función del campo gravitacional que generan otras galaxias más cercanas. Otra comprobación experimental fue la solución que Einstein dio a algo que había sido un enigma durante mucho tiempo para los astrónomos: el avance del perihelio de mercurio, que consiste en una anomalía descubierta en el siglo XIX por la cual la elipse que describe ese planeta no se ajusta a lo previsto por la teoría de Newton. Con su teoría Einstein logró deducir el valor correcto, según el cual al acercarse el planeta al sol experimenta una fuerza extra debido a su masa adicional efectiva. La época de los viajes espaciales ha aportado nuevas pruebas, como el llamado efecto Shapiro, que consiste en que la luz desacelera algo al pasar junto a una masa, un efecto que fue comprobado por las naves que se enviaron a venus. Estas y otras observaciones avalan la teoría de la relatividad general, que ha sido aceptada por la comunidad científica[430].

La nueva ley de gravitación universal supuso un cambio sustancial en el modelo cosmológico, al que Einstein se dedicó en 1917, un año después de proponer la teoría de la relatividad general. Ahora se trata de un universo sin centro. Antes de Copérnico su centro era la tierra, la revolución copernicana lo estableció en el sol, la teoría de la relatividad (unida al conocimiento de que las galaxias están en expansión) da un paso más: el centro del universo no está en ningún punto en particular o, lo que es lo mismo, puede tomarse cualquier punto como centro. Pues el Universo a gran escala es uniforme, homogéneo e isótropo, en cuanto que tiene las mismas propiedades en todas direcciones[431]. Además tiene una masa finita,

---

[430] Una explicación precisa de la teoría de la relatividad la da Einstein en su escrito *Notas autobiográficas*, Alianza, Madrid 2016, ello tanto respecto a la relatividad general (pp. 69 y siguientes) como de la especial (pp. 58 y siguientes)

[431] *Uniforme* significa que la materia se distribuye de forma uniforme y sigue las mismas leyes, por lo que el universo es igual en todas partes; *homogéneo* dice que es igual estemos donde estemos; *isótropo* es porque es igual en cualquier dirección en que miremos.

según la geometría propuesta por Riemann, con el mismo aspecto visto por cualquier observador desde cualquier posición y, como sabemos, su espacio y su tiempo son relativos. Aristóteles pensaba que el espacio depende de la materia, pero Barrow, aquel matemático que cedió a Newton la cátedra lucasiana, siguiendo a Henry More aceptó la idea del espacio absoluto como espacio sin materia, creado por Dios antes de esta. Aristóteles creía también que el tiempo dependía del movimiento, no así More y Barrow, para los que hay un tiempo absoluto sin movimiento, creado por Dios antes que el mundo. Todo esto cambia con la relatividad: espacio y tiempo ya no son un absoluto, cambian por su gran interconexión con la materia[432]. Lo que, por cierto, abona la tesis antes recogida de que en el *fiat* Dios creó todo a la vez, tanto el espacio como el tiempo y la materia. En fin, en el modelo relativista propuesto por Einstein el Universo no sólo es finito y sin centro, además es estático. Sabemos que no es así, sino que está en expansión, cosa que Einstein se negaba a aceptar, por lo que para conseguir que sus ecuaciones sobre la relatividad general se adaptaran a un universo estático se vio obligado a introducir la llamada «constante cosmológica» (Λ), a la que asignó un valor positivo. Más tarde, cuando se comprobó que el Universo se está expandiendo, Einstein dijo que esta había sido su mayor equivocación.

«La nueva teoría de la gravitación —dijo Einstein— difiere mucho de la teoría de Newton». Cualitativamente la modifica en profundidad, ahora la gravedad no es una fuerza física que actúa de forma instantánea a distancia a través del espacio, como propuso Newton, sino la manifestación de la geometría del espacio causada por la presencia de masas, ahora «da ley generalizada de la inercia asume el papel de las leyes del movimiento de Newton»[433]. Sin embargo, los resultados prácticos de esta nueva teoría concuerdan de tal manera con la de Newton —afirmó también Einstein—, «que es difícil encontrar criterios de diferenciación accesibles a la

[432] Cfr. Einstein, *El problema del espacio, del éter y del campo en la física*, artículo, sobre una conferencia, publicado en 1930. El ritmo al que transcurre el tiempo para cada uno de nosotros depende del movimiento relativo de cada cual con respecto a los demás.

[433] Einstein, *La mecánica de Newton y su influencia en el desarrollo de la física teórica*, escrito publicado en 1927 en el tomo quince de la revista alemana *Die Naturwissenschaften*, con motivo del 200 aniversario de la muerte de Newton, en «Mi visión del mundo», Tusquets, Barcelona 1997, p. 187. También *¿Qué es la teoría de la relatividad?*, ob. cit., p 147.

experiencia»[434]. Él enumera, como diferencias, la rotación de las elipses de las órbitas planetarias alrededor del sol (lo que se ha comprobado en mercurio); la curvatura de los rayos de luz por los campos gravitatorios (que fue demostrada por la expedición inglesa); y el viraje al rojo de algunas estrellas (que igualmente ha sido comprobado). Pero —concluye Einstein—, «que nadie piense que con esta teoría queda eliminada en un sentido intrínseco la gran creación de la teoría de Newton»[435]. Así es, la construcción de Einstein aporta una explicación más precisa y profunda que la de Newton acerca de la gravitación, y sin embargo seguimos usando las ecuaciones de Newton para calcular las trayectorias de vuelo de las misiones espaciales. Las predicciones de la mecánica newtoniana no son tan precisas como las de la relatividad de Einstein, pero siguen siendo lo bastante buenas para casi cualquier cálculo de la vida cotidiana. En este sentido Weinberg[436] dice que «la diferencia entre las teorías de Einstein y las de Newton es mucho menor que las diferencias entre las teorías de Newton y las de cualquiera de sus predecesores… el mundo obedece a las leyes de Newton de una manera muy aproximada»; y Feynman[437] escribe que «Einstein tuvo que modificar la ley de la gravitación de acuerdo con sus principios de la relatividad… pero las modificaciones introducidas por él tienen unos efectos mínimos». En fin, sabemos que Newton desconocía la causa de la fuerza de la gravedad, «no finjo hipótesis», dijo, podemos plantearnos si la descubrió Einstein, ¿descubrió esa causa? Quizá la inmediata, pero seguía sin conocer su causa última y profunda. En todo caso, Newton y Einstein son dos grandes científicos que se complementan.

---

[434] Ibídem.

[435] *¿Qué es la teoría de la relatividad?*, en «Mi visión del mundo», Tusquets, Barcelona 1997, últimas palabras de Einstein. En *Notas autobiográficas* (Alianza, p. 40) Einstein se dirige a Newton y le dice: «Newton, perdóname, tú encontraste el único camino que en tu época era posible para un hombre de máxima capacidad y creatividad intelectual. Los conceptos que tú creaste siguen siendo nuestro pensamiento físico, aunque ahora sabemos que hay que sustituirlos por otros más alejados de la esfera de la experiencia inmediata, si aspiramos a una comprensión más profunda de la situación del mundo».

[436] *Explicar el mundo*, ob. cit., p. 259.

[437] *El carácter de la ley física*, ob. cit., p. 36.

6. Universo en expansión: galaxias, estrellas y planetas

Después de la relatividad se descubrió que el Universo no es estático, como Newton y Einstein creían, sino dinámico, se está expandiendo. Lo que en realidad sucede, precisamente a causa de la relatividad general, es que el espacio está expandiéndose y llevándose con él galaxias y otros objetos celestes, que así se alejan unos de otros. Es similar a un globo hinchable en el que dibujamos estrellas: cuando lo vamos llenando de aire el globo crece, y esas estrellas se van separando unas de otras[438]. Que el Universo se expande lo vimos al hablar del *big bang*: lo propuso Friedmann en 1922, seis años después de que Einstein presentase su teoría de la relatividad general; después Lemaître hizo en 1927 las ecuaciones cosmológicas que describen la expansión; y Eddington, otra vez Eddigton, divulgó este descubrimiento traduciendo la teoría de Lemaître y publicando su libro *The expanding universe*. Todo ello se corroboró por las observaciones de Hubble: con sus nuevos telescopios vio que las galaxias más lejanas se están apartando más rápidamente de nosotros, y unas de otras; es decir, que el universo se está expandiendo y las velocidades de las galaxias aumentan proporcionalmente con su distancia según la constante hoy

---

[438] En *Pensar la Creación*, ob. cit., p. 236, David Jou escribe lo siguiente: «La expansión del universo es interpretada como un ensanchamiento homogéneo e hisotrópico del espacio, de manera que las galaxias, más o menos fijas en el espacio, se van separando entre sí porque el espacio entre ellas se va dilatando. La imagen divulgativa usual es imaginar galaxias como puntitos pintados en la superficie de un globo elástico: cuando el globo va siendo hinchado los puntos se van separando, no porque se muevan respecto de la goma del globo, sino porque la goma se va dilatando. La variación del ritmo de expansión es proporcional a la suma de la densidad de energía más tres veces la presión, cambiada de signo. Eso quiere decir que si la suma es positiva el ritmo de expansión del espacio se va frenando, pero si la presión fuera suficientemente negativa y dicha suma resultara nula o negativa, el ritmo de la expansión permanecería constante o se aceleraría, respectivamente. Eso tiene interés por las observaciones que indican que la expansión no se va frenando, como debería ocurrir si dominara la gravitación, sino que se va acelerando o tiende a una constante. Se supone que ello se debe a una energía oscura, cuya presión es suficientemente negativa».

denominada de Hubble-Lemaître. Se pensó que, sobre esta base, cabe mirar hacia atrás, como viendo una película al revés, hasta llegar al origen de la expansión, que debió tener lugar con una gran explosión o *big bang*. En 1964 Penzias y Wilson captaron una radiación de fondo que era el resto o «fósil» de un tiempo cercano a tal explosión inicial, confirmando así lo que había propuesto ya Gamow, y la existencia de dicha radiación ha sido confirmada después por muchas otras observaciones. En definitiva, es un hecho que a partir del átomo primitivo, producto de la gran explosión, el Universo se está expandiendo.

Si regresamos a los primeros tiempos del Universo a partir de entonces la inmensa temperatura ha ido disminuyendo[439]. Al enfriarse el Cosmos emergieron las partículas elementales como los cuarks, que unidos a la fuerza nuclear fuerte formaron protones y neutrones, los cuales a su vez forman los núcleos de los átomos (los primeros núcleos atómicos se formaron así cuando el Universo tenía unos veinte minutos). Tuvieron que pasar unos 380.000 años para que el Universo se enfriase lo bastante para que núcleos y electrones se uniesen en un proceso de recombinación, formando los átomos de los tres primeros elementos: helio, hidrógeno, deuterio (una forma pesada de hidrógeno) y litio. Cuando así surgieron los átomos el Cosmos se hizo transparente a la radiación, que se separó de la materia, y millones de años más tarde surgen las galaxias y las estrellas y, alrededor de ellas, los planetas, formando ese multiforme y magnífico espectáculo de armonioso cielo estrellado que admiraban Tales, Kant, Kepler y tantos otros filósofos y científicos y, como creo ya dije, sin duda también nosotros, nos admiramos ante un libro de la Naturaleza tan bellamente escrito, un libro que procuramos leer y comprender.

Según los astrónomos las galaxias han sido originadas por unas pequeñas heterogeneidades que existen desde el momento mismo del *big bang*. Unos se centran en pequeñísimas variaciones de temperatura que descubrió el satélite explorador del fondo cósmico, cuando examinaba la radiación inicial originada por aquél; otros hablan de ligeras fluctuaciones de la densidad, que hicieron que la

---

[439] Al mismo tiempo que el universo se ha ido expandiendo su temperatura se ha ido enfriando, desde una temperatura inicial de unos 10^{30} k hasta su actual temperatura de unos 2 a 4 k.

materia empezara a agregarse en zonas de condensación, que son los núcleos iniciales de las primitivas galaxias observados por los telescopios espaciales. Se supone que una materia oscura aumentó la gravitación para que se formaran esas nubes densas de materia llamadas nebulosas, las galaxias iniciales, que como veremos son a su vez semillas de estrellas. Sea cual fuere su origen, densidad, temperatura o ambas, el hecho es que, tal como descubrió Hubble y se ha ido comprobando, existen millones de galaxias a grandes distancias y en todas direcciones, a muchos años luz de la tierra[440]. Las distancias son impresionantes: para hacernos una idea cabe recordar que la luz viaja a 299.792 kilómetros por segundo (aunque suele hablarse de 300.000), lo que supone 1.079.252.848,8 a la hora y en un año nada menos que 9,46 billones (con b) de kilómetros. Algún físico ha estimado que hay al menos dos billones (dos millones de millones) de galaxias, muchas a millones de años luz. La más lejana visible detectada por telescopios espaciales es la GN-z11-, que se formó unos 400 millones de años después del *big bang* (el cual, como quedó dicho, tuvo lugar hace unos 13.800 millones de años), y está a una «distancia retrospectiva» de unos 13.400 millones de años luz, que es el tiempo en que su luz ha tardado en llegar hasta nosotros. Pero el espacio se expande, y desde que mandó su luz esa galaxia (como todas) no se ha quedado quieta, sino que se ha estado alejando más y más, por lo que su distancia actual respecto de nosotros (como la de todo objeto celeste), es mayor que la que había cuando emitió la luz que observamos. Esta (la verdadera distancia entre nosotros y el objeto) es la que los astrónomos llaman «distancia propia», y naturalmente es mayor que la recorrida por la luz en su viaje hasta nosotros, que como digo se llama «distancia retrospectiva». Los astrofísicos dan esta última distancia porque la propia depende del índice de expansión del Universo, que no se conoce con seguridad. Todo esto supone, en el caso de la mencionada galaxia GN-z11-, que si bien su luz ha tardado en llegar hasta nosotros 13.400 millones de años luz (retrospectiva), a causa de la expansión dicha galaxia ahora está a una distancia real (propia) de la tierra de unos 32.000 años luz. De manera que estamos captando algo que sucedió hace mucho, mucho tiempo (es como regresar al pasado), el necesario para que su luz llegue hasta nosotros, y que ahora por la rotación y la expansión, a mayor

---

[440] Un año luz es una unidad de distancia, no de tiempo.

velocidad cuanto más lejos está, está mucho, mucho más lejos que cuando nos mandó su luz

Existen cúmulos y supercúmulos de galaxias, y hay galaxias espirales, elípticas, enanas…[441] El telescopio Hubble nos ha mandado muchas imágenes impresionantes y espectaculares de galaxias con distintos colores y figuras y formaciones de aspecto maravilloso, destaca la llamada «pilares de la creación» que detectó el día uno de abril de 1995 en el corazón de la nebulosa del Águila, su asombrosa imagen muestra que es una región donde se están formando estrellas[442]. Recientemente, en febrero de 2024, el Telescopio James Webb también nos ha proporcionado preciosas imágenes de galaxias muy tempranas, alguna de ellas formada (según parece, los científicos lo están estudiando) cuando el universo tenía unos 330 millones de años, que naturalmente ahora se encuentra a mucha más distancia.

Las galaxias están formadas por estrellas, por millones de estrellas, su número es tan grande que tiene al menos unas 22 cifras[443]. ¿Cómo se han originado? Una vez más responde a esta pregunta Richard Feynman, uno de los más grandes físicos. Según él las estrellas nacen cuando en virtud de la gravedad se aglomera una cantidad suficiente de gas. En el interior de las galaxias hay nebulosas gaseosas formadas por un gas comprimido, es decir, que se ha atraído a sí mismo. La gravedad comprime el gas cada vez más, de forma que grandes volúmenes de gas y polvo se aglomeran, y a medida que continúan cayendo hacia su propio centro el calor generado por esa caída enciende la masa de gas, convirtiéndola en una estrella. Es así como las estrellas nacen: por condensación a partir de las nubes de polvo y gas que están en las galaxias. Y cuando explotan escupen gases y polvo que se vuelven a aglomerar, dando lugar a nuevas estrellas[444]. ¿Por qué duran tanto y tienen tanta energía? Ahora quien nos contesta es el geofísico Udías en su

---

[441] La Universidad de Princeton ha hecho un catálogo de las galaxias y sus tipos.

[442] Cfr. Charles Bolden y otros, *Expanding Universe. The Ubble Space Telescope*, ed. Taschen.

[443] Hay más estrellas en el Universo que granos de arena en todas las playas de la tierra, dice el científico Futamase, ob. cit., p. 17.

[444] Feynman, *El carácter de la ley física*, ob. cit., p. 31.

entretenido libro sobre historia de la física[445]: duran y tienen gran energía porque su fuente de energía es de carácter nuclear. Procede de reacciones nucleares en su interior, empezando con la fusión de núcleos de hidrógeno para formar uno de helio, fusión que de acuerdo con la teoría de Einstein convierte parte de la materia en energía. Por eso las estrellas duran tanto, algunas como el sol pueden brillar[446] consumiendo su combustible nuclear durante miles de millones de años. Las que transforman hidrógeno en helio por fusión nuclear son estrellas de secuencia principal (adultas), y se clasifican en siete grupos en función de su temperatura y su masa. Todas evolucionan, si bien cuanto más masiva es una estrella mayor es su luminosidad, y evoluciona más rápidamente. Cuando la estrella ha gastado todo su hidrógeno (después de miles de millones de años) termina la secuencia principal, y entra en las fases finales de su vida. Lo que entonces ocurre depende de su masa. Las estrellas de masa baja se encogen, se cree que se convierten en enanas negras, y se apagan. Las de masa media, como el sol, se expanden hasta convertirse en gigantes rojas (más grandes y brillantes, pero con un brillo frío y rojo), y después se colapsan en enanas blancas (las cuales pueden compararse a un diamante del tamaño de la tierra) y se desvanecen[447]. Las estrellas de masa alta se convierten en supergigantes (enormes y frías), que finalmente terminan su vida de forma espectacular como novas o supernovas muy brillantes que colapsan y explotan, generando una onda que expulsa polvo y gas, enseguida veremos con que consecuencias. Si el colapso es

---

[445] Agustín Udías Vallina, *Breve historia de la física*, Síntesis, Madrid 2019, II, 2, titulado «Estrellas y galaxias», pp. 249 a 251; y II, 14, titulado «Evolución de las estrellas», pp. 254 a 258. También explica el origen, vida y destino de las estrellas David Bercovici en su libro *El origen de todo*, Alianza, Madrid 2020, capítulo 2 titulado «Las estrellas y los elementos».

[446] La «luminosidad» es la energía que emite una estrella cada segundo. El «brillo» de una estrella tal como la vemos se conoce como magnitud aparente, y depende tanto de su luminosidad como de su distancia a la tierra. La fusión nuclear se tratará en V, 1.

[447] Recordemos cómo describe Paul Davis en *El universo desbocado*, Salvat, Barcelona 1988, p. 164, la muerte térmica del sol: Se volverá gradualmente más luminoso y más grande dentro de unos cinco mil millones de años y su radiación destruirá toda la vida de la tierra, y tal vez incluso el mismo planeta. Durante varios miles de millones de años más su comportamiento será algo errático, incluyendo probablemente cambios súbitos de naturaleza explosiva, o puede volverse inestable y efectuar pulsaciones de tamaño y de luminosidad. En la última fase de su vida será como una enana blanca, una estrella diminuta y comprimida que se irá enfriando lentamente durante un largo período de tiempo si se compara con su edad actual. Al cabo de cien mil millones de años estará constituida por materia negra y consumida.

dramático se convierte en un «agujero negro», una región tan densa que el campo gravitatorio que genera es tan fuerte que impide que ninguna radiación pueda salir de él. Como sabemos estos agujeros negros han sido estudiados por Hawking y Penrose, dándoles, al igual que al *big bang*, el carácter de una singularidad[448].

Alrededor de las estrellas giran los planetas[449]. ¿Cómo nacen? Son ellas, las estrellas, las auténticas factorías del universo, ya que en ellas se crean todos los elementos que los componen. La mayoría de los elementos naturales más ligeros, excepto el hidrógeno y el helio (que se formaron poco después del *big bang*), han sido creados mediante fusión nuclear en las estrellas a lo largo de su existencia, en sus núcleos convierten elementos simples como el hidrógeno en elementos más pesados, entre los que están el carbono y el nitrógeno, necesarios para la vida, y el hierro, que forma los núcleos planetarios. También se crean otros elementos cuando las estrellas se transforman en nova o supernova. Cuando estas colapsan y explotan los núcleos pesados sintetizados en su interior son expulsados al medio interestelar, y este material queda formando nubes de polvo y gas que, más tarde, dan origen a planetas en torno a una estrella. Este es últimamente el origen de los elementos y la materia de los planetas, incluido nuestro planeta tierra, y por tanto de nuestros cuerpos. Por eso los astrofísicos dicen que nosotros somos polvo de estrellas, ya que casi todos los elementos del cuerpo humano se formaron en estrellas hace miles de millones de años[450].

La galaxia más cercana a la nuestra es Andrómeda, y está situada a unos dos millones trescientos mil años luz. Según Hawking nosotros vivimos en una galaxia de un diámetro aproximado de 100.000 años luz, que contiene cientos de miles de millones de estrellas, y nuestro sol es una estrella amarilla ordinaria, de tamaño

---

[448] Ni la luz puede escapar de los agujeros negros, todo lo que en ellos entra queda ahí, por eso Hawking, al hablar de ellos, rememora aquello que dijo Dante cuando entraba en el infierno: «Vosotros, los que entráis, dejad aquí toda esperanza». Lo que no recuerda es que Dante sí salió de aquel lugar «para ver de nuevo las estrellas», según dice él mismo.

[449] En una Asamblea celebrada en agosto de 2015, la Unión Astronómica Internacional aprobó la siguiente definición: Un planeta es un cuerpo que orbita alrededor de una estrella dominando su órbita, y que tiene una masa suficiente para que la gravedad le haya dado forma redonda.

[450] Cfr. Udías, *Breve historia de la física*, Síntesis, Madrid 2019, II, 14 titulado «Evolución de las estrellas», p. 257.

medio y en secuencia principal, situada cerca del centro de uno de los brazos de la espiral[451]. Denominamos a nuestra galaxia Vía Láctea a causa de una banda luminosa que se extiende en un gran círculo, y nos dice Weinberg que tal Vía Láctea es un disco plano de estrellas, con un diámetro de 80.000 años luz y un espesor de 6.000 años luz; y que también posee un halo esférico de estrellas con un diámetro de casi 100.000 años luz. La masa total se estima habitualmente en unos 100.000 millones de masas solares, pero algunos astrónomos piensan que puede haber mucha más masa en un halo más extenso; y el disco de la galaxia rota con velocidades que llegan hasta 250 kilómetros por segundo[452]. El primer mapa de nuestra galaxia lo hizo el músico-astrónomo Herschel, del que ya he hablado. Para hacerlo viajó a África del Sur con su telescopio, su hijo y su hermana, con su ayuda anotó todo lo que brillaba y de esta forma confirmó, además, la forma achatada de nuestra Vía Láctea.

El Sistema Solar es una pequeña parte de nuestra galaxia situada a unos 30.000 años luz del centro del disco y un poco al «norte» del plano central de éste, y su edad se estima entre unos 4.600 y 5.000 millones de años[453]. El Sol es un enorme horno nuclear, como una bola de gas sin superficie rígida[454], situado en el centro de nuestro sistema. Proporciona la fuerza gravitatoria a los cuerpos que orbitan alrededor de él, y les da energía bañando los planetas con luz y calor. Su diámetro es de 1,4 millones de kilómetros, lo que supone que dentro de él cabrían aproximadamente un millón de tierras. Produce una enorme radiación de calor y luz —gracias a su fuente de energía nuclear, como quedó dicho al hablar de las estrellas—, que tarda ocho minutos en llegar hasta nosotros. Según Davies la potencia total radiada por la superficie del sol es inimaginable, aproximadamente un cuatrillón de kilovatios. Lo notable es que sólo una ínfima porción de toda esa energía (unas dos mil millonésimas) cae sobre la tierra, pero incluso esa cantidad es muy grande, cada segundo llega más energía de la luz del sol que la producida durante un año en toda la tierra[455].

[451] Hawking, *Historia del tiempo*, Crítica, Barcelona 1989, pp. 61 y 62.
[452] Algunos astrónomos calculan que la Vía Láctea contiene entre 100.000 y 400.000 millones de estrellas; respecto a la velocidad de rotación, cfr. Weinberg, *Los tres primeros minutos del universo*, Alianza, Madrid 2023, p. 33.
[453] Ibídem. Cfr. Bercovici, ob. cit., p. 51.
[454] Cfr. Hogan, *El libro del big bang*, ob. cit., p. 108.
[455] Paul Davies, *El universo desbocado*, Salvat, Barcelona 1988, p. 51.

Alrededor del sol giran los planetas según las leyes de Kepler, cada uno con un período orbital y de rotación en función de su masa y su diámetro ecuatorial. Contando la Tierra, actualmente existen ocho planetas principales. En la antigüedad, cuando se creía en las esferas geocéntricas, desde Mercurio hasta Saturno ya eran conocidos, porque son visibles a simple vista. Urano fue descubierto por el astrónomo músico Herschel, del que ya hemos hablado, quien en honor del inglés rey inglés Jorge lo bautizó como *georgium sidus*, pero más adelante se le renombró continuando con la secuencia genealógica de los dioses de la mitología grecorromana: Marte es hijo de Júpiter, este lo es de Saturno, el cual a su vez es hijo de Urano. La existencia de Neptuno fue descubierta mediante cálculos matemáticos, y Plutón tiene algo así como una crisis de identidad: aunque la Unión Astronómica Internacional le desposeyó de la categoría de planeta en 2005, los descubrimientos de la misión *New Horizons* de la Nasa en 2015 motivaron su ascenso al rango de planeta enano. Por su composición y tamaño, hay planetas rocosos más secos en el sistema solar interior (de Mercurio a Marte), y planetas gigantes gaseosos (Júpiter y Saturno) o gigantes helados (Urano y Neptuno) en el sistema solar exterior[456]. Naturalmente entre los planetas se cuenta nuestra tierra, de la que paso de nuevo a hablar.

[456] Cfr. Bercovici, *Los orígenes de todo*, p. 67.

7. La tierra y su luna

La distancia media de la tierra al sol es de casi 150 millones de kilómetros[457] y, como ya dije, nos transporta a modo de una nave que «vuela» por el espacio más rápido que un cohete, quizá ahora podemos entender mejor por qué y cómo lo hace gracias a la gravitación newton-einsteniana. El período de rotación de oeste a este sobre su propio eje (que tiene una inclinación de 24° respecto a su órbita), a una velocidad de 1.670 kilómetros por hora, es de un día del planeta[458]; y el de traslación alrededor del sol, a una velocidad media de 107.227 kilómetros por hora o 29,8 kilómetros por segundo, el de un año[459]. Nosotros no sentimos estas enormes velocidades debido a la fuerza de gravedad de la tierra, que atrae como un imán todo lo que está sobre su superficie. La órbita tiene un perímetro de 940 millones de kilómetros, y si tomamos la de venus como unidad la excentricidad de esta órbita elíptica es de 2,5. A todo lo cual hay que añadir las rotaciones del sistema solar dentro de nuestra galaxia a una velocidad de 250 kilómetros por segundo, y la de la galaxia Vía Láctea en relación a otras galaxias en el Universo expansionista, probablemente a una velocidad de cientos de kilómetros por segundo. Así «nos transporta» la tierra por el inmenso Cosmos[460].

[457] Como señalé en IV, 2, la distancia promedio al sol de 149.597.870 kilómetros, distancia que se conoce como «unidad astronómica» (UA).

[458] Esta es la velocidad si se mide desde el ecuador, como dije el valor disminuye conforme nos acercamos a los polos, hasta que el valor es nulo. La rotación dura exactamente 23 horas, 56 minutos y 4 segundos.

[459] Por ser la órbita elíptica la velocidad no es constante, por eso se habla de velocidad media. Oscila entre 30,3 kilómetros por segundo de velocidad máxima en el perihelio (el punto de órbita más cercano al sol, en enero), y 29,3 kilómetros por segundo de velocidad mínima en el afelio (el punto más lejano al sol, en julio). Es verano en el afelio porque la variación de la altura del sol en el horizonte es lo que más contribuye a la cantidad de energía que recibe la tierra, más que la distancia entre esta y el sol. La duración exacta de la traslación es de 365 días, 6 horas, 9 minutos, 9 segundos y 733 milisegundos. Cada cuatro años esas horas, minutos y segundos se suman, dando un total de 24 horas, por eso hay años bisiestos en los que febrero tiene un día más.

[460] Cfr. Weinberg, *Los tres primeros minutos del universo*, Alianza, Madrid 2023, p. 109.

Como todos los planetas la tierra se formó con el polvo y gas causado por la explosión de una nova, como un cuerpo fundido que después se fue enfriando. Su interior profundo ha sido estudiado por el geofísico Bercovici, que ha centrado sus investigaciones en las placas tectónicas, los fluidos geológicos y los volcanes[461]. Basándose esencialmente en la sismología (podemos viajar al espacio, pero no a las profundidades de la tierra), este científico concluye que la tierra se compone de una corteza relativamente delgada de roca ligera, un manto muy grueso de roca más pesada que ocupa aproximadamente la mitad de su radio, y un núcleo aún más pesado principalmente de hierro, que representa la otra mitad del radio de la tierra (pero como el manto rodea el núcleo, su volumen es mucho mayor que el de este). Nosotros estamos a unos 6.500 kilómetros del centro de la tierra, y el citado núcleo es primordialmente hierro líquido (aunque parece que en su centro hay una parte sólida) a una impresionante temperatura, parecida a la de la superficie del sol. En él se genera el campo magnético que envuelve la tierra, un campo intenso y bien estructurado como un imán que ayuda a repeler las partículas de alta energía provenientes del sol y de las estrellas que explotan en el resto de la galaxia. La superficie terrestre es móvil, ya que se compone de gigantescas placas que se mueven unas respecto a las otras, de ahí la formación de los continentes. Sobre dicha superficie está la atmósfera terrestre[462], que junto a los océanos hace posible la vida, y más allá se encuentra el espacio interplanetario. Respecto a aquellos, los océanos, los astrónomos creen que el agua, que cubre el 71 por cien de la superficie de nuestro planeta, llegó en los cometas y asteroides que bombardeaban la primitiva tierra. En función de la fuerza gravitacional de la luna las aguas experimentan dos mareas altas y dos bajas al día: cuando la luna se encuentra sobre el mar la gravedad lunar atrae el agua, y los océanos se abomban.

---

[461] David Bercovici (n. en 1960), *Los orígenes de todo*, Alianza, Madrid 2020, capítulos 4, titulado «Los continentes y el interior de la tierra», y 5, titulado «Los océanos y la atmósfera». Publicó este libro el año 2016 como resultado de las clases que impartió en la Universidad de Yale.

[462] La atmósfera terrestre se compone de la troposfera (unos 10 kilómetros), la estratosfera (hasta unos 50 kilómetros, con su capa protectora de ozono), la mesosfera (100 kilómetros), la termosfera (600 kilómetros) y finalmente la exosfera (hasta 10.000 kilómetros o más). El ozono, una forma de oxígeno en la atmósfera, protege la vida de la radiación ultravioleta. La atmósfera también desintegra asteroides y cometas antes de que impacten contra la superficie de la tierra.

¿Cuándo se formó la tierra? El físico Thomson, también conocido como Lord Kelvin, centró su investigación en la termodinámica, y así abordó el tema de la edad de la tierra en función del tiempo que necesitó para que el material inicial, totalmente fundido, se fuese enfriando hasta la actual temperatura. Kelvin concluyó que la tierra no podía tener más de 100 millones de años de antigüedad, llegó a establecer 24 millones como la edad más probable[463]. Pero esta cifra era muy pequeña para los geólogos y los biólogos: Lyell afirmaba que la evolución geológica necesitaba centenares de millones de años[464], y Darwin proponía una evolución de las especies que también necesitaba mucho más tiempo que el señalado por Kelvin[465]. Era necesario conciliar teorías opuestas[466]. Y finalmente se descubrió que las estimaciones de Kelvin eran erróneas, con el descubrimiento de la radioactividad se vio que existe una fuente de energía que era desconocida para él, la cual podía alimentar al sol durante el largo tiempo requerido para la evolución geológica y biológica y proporcionaba a la tierra una fuente de calor. Hoy sabemos que el sol existe desde hace mucho tiempo porque extrae su energía de la fusión de los núcleos atómicos que hay en su interior, que produce energía nuclear. A partir de este y otros muchos datos, concluimos ahora que la edad de la tierra es parecida a la del sol, es decir, que la tierra se formó hace unos 4.600 millones de años[467].

Los astrónomos griegos intentaron medir el tamaño de la tierra, la medida más precisa que nos ha llegado es la que hizo Eratóstenes de Cirene, el cual dedujo un valor bastante cercano al real que fue utilizado por Tolomeo y la mayoría de los autores de la

---

[463] William Thomson, Lord Kelvin (1824-1907), nació en Belfast, y durante más de cincuenta años fue profesor de la Universidad de Glasgow. En 1892 fue nombrado Lord. Se dedicó especialmente a la primera ley de la termodinámica, la ley de conservación de la energía.

[464] Charles Lyell (1797-1875), geólogo, fue secretario de la *Geological Society* de Londres.

[465] Charles Darwin (1809-1882), científico naturalista que propuso la evolución biológica tras viajar durante cinco años en el Beagle; después trabajó en Cambridge, Londres y Down, donde murió.

[466] Este debate acerca de la edad de la tierra lo recoge Javier Sánchez-Cañizares en *Lord Kelvin: una cosmovisión termodinámica*, en *La cosmovisión de los grandes científicos del siglo xix*, Tecnos, Madrid 2021, pp. 209 a 213.

[467] A esta conclusión llega, entre otros, Fernández Rañada en *Los científicos y Dios*, ob. cit., p. 138. José Luis Comellas, en *Historia sencilla de la ciencia*, Rialp, Madrid 2009, p. 192, entiende que la edad de la tierra es de 4.500 millones de años.

antigüedad[468]. Hoy sabemos que la medida por el ecuador es de 40.075 kilómetros. Por el ecuador, digo, porque hubo otro famoso debate acerca de la forma de la tierra: Descartes en sus *Principes de la Philosophie* había sostenido que la tierra debe estar ligeramente achatada en el ecuador, mientras que Newton en los *Principa Mathematica* predecía un ligero achatamiento en los polos, ya que su rotación produce fuerzas centrífugas que son más grandes en el ecuador y se desvanecen en los polos. En realidad el debate era entre la mecánica cartesiana y la newtoniana, entre *L´Académie Royal des Sciences* de París y la *Royal Society* de Londres. Con el fin de resolver la cuestión la Academia Francesa organizó dos expediciones, una al ecuador y la otra al polo. Esta se dirigió a Laponia en 1737 para medir allí la longitud de un grado de meridiano, iba al frente el científico francés Maupertuis, el cual pronto regresó a París anunciando que la forma de nuestro planeta era newtoniana, pues está achatado por los polos[469]. La expedición del ecuador se dirigió a Quito, en Perú, en 1735, también para medir un grado terrestre sobre el ecuador y compararlo con el del norte, pero por diversos problemas —como mal tiempo y dificultad del terreno— tardó más en obtener resultados. Estuvo dirigida por Louis Godin[470], y en ella iban también el científico francés La Condamine[471] y el capitán de fragata de la armada española Jorge Juan —pues la medición se hacía en el Virreinato del Perú—, un caballero y científico impulsor de la astronomía que de vuelta a España publicó sus propios cálculos, los cuales venían a confirmar las conclusiones a las que había llegado Maupertuis[472]. Tenía razón Newton cuando dijo que

---

[468] En la p. 35 de su *Historia de la Física*, Udías escribe que Eratóstenes de Cirene (276-194 a. C.) observó que en la ciudad de Syene (hoy Aswan), al sur de Egipto, aproximadamente en el mismo meridiano que Alejandría y cerca del trópico, el día del año cerca del solsticio de verano, a las doce del mediodía, el sol brillaba exactamente en la vertical. Para ese mismo día Eratóstenes midió en Alejandría el ángulo que a la misma hora el sol formaba con la vertical, y obtuvo $7\frac{1}{4}°$. Conociendo la distancia a la que estaba Syene de Alejandría, estimada en 5.000 estadios, dedujo fácilmente que la longitud de la circunferencia terrestre era de 252.000 estadios. Tomando el valor dado al estadio resulta entre 39.564 y 44.352 kilómetros, por tanto un valor bastante exacto.

[469] Pierre-Louis Moreau de Maupertuis (1698-1759) fue un matemático y astrónomo francés que también se dedicó a la biología.

[470] Louis Godin (1704-1760), matemático y astrónomo francés, ejerció durante la expedición como Cosmógrafo Mayor del Virreinato del Perú.

[471] Charles-Marie de La Condamine (1701-1774), de noble familia, perteneció a la Academia Francesa y realizó numerosas expediciones científicas.

[472] Jorge Juan y Santacilia nació en Monforte del Cid, Alicante, en 1713 y murió en Madrid en 1773. Perteneció a Orden de Malta, de la que fue caballero y comendador,

los planetas son algo más anchos por el ecuador que por los polos, y que por efecto conjunto de la gravedad y la rotación la tierra no es una esfera sino una elipsoide, de manera que el radio ecuatorial es mayor que el polar en 171/10 millas, es decir, 27,52 kilómetros[473]; si bien ahora sabemos que la diferencia es de 21,39 kilómetros.

La tierra tiene una luna a la que Dante llamó «un diamante herido por el sol»[474], sobre cuyas fases cambiantes escribió una obra Anaxágoras[475] y sobre la que el polifacético Plutarco compuso un ensayo titulado *Sobre la cara visible de la luna*[476]. Como el de Galileo, se trata de un diálogo en el que los personajes debaten, ahora lo hacen acerca de la naturaleza lunar, sus medidas y movimientos, los eclipses y los ciclos lunares, defendiendo un tal Lamprias los postulados pitagóricos y académicos, en el sentido de que la luna es de índole térrea. El título del ensayo es correcto, pues la luna siempre nos da la misma cara[477], y algunas de sus conclusiones también, ya que la luna se compone casi en su totalidad de roca. Sabemos que es una luna grande, es el quinto satélite más grande del sistema solar y el más grande en cuanto a la proporción respecto a

defendió la física de Copérnico y Newton e impulsó la astronomía, promoviendo observatorios en Cádiz y Madrid. Junto a Antonio de Ulloa, también capitán de fragata, Jorge Juan publicó los resultados de su expedición en *Observaciones astronómicas y físicas hechas en los Reinos del Perú*, Imprenta Juan de Zúñiga 1748, edición facsímil Maxtor, Valladolid 2013. En este mismo libro, antes de dichos resultados del viaje, incluyó unas reflexiones científicas tituladas *Estado de la astronomía en Europa*, que después también publicó la Imprenta de la Real Gaceta, Madrid 1774. En su libro Jorge Juan habla de las dos expediciones, de la medición de un grado en cada una de ellas, de los numerosos cálculos que él mismo hizo, y concluye que la figura de la tierra no es esférica, sino que el diámetro del ecuador es mayor que el del eje en la proporción que señala.

[473] Newton, *Principia Mathematica y El sistema del mundo*, 37, Alianza, p. 79.

[474] *Paraíso*, II, 33.

[475] Cfr. Platón, *Crátilo*, 409a. Según Platón, Anaxágoras ya decía que la luna toma su luz del sol.

[476] Plutarco de Queronea (46-120), *Sobre la cara visible de la luna*, en «Obras Morales y de Costumbres IX», Gredos, Madrid 2002, pp. 119 a 198. Plutarco nació en Delfos, Beocia, donde fue sacerdote vitalicio y después honrado con una estatua. En realidad toda su vida estuvo vinculado a Delfos, «no me voy para no hacerlo aún más pequeño», dijo, aunque viajó por Atenas, Egipto y quizá Asia Menor y Roma. Sus obras son variadas y muy numerosas.

[477] La causa de ello radica en que la luna tarda lo mismo en rotar sobre su propio eje (en sentido contrario a las agujas del reloj) que en rodear la tierra. Esta sincronización tiene una causa física llamada fuerza de marea, que es otra manifestación de la fuerza de gravedad cuando actúa sobre objetos grandes o cercanos: hay diferencias de atracción respecto a las partes cercanas y lejanas del satélite, las cuales sincronizan la rotación de las lunas en torno a sus ejes, obligando al satélite a presentar siempre la misma cara.

su planeta: un cuarto del diámetro de la tierra. Parece que se formó por la colisión de un gran cuerpo celeste con la joven tierra[478], y la distancia media entre esta, la tierra, y la luna es de 384.400 kilómetros, digo media porque varía a lo largo de la órbita elíptica que la luna describe. El período sideral de su revolución en torno a la tierra es de 27,3 días, desplazándose aproximadamente a un kilómetro por segundo. Como sabemos fue Newton quien demostró que la fuerza que mantiene a la luna en su órbita en torno a la tierra es la misma fuerza de gravedad que hace que una manzana caiga al suelo, ese fue el paso culminante en la unificación de lo celeste y lo terrestre en las ciencias[479].

---

[478] Esta teoría la propuso hacia 1970 el científico planetario William Hartmann, después se ha demostrado informáticamente su viabilidad, aunque sigue siendo una hipótesis.

[479] Steven Weinberg en *Explicar el mundo*, Taurus, Barcelona 2015, p. 235, escribe lo siguiente: «Newton consideró que el radio de la órbita de la luna (conocido a partir de las observaciones del paralaje diurno de la luna) era 60 veces el radio de la tierra; de hecho es 60,2 el radio de la tierra. Utilizó un tosco cálculo del radio de la tierra que dio un tosco valor para el radio de la órbita de la luna, y sabiendo que el período sideral de la revolución de la luna en torno a la tierra es de 27,3 días pudo calcular la velocidad de la luna, y de ahí su aceleración centrípeta. Esta aceleración resultó ser menor que la aceleración de los cuerpos que caen sobre la superficie de la tierra por un factor aproximado (muy aproximado) de $1/(60)^2$, tal como sería de esperar si la fuerza que mantiene a la luna en su órbita es la misma que atrae a los cuerpos hacia la superficie terrestre, aunque reducida de acuerdo con la ley de la inversa del cuadrado. A esto se refería Newton al afirmar que había descubierto que las fuerzas "se correspondían de manera bastante aproximada". Este fue el paso culminante en la unificación de lo celeste y lo terrestre en las ciencias».

8. Modelo cosmológico estándar y fuerzas del Universo

Lo hasta aquí expuesto ha llevado a la mayoría de los científicos a asumir lo que actualmente se denomina «modelo estándar del *big bang*»[480]. Según este modelo la estructura global del Universo y su evolución se ajustan a la teoría general de la relatividad, en la que la geometría del espacio-tiempo está determinada por la distribución de todas las masas[481]; la radiación (fotones) se propaga a la velocidad de la luz constante para todos los observadores; las propiedades del universo son las mismas vistas desde cualquier observador situado en cualquier lugar del espacio; y, por tanto, a gran escala el Universo es uniforme, homogéneo e isótropo, en el sentido que dije al tratar de la relatividad general propuesta por Einstein[482]. Parece que el Universo actual no contiene antimateria, y si hubiese alguna en forma de nubes de antipartículas sería en cantidad tan ínfima que a efectos prácticos puede ignorarse. La actual materia visible en el Universo, la que forma estrellas, planetas, cometas, gases y polvo interestelar e intergaláctico, está formada aproximadamente en un 74 por cien por hidrógeno, en un 25 por cien por helio y el uno por cien restante por otros elementos[483].

He hablado de «materia visible» porque según los astrónomos también existe otro tipo de materia que no vemos, pero está ahí, según parece, como algo necesario para que las galaxias se hayan formado y roten como lo hacen. Se le suele denominar «materia

[480] Afirma el físico Weinberg que esta denominación la introdujo él mismo en el año 1971 (*Explicar el mundo*, p. 255).

[481] Según la teoría general de la relatividad la gravedad se interpreta como una curvatura del espacio-tiempo, y esa curvatura se describe mediante el denominado tensor de Riemann, un operador matemático que, de acuerdo con Einstein, describe la curvatura de las líneas del Universo de los sistemas inerciales.

[482] Cfr. la anterior nota 431 y Udías, *Breve historia de la Física*, ob. cit., 11.7, p. 265.

[483] Respecto al tratamiento puramente filosófico de la materia me remito especialmente a Kant, *Principios metafísicos de la ciencia de la naturaleza*, de 1786, Tecnos, Madrid 1991, pp. 11 a 15 y siguientes; y a Zubiri, *Espacio, Tiempo, Materia*, Alianza y Fundación Xavier Zubiri, Madrid 1996, pp. 333 a 699.

oscura», y aunque su naturaleza y su composición sigue siendo otro misterio para la ciencia, según los astrofísicos constituye la mayor parte de la materia existente en el Universo, hasta un 85 por cien del total. Es una materia que tiene efectos gravitatorios atractivos, atrae, por eso jugó un papel relevante en la etapa inicial de formación de las galaxias, y después impide que estas se despedacen debido a la fuerza centrífuga, a pesar de que giran con elevadas velocidades[484].

La interacción entre la materia se hace por cuatro fuerzas fundamentales: nuclear fuerte, electro-magnética, nuclear débil y gravitatoria, ellas son las que hacen que el Universo sea dinámico. En la física de Aristóteles y Tolomeo el Primer Motor movía la primera esfera concéntrica del mundo supralunar y así se iban moviendo las demás esferas, unas a las otras. Con Copérnico y Galileo se impuso una visión mecanicista de movimientos que pueden describirse matemáticamente, y que se producen bien por contactos y colisiones (Huygens y Descartes), bien por fuerzas a distancia (Kepler y Newton). Todo esto ha cambiado con la teoría de la relatividad y la mecánica cuántica. Ahora sabemos que en la naturaleza existen esas cuatro fuerzas fundamentales que, teniendo funciones distintas pero complementarias, hacen que la materia se interrelacione, es decir, modifican el estado de movimiento o reposo de los cuerpos haciendo dinámico el Universo y todo lo que hay en él. Voy a referirme a cada una de estas fuerzas en orden decreciente de intensidad, advirtiendo que la física atómica y las fuerzas que en ella interactúan se examinan con más detenimiento en el capítulo siguiente (la fuerza gravitatoria ya la conocemos). Pues bien, la fuerza nuclear fuerte asegura la estabilidad de los núcleos atómicos y produce la energía de las estrellas; la fuerza electromagnética garantiza la estabilidad de los átomos y las moléculas, y está en la base de todas las propiedades químicas de la materia; la fuerza nuclear débil juega un papel de tipo catálico en los núcleos atómicos; y la fuerza de la gravedad actúa entre masas y conforma la estructura del universo, de las estrellas y de los planetas. Ha habido intentos de unificar las cuatro fuerzas que mueven la naturaleza con la llamada «teoría del todo», pero como reconocen incluso quienes los han

---

[484] Cfr. Jou, *Pensar la Creación*, ob. cit., p. 48, y aquí el comienzo de VII, 6.

promovido han fracasado, aún hay bastantes cuestiones que siguen siendo un misterio para los físicos[485].

Una de ellas es una misteriosa «fuerza o energía oscura» cuya naturaleza desconocemos, que está distribuida por todo el espacio y, al contrario que la materia oscura, repele. Parece ser una fuerza de repulsión que actúa contra la gravedad, acelerando la expansión del universo. De manera que, por su causa, en lugar de ralentizarse tal expansión por la atracción gravitatoria entre galaxias, va cada vez más deprisa, como hace años han observado los astrofísicos.

He aquí nuevos misterios cosmográficos, los de una «materia oscura» que atrae y una «energía oscura» que repele, tan misteriosos que, aunque imaginamos que tienen que estar ahí para que las cosas sean como son, ignoramos tanto su causa como su constitución. Eso supone que como dice el joven astrofísico Sabadell, «no tenemos ni idea de lo que está hecho el 96% del universo»[486]. Después volveré sobre esto, veamos ahora cómo es y cómo evoluciona esa pequeña parte de materia que sí conocemos.

---

[485] Cfr. Hawking, *La teoría del todo*, Debolsillo, Barcelona 2012, pp. 123 a 139; y Weinberg, *Dreams of a Final Theory*, de 1993.

[486] Miguel Ángel Sabadell, físico teórico nacido (1966) en Salamanca, en *Principios fundamentales de la astrofísica*, Pinolia, Madrid 2024, p. 251, escribe acerca de lo que llama «nuestra tremenda ignorancia sobre el universo» lo siguiente: «Sabemos que un 4% de todo lo que contiene el universo es materia ordinaria, un 26% es materia oscura y el restante 70% es energía oscura que no sólo no sabemos qué es, sino que tampoco la comprendemos. Resumiendo: no tenemos ni idea de lo que está hecho el 96% del universo. La escasez de datos es tan abrumadora como la falta de una teoría que la explique».

Capítulo V

Estructura de la materia y sus consecuencias metafísicas

1. Estructura atómica de la materia

La materia que existe en el Universo (la que conocemos) está hecha de átomos. Toda ella, todo lo que conforma nuestro mundo, incluido el cuerpo humano, así como todo lo que vemos en el espacio, como el sol, la luna y las estrellas, todo se compone de pequeñas partículas indivisibles que se mueven sin cesar en el espacio e interactúan entre sí, a las que ya desde la antigüedad llamamos átomos. Palabra que significa precisamente «indivisible», y que utilizaron hace nada menos que unos dos mil cuatrocientos años Leucipo y su colega Demócrito, quienes fueron los primeros que propusieron esta gran idea: que todas las cosas están compuestas de pequeños átomos indivisibles que se unen para formar distintos cuerpos, desde los más ligeros como el fuego hasta los más pesados como la tierra[487]. Esta doctrina atomista fue recogida en Atenas por el fundador de la escuela llamada «El Jardín», me refiero a Epicuro, para el que todos los cuerpos del universo se componen de ἄτομοι, átomos en perpetuo movimiento de naturaleza indivisible[488] —ἄτομοι significa no cortable en dos—; y en Roma por su fiel seguidor Lucrecio, poeta que, ahora en verso y en latín, cantó que los *primordia*, ἀρχαί o primeros principios de todo lo que existe son los átomos[489]. Una teoría similar se irá desarrollando por Galileo, Gassendi, Descartes, Leibniz, Newton y otros, cada uno en función de las bases de su física,[490] si bien es en la época moderna cuando

[487] Leucipo de Elea (o de Mileto) nació alrededor del año 500 a. C.; Demócrito de Abdera (460-371 a. C.), contemporáneo de Sócrates, fue discípulo de Leucipo y viajó por Grecia, Egipto y Persia.

[488] Epicuro de Samos, *Carta a Heródoto*, 40-45, en *Obras*, Tecnos, Madrid 1991, pp. 10 a 13.

[489] Titus Lucretius Carus, *De rerum natura*, Libro I, 265 y 420, Consejo Superior de Investigaciones Científicas, edición bilingüe, Madrid 1983, pp. 20 y 26.

[490] En *Sobre los principios de la filosofía*, segunda parte, 20, Descartes afirma que los átomos no son indivisibles por naturaleza, ya que al menos con el pensamiento todo es divisible. Leibniz, en su *Monadologie* de 1614, niega que la esencia de los cuerpos sea la extensión, como Descartes creía, y parte de las «mónadas» como sustancias simples que

hemos llegado a conocer la estructura y el funcionamiento de los átomos. Esto ha sido posible gracias a dos circunstancias: por una parte, desde el punto de vista práctico, el desarrollo del microscopio de túnel de alta resolución, que permite visualizar los átomos[491], y del microscopio electrónico, con el que llegan a verse átomos de tan solo una diezmillonésima de un milímetro de ancho; por otra, y especialmente, por el gran desarrollo de la física cuántica, que ha abierto la ciencia al reino de lo muy pequeño al ir descubriendo cómo se comportan los átomos y las moléculas. Es una parte de la física que trata de las leyes de la naturaleza a nivel microscópico atómico y molecular, su desarrollo ha supuesto una revolución cuántica que, además de darnos una nueva visión del Mundo, nos ha enseñado que los principios utilizados a escala macroscópica no son aplicables a nivel de los procesos subatómicos, como en este capítulo vamos a ir comprobando.

Un átomo tiene un tamaño del orden de 10^{-10} metros y un radio de 1 o 2 x 10^{-8}, para mostrar cuán pequeños son en una de sus lecciones, titulada *Átomos en movimiento*, Feynman pone el siguiente ejemplo: si se ampliara una manzana hasta el tamaño de la tierra, los átomos de la manzana tendrían aproximadamente el tamaño de la manzana original[492]. Lo inefable es que esas pequeñas partículas de las que estamos hechos tienen una estructura interna que recuerda la estructura del Universo: en este los planetas giran en elipse alrededor de los astros, lo mismo sucede en el átomo, en el que los inquietos electrones giran en elipse alrededor del núcleo, la diferencia es que los planetas se mueven por la fuerza gravitacional mientras que los electrones lo hacen por la fuerza electromagnética, pero un átomo es como un minúsculo sistema solar[493]. Según el modelo atómico

no tienen partes y no son extensas a la manera de los átomos. Respecto a Newton, en *Opticks* escribe que la materia se compone de átomos que forman los cuerpos.

[491] Este avance se debe a Gerd Bining (n. en 1947) y Heinrich Rohrer (1933-2013), quienes lo consiguieron a finales del siglo XX.

[492] Feynman, *Seis piezas fáciles*, ob. cit., p. 36. Cfr. Elie Lévy, *Diccionario de Física*, Akal, Madrid 1992, voz «átomo».

[493] En su libro *La visión del mundo de la nueva física*, Escolar y Mayo, Madrid 2019, pp. 53 y 54, Planck hace una matización a esta conclusión, cuando escribe lo siguiente: «Según la extraordinariamente fructífera teoría de Niels Bohr, los electrones de un átomo se mueven alrededor del núcleo según una ley similar a la de los planetas alrededor del sol. Así, en lugar de la fuerza gravitatoria se encuentra la atracción debida a las cargas opuestas del núcleo y los electrones. Existe, sin embargo, una diferencia especial, y esta es que los electrones sólo pueden girar en órbitas completamente determinadas y diferentes unas de otras por valores discretos, mientras que en el caso de los planetas

nuclear hoy generalmente admitido el átomo no es algo simple, sino que, como descubrió Rutherford[494], se compone de vacío y de partículas más pequeñas, de las que paso a tratar. Tiene cada uno un núcleo que es unas cien mil veces menor que el propio átomo —mide del orden de 10^{-15} metros—, en el que se concentra la masa atómica, y en el que hay protones con carga positiva y neutrones sin carga alguna (protones y neutrones son llamados nucleones), pues además de masa (que da el peso atómico), los átomos tienen carga eléctrica (el número atómico viene dado precisamente por el número de cargas positivas en el núcleo), enseguida hablaré de la radiación. Lo que mantiene a los protones juntos en el núcleo es la fuerza nuclear fuerte, que a distancias muy pequeñas actúa cien veces más que la electromagnética, de manera que asegura la estabilidad de los núcleos atómicos y produce la energía de las estrellas. Lo hace mediante la «fusión nuclear», cuando dos núcleos de un elemento ligero colisionan entre sí para formar un núcleo de un elemento más pesado, liberando una gran cantidad de energía[495]. La «fisión nuclear» es el proceso inverso: supone la partición del núcleo de un átomo de un elemento más pesado en dos propios de un elemento más ligero. Al dividir el núcleo atómico en dos falta masa, que se convierte en energía a tenor de la ecuación de Einstein[496], así se genera una bomba atómica. Respecto a los neutrones, es la fuerza nuclear débil la que mantiene las partículas unidas formando un neutrón. Igual que la fuerte, esta fuerza débil nuclear actúa a distancias muy cortas, y hace que protones y neutrones se

---

ninguna órbita individual parece preferirse a otra. Este hecho, en principio incomprensible, encuentra según la teoría ondulatoria de los electrones una explicación muy clara. Si una órbita electrónica se cierra es evidente que ella siempre debe contener exactamente un número entero de longitudes de onda, es algo así como la longitud de un anillo completo de una cadena cerrada, que consta de numerosos eslabones de la misma longitud, que sólo puede ser igual a un número entero de longitudes de eslabón. De acuerdo con esto, la circulación de un electrón alrededor del núcleo atómico se parece menos al movimiento de un planeta alrededor del sol y más al giro de un anillo completamente simétrico alrededor de sí mismo, de tal modo que el anillo en su totalidad ocupa siempre la misma posición en el espacio, y no tiene ningún sentido físico hablar de la posición instantánea del electrón».

[494] Ernest Rutherford (1871-1937), nacido en Nueva Zelanda, enseñó en las Universidades de Cambridge, McGill (Canadá) y Manchester.

[495] Así, cuando dos núcleos de hidrógeno colisionan forman un núcleo de helio, y se libera un neutrón y energía.

[496] Un neutrón rompe el núcleo de uranio produciendo dos núcleos de bario y criptón, tres neutrones y energía. La reacción se puede propagar en cadena al resto de núcleos.

trasformen unos en otros, lo que a su vez produce radioactividad beta: partículas con carga eléctrica que salen expulsadas de los núcleos.

Como ya imaginaron los antiguos atomistas en el interior del átomo hay vacío, mucho vacío, y en él se mueven los electrones alrededor del núcleo en órbitas elípticas que pueden variar, según comprobó Niels Bohr, uno de los padres de la mecánica cuántica aplicada al átomo. Pues los electrones tienen carga negativa, a diferencia de la positiva de los protones del núcleo, y el átomo no radia energía cuando los electrones están en órbitas estables, sino que la radiación se produce o se absorbe sólo al pasar un electrón de una órbita a otra de menor o mayor nivel energético en forma de fotones —de manera que cuando un electrón desciende de nivel emite energía, y cuando asciende la recibe—, después me referiré a la cuantificación de esta radiación. Aquí juega un papel esencial la fuerza electromagnética, que actúa entre los electrones y es fundamental para la disposición o unión de átomos, también más abajo abundaré en esta idea. Gracias a ella los átomos se unen para formar moléculas, y en última instancia todos los materiales existentes. Una molécula es un grupo de átomos formando la porción más pequeña de una sustancia química. Si los átomos son iguales hablamos de elementos (sustancias químicas) simples; si son diferentes se trata de elementos compuestos. Sabemos que a cada elemento —existe una centena larga de ellos— corresponde un tipo de átomo diferente, y que los elementos fueron clasificados por Mendeleev de forma muy peculiar: parece ser que, como aficionado que era a los solitarios, hizo una baraja con los elementos químicos, que combinaba en distintas configuraciones. De esta manera descubrió que cuando se organizaban en orden creciente de pesos atómicos aparecían ciertas periodicidades en sus propiedades, hasta que, por fin, encontró un orden adecuado distribuyéndolos según el peso atómico creciente. De esta forma, Mendeleev propuso en 1869 una «tabla periódica de los elementos» en función de sus pesos atómicos[497]. Después los elementos de esta tabla se han ordenado no por el peso atómico sino por el número atómico, que es el número de cargas positivas (protones) en el núcleo y aumenta

---

[497] Dimitri Ivanovich Mendeleev (1834-1907), nacido en Siberia, fue catedrático de química de la Universidad de San Petesburgo; en su honor, el elemento 101 ha recibido el nombre de «mendelevio». Cfr. Udías, *Breve historia de la física*, ob. cit., p. 223.

progresivamente de un elemento a otro, siendo una base segura para su ordenación[498].

Comprobamos que tan admirable es el hecho atómico como el mundo cósmico. Los inquietos átomos no paran de moverse, interactúan, se combinan entre sí de distintas maneras para formar moléculas simples y elementos compuestos y, en última instancia, todo lo físico que observamos y vemos, en lo que vivimos, incluido nuestro propio cuerpo humano. Acudamos a un ejemplo que los físicos nos proponen, el de una simple gota de agua. Antes tengo que advertir que, bajando en la escala microscópica, la física de partículas subatómicas ha evolucionado y se han encontrado hasta diecisiete aún más pequeñas y básicas; así los cuarks, que forman protones y neutrones[499], en sus seis variedades, y los leptones, todos ellos partículas materiales (o fermiones); y las partículas portadoras de fuerza (bosones), que incluyen los fotones, los gluones, los bosones W y Z, y el bosón de Higgs descubierto el año 2012 en el Gran Colisionador de Hadrones[500]. Volviendo al ejemplo de la gota de agua, resulta que está compuesta por moléculas (alrededor de miles y miles de millones), cada una de las cuales mide 10^{-9} metros. Si penetramos en esas moléculas descubrimos átomos, dos de hidrógeno por cada uno de oxígeno, cada uno de los cuales mide, como ya dije, 10^{-9} metros, con un pequeño núcleo del orden de 10^{-15} metros y electrones que gravitan a su alrededor. En el núcleo encontramos multitud de nuevas partículas, los protones y los neutrones de una pequeñez extraordinaria. Y hay partículas aún más pequeñas, como los cuarks, que llegan a tener el inimaginable tamaño de 10^{-18} metros, lo que representa una especie de muro dimensional (por eso se les califica de cimientos de la materia). En una de sus instructivas lecciones de física Feynman pone el ejemplo de una gota de agua de cinco milímetros de diámetro, con sus partículas agitándose o rebotando continuamente, girando y moviéndose unas alrededor de otras. El agua líquida no se deshace porque hay una atracción mutua entre sus moléculas, pero si aumentamos la temperatura (damos calor) aumentamos el

---

[498] Este cambio fue debido a Henry Moseley (1887-1915), profesor de Oxford. En la Tabla actualmente hay 109 elementos, metales o no, sólidos, líquidos, gaseosos y artificiales.

[499] Los electrones son partículas fundamentales, lo que significa que no pueden descomponerse en partículas más pequeñas.

[500] Cfr. *El mundo según la física* de Al-Khalili, ob. cit., pp. 91 y 188 a 192.

movimiento, hasta que llega un momento en el que las moléculas se disgregan y separan unas de otras: así se produce vapor de agua. Pero si, al contrario, disminuimos la temperatura de la gota de agua, las moléculas van dejando de agitarse, hasta que quedan bloqueadas en una nueva estructura: el hielo, en el que hay un lugar definido para cada átomo. De esta forma describe Feynman líquidos, gases y sólidos desde el punto de vista atómico[501].

Hasta aquí hemos visto la estructura de la materia según el modelo atómico nuclear. Para poder saber más acerca de la actividad de los átomos, es decir, de la materia, tenemos que acudir a lo que nos enseña la mecánica cuántica. Pero antes es necesario conocer bien la fuerza electromagnética, a la que ya he aludido en varias ocasiones.

---

[501] Feynman, *Seis piezas fáciles*, capítulo 1 titulado «Átomos en movimiento», Crítica, Barcelona 2022, pp. 34 a 41.

2. La fuerza electromagnética

Sabemos que las reglas de juego de la naturaleza, las que regulan sus movimientos como si fuera una partida de ajedrez, se contienen en las cuatro fuerzas que hay en ella. Una «fuerza» es una causa capaz de modificar el estado de movimiento o reposo de un cuerpo, es lo que hace que el mundo sea dinámico[502]. Cuando un cuerpo en reposo se haya en un campo de fuerzas —por ejemplo, en el de la gravedad o en la electromagnética— tiene energía potencial (antes llamada fuerza muerta), entendiendo por «energía» una causa capaz de transformarse en un trabajo mecánico, es decir, la capacidad para realizar una actividad[503]. Distinta es la energía cinética (antes llamada fuerza viva), que es la que posee un cuerpo por razón de su movimiento, y es igual a la mitad del producto de la masa por el cuadrado de la velocidad. La primera ley de la termodinámica o de conservación de la energía nos dice que en un sistema cerrado, como, por ejemplo, el universo, la energía ni se crea ni se destruye, Kelvin la propuso y Maxwell la desarrolló. La segunda ley de la termodinámica o de aumento de la entropía afirma que en un sistema cerrado la entropía (grado de desorden) siempre aumenta, Clasius la estableció y Maxwell también la tuvo muy en cuenta[504]. Sobre estas bases podemos ya abordar el examen de esa importante fuerza que da energía potencial a los cuerpos, la fuerza electromagnética.

El electromagnetismo es una de las cuatro fuerzas fundamentales de la naturaleza, a él se debe la práctica totalidad de

---

[502] Fuerza es «la magnitud vectorial utilizada en física para esquematizar la acción que un cuerpo puede sufrir o ejercer sobre otro cuerpo», dice el *Diccionario de Física* Elie Lévy, ob. cit., p. 369.

[503] Maxwell definió la energía como «la capacidad de un sistema para realizar un trabajo mecánico».

[504] Entropía, palabra que procede de la griega ἐντροπία, que significa evolución o transformación, es una magnitud que mide la evolución del grado de desorden de un sistema, y describe lo irreversible de los sistemas termodinámicos. Boltzman hizo la ecuación (que está grabada en su tumba) que muestra que la cantidad de entropía en el Universo tiende a incrementarse, y ello se debe a que los átomos asumen un estado más desordenado.

las propiedades de las cosas, como su color, dureza o densidad, así como la estructura de los átomos y las moléculas, desde las pequeñas como las del agua hasta las más grandes como las del ADN, transmisoras de la herencia biológica. Desde el punto de vista práctico tiene tantas aplicaciones que ha transformado completamente nuestro modo de vivir, inimaginable sin su presencia ubicua en nuestras ciudades, casas y lugares de trabajo[505]. Las interacciones entre cargas eléctricas en movimiento (que eso es electromagnetismo) mueven el mundo microscópico, de la misma manera que la gravitación hace con el macroscópico. Pero para llegar a esta conclusión ha sido necesario unificar el magnetismo, la electricidad y la óptica, veamos cómo se ha conseguido.

Comencemos con el magnetismo. Gilbert y Descartes estudiaron el magnetismo terrestre y consideraron que la tierra es un gran imán, de esta forma explicaban el que la brújula señale al norte[506]. Después fueron claves las observaciones del campo magnético terrestre realizadas, desde el observatorio magnético de Gotinga, por el gran matemático Gauss[507]. Actualmente el magnetismo es atribuido a la existencia en toda sustancia material de corrientes particulares, unas corrientes eléctricas creadas por los movimientos orbitales y de rotación propia (spin) de las distintas partículas que componen la sustancia. Pues además de la masa (peso atómico) y la carga eléctrica (valencia), los electrones y otras partículas poseen una propiedad llamada «spin», o espín, relacionada con una especie de giro sobre sí mismas, o con el aspecto que presentan al ser observadas en diferentes direcciones[508]. Las corrientes así generadas crean momentos magnéticos.

La verdadera naturaleza de la electricidad sigue siendo un misterio para la ciencia, al igual que lo son la causa del *big bang* y la materia y energía oscuras. Continúa siendo un «fluido misterioso», tal como le llamaron sus primeros descubridores, o sencillamente, en

[505] Cfr. Fernández Rañada, *Los científicos y Dios*, ob. cit., p. 182.

[506] William Gilbert publicó el año 1600 su obra *De magnete*, (*Sobre el imán*). René Descartes publicó en 1637 su *Discours de la Méthode* con sus tres complementos prácticos.

[507] Carl Friedrich Gauss (1777-1855) fue profesor de la Univer-sidad de Gotinga y director de su observatorio. Desarrolló el primer magnetómetro, y junto con Weber (1804-1891) en 1849 publicó sus estudios magnéticos en *Resultate aus den Beobachtungen der magnetischen Vereins*.

[508] Cfr. Hawking, *El universo en una cáscara de nuez*, ob. cit., p. 48.

el lenguaje actual, «una característica intrínseca de algunas partículas elementales», o bien «un movimiento de portadores de carga eléctrica»[509]. Bárbara y Franklin identificaron el rayo con una descarga eléctrica desde las nubes electrificadas, ambos hicieron observaciones y experimentos y anticiparon el pararrayos[510]. Después se empezó a utilizar el concepto de «carga eléctrica», y de nuevo encontramos en la física algo digno de ser admirado: Coulomb establece una ley que tiene la misma forma que la ley de gravitación de Newton entre masas: según ella, la fuerza entre dos cargas eléctricas es igual al producto de las cargas dividido entre la distancia entre ellas al cuadrado multiplicado por una constante, y la misma ley se cumple para polos magnéticos[511]. Otra vez lo microscópico es reflejo de lo macroscópico del universo, o a la inversa[512]. Numerosos experimentos de Galvani, Watt, Volta, Ohm y otros científicos, algunos hechos con ancas de rana, mostraron la manera de producir una corriente eléctrica con cargas de signo positivo y negativo (como las de protones y electrones), atrayéndose cargas de signo distinto y repeliéndose las de igual signo. También se conoció cómo medir su potencia y su resistencia, así como la forma de condensar y almacenar la electricidad[513].

La primera unificación se produjo entre el magnetismo y la electricidad, así nació el electro-magnetismo. Comenzó de forma un tanto casual, cuando un físico danés llamado Oersted estaba dando clase en la Universidad de Copenhague en 1820, e inesperadamente

[509] Cfr. Elie Lévy, *Diccionario de Física*, Akal, Madrid 1992, voz «electricidad», pp. 264 y 265.

[510] Santa Bárbara es patrona de artilleros y artificieros a causa de los experimentos que hizo con rayos. Benjamín Franklin (1706-1790), nacido en Boston y uno de los padres fundadores de los Estados Unidos, realizó el siguiente experimento: añadió a una cometa una barra metálica terminada en punta, que conectó con un hilo a una llave que tenía cerca de la mano; un día de tormenta elevó la cometa hacia las nubes y detectó la presencia de descargas eléctricas en la llave (sobreviviendo de milagro).

[511] Charles A. Coulomb (1736-1806) fue ingeniero militar. Midió la fuerza entre dos esferas cargadas de electricidad con una balanza de torsión de gran sensibilidad, y comprobó que su acción disminuye con el cuadrado de la distancia entre los centros de las esferas. Después repitió el experimento con varillas imantadas muy largas, y encontró que la misma ley es también válida para la acción entre dos polos magnéticos.

[512] Hay que destacar la gran diferencia que hay entre la intensidad de las fuerzas: la electromagnética es mucho más potente que la gravitacional.

[513] Galvani (1737-1798), médico y físico, fue profesor de la Universidad de Bolonia; Watt (1736-1819), amigo de Adam Smith, trabajó en Glasgow; Volta (1745-1827), amigo de Galvani, fue profesor de la Universidad de Pavía; Ohm (1787-1854) impartió clases en la Universidad Politécnica de Colonia y después en la de Munich.

una aguja imantada se movió al hacer pasar una corriente eléctrica por un hilo metálico que estaba a pocos centímetros de ella. De esta forma Oersted descubrió en presencia de sus alumnos una de las leyes de la naturaleza, y comprobó que un fenómeno magnético puede ser inducido por otro eléctrico[514]. Después el físico y matemático francés Ampère descubrió la ley que lleva su nombre sobre los efectos magnéticos de las corrientes eléctricas, que cuantifica y precisa la encontrada por Oersted. Fue uno de los creadores del vocabulario de la electricidad al introducir palabras como «corriente eléctrica» y «tensión», inventó el telégrafo eléctrico y el electroimán, y por la importancia de sus trabajos ha dado nombre a la unidad internacional de intensidad de corriente, que se denomina amperio[515]. Finalmente, Faraday, uno de los mejores físicos experimentales de la historia, descubrió las leyes de la inducción electro-magnética, de la corriente eléctrica y de la electro-química, puede decirse que en sus observaciones y descubrimientos se basan la producción de electricidad y los motores eléctricos[516]. Lord Kelvin —el científico que mantuvo un debate con Darwin sobre la edad de la tierra— reformuló matemáticamente las conclusiones a las que había llegado Faraday[517], aunque quien principalmente formalizó matemáticamente tales conclusiones fue Maxwell, como enseguida veremos, lo que supone que con este físico culminó la unificación del magnetismo, la electricidad y la óptica. Con acierto Einstein comparó la pareja de científicos Galileo – Newton con la de Faraday – Maxwell: el primero de cada par captó intuitivamente las relaciones, el segundo las formuló con exactitud y las aplicó; Galileo y Newton unificaron la física de la tierra y el resto del universo, Faraday y Maxwell unificaron la física del magnetismo, la electricidad y la óptica; aquellos nos indican cómo funciona el gran Cosmos con la fuerza de la gravedad, estos cómo lo hace el microcosmos con la fuerza electromagnética.

---

[514] Hans Chistian Oersted (1777-1851) publicó en 1820 los resultados de sus descubrimientos en su libro, escrito en latín, *Experimenta circa efficaciam conflictus electrici in acum magneticam* (Experimentos sobre la eficacia de la influencia eléctrica sobre la aguja magnética).

[515] André Marie Ampère (1775-1836) fue profesor de física y química. Su padre fue guillotinado por los jacobinos.

[516] Michael Faraday (1791-1867), inglés, trabajó en la *Royal Institution* de Londres, popularizó la ciencia con sus conferencias y publicó sus experimentos en *Experimental Researches in Electricity*, tres volúmenes, Londres 1839-1855.

[517] Lo hizo el año 1846 en su obra *On a Mechanical Representation of Electric, Magnetic and Galvanic Forces*.

El gran científico Maxwell consolidó definitivamente el electromagnetismo intuido por Faraday, lo hizo gracias a unas ecuaciones que con razón llevan su nombre, las cuales describen el comportamiento del magnetismo, la electricidad y la materia en interacción con aquellos[518]. Las ecuaciones de Maxwell son comparables a las de Newton que describen y unifican los fenómenos gravitatorios. Además, descubrió la triple conexión entre magnetismo, electricidad y óptica —parte de la física esta última que tiene como objeto el estudio de los fenómenos luminosos—, ya que con sus ecuaciones de onda logró también calcular la velocidad de la luz y mostrar que dicha luz es también una onda electromagnética.

Desde muy antiguo la naturaleza de la luz había sido debatida. Los presocráticos hablaban de ciertos «granos luminosos», Aristóteles consideraba que es una propiedad de «cuerpos luminosos», y mucho después Descartes en su *Dióptica* (que sigue al *Discurso del método*) y en su *Tratado de la luz* seguía pensando que es una materia, una materia luminosa que según él es más densa que el éter pero menos que la tierra, y es de la que están hechas las estrellas. Aquí nos encontramos de nuevo con Huygens (el descubridor de los satélites de Saturno), pues fue quien formuló una nueva teoría ondulatoria de la luz: para él la luz está formada por ondas semejantes a las del sonido que circulan por el aire. Se le opuso Newton, sosteniendo la tradicional teoría según la cual la luz no es una onda, sino que tiene naturaleza corpuscular, es un cuerpo. El debate continuó y Fresnel relanzó la teoría ondulatoria con nuevos argumentos[519]. En esta situación llegamos a Maxwell, quien descubrió que la luz es originada por la propagación de una onda electromagnética transversal, no longitudinal como la del sonido, confirmando así la hipótesis ondulatoria y que la luz y el electromagnetismo vienen a ser fundamentalmente lo mismo. También predijo Maxwell la existencia de ondas electromagnéticas con frecuencias por debajo y por encima de las frecuencias correspondientes a las del espectro de la luz visible, conclusión que

---

[518] James Clarck Maxwell (1831-1879), escocés como señalé, publicó sus resultados en tres obras sucesivas: en 1855 en *On Faraday´s Lines of Force*; en 1865 en *A Dynamical Theory of Electromagnetic Fields*; y finalmente en el año 1873 en su libro *A Treatise on Electricity and Magnetism*.

[519] Agustín-Jean Fresnel (1788-1827), ingeniero francés, publicó en el año 1826 su *Mémoire sur la Diffraction de la lumière*.

Hertz comprobó experimentalmente[520]. ¿Cuerpo u onda? Una vez más la solución nos la ha dado la física cuántica: la luz es ambas cosas, como vamos a ver enseguida la luz es y se comporta a la vez como partícula y como onda.

Toda materia emite radiación electromagnética, como también a continuación se comenta (esto fue lo que llevó a Planck a iniciar la revolución cuántica, investigar la radiación de los cuerpos), y cabe concluir que la luz es la radiación electromagnética que ven nuestros ojos. Gracias a ella vemos las cosas y vamos conociendo el Universo al estudiar la radiación de objetos como las estrellas. Respecto a la velocidad de la luz en el vacío, es independiente de su frecuencia, siendo la misma para todas las ondas electromagnéticas; y es igualmente independiente del eventual movimiento de la fuente con respecto al observador, tal como nos lo ha enseñado la teoría de la relatividad restringida. Actualmente se ha aceptado que esta velocidad de la luz es de 299.792,458 kilómetros por segundo, es decir, nada menos que 1.079.252.848,8 millones de kilómetros por hora[521].

Hemos examinado la estructura básica de la materia según el modelo atómico —todo está hecho de átomos—, y después hemos abordado la fuerza esencial que modifica el estado de movimiento o reposo de los átomos atribuyendo energía —la fuerza electromagnética—. Sobre tales bases estamos ya en condiciones de abordar la revolución cuántica, una revolución científica que precisamente tuvo su origen en la necesidad de comprender el mundo de los átomos, las moléculas y la radiación. Acaso gracias a ella podremos comprender cómo se comportan realmente esos minúsculos elementos que son los átomos.

---

[520] Heinrich R. Hertz (1857-1894), profesor en Berlín, Karlsruhe y Bonn, su nombre ha dado origen a las ondas hertzianas.
[521] Cfr. *Diccionario de Física* de Elie Lévy, voz «luz», p. 499; *El mundo según la física*, Al-Khalili, ob. cit., p. 65, nota.

3. La revolución cuántica en relación a la materia y la radiación

Todo comenzó el día catorce de diciembre de 1900, cuando Max Planck presentó ante la Sociedad Alemana de Física una propuesta, volvemos a hablar del gran físico teórico cuyos descubrimientos nos ayudaron a comprender que la ciencia nada puede decir sobre los primerísimos 10^{-43} segundos tras el *big bang*, ahora lo hacemos en relación al mundo atómico y subatómico[522]. Los físicos no sabían cómo explicar la distribución de energía entre los colores de la luz emitida por un cuerpo caliente, lo que se conoce como el problema de «da radiación de un cuerpo negro», entendiendo por cuerpo negro el que absorbe y emite radiaciones de todas las frecuencias del espectro electromagnético. Dicho de otra forma, lo que se planteaba en esencia era el estudio de la energía que emerge del interior de la materia, de todo objeto material[523]. El título

---

[522] Max Planck (1858-1947), natural de Kiel, fue profesor de física teórica de la Universidad de Berlín. Nobel del física en 1918, conoció a Husserl, trató a Einstein y llegó a entrevistarse con Hitler. Durante la época nacionalsocialista intentó mantener una postura ecléctica, si bien renunció a su puesto en 1937. Uno de sus hijos murió en Verdún durante la primera gran guerra, otro fue ejecutado en la segunda en 1944 por haber participado supuestamente en la operación Valkiria contra Hitler, y dos hijas gemelas fallecieron de sobreparto. Falleció en Gotinga. Utilizo la biografía de Planck escrita por Brandon R. Brown, profesor de física en la Universidad de San Francisco, y publicada con el título: *Planck. Guiado por una visión, roto por la guerra*, Ediciones Intervención Cultural / Biblioteca Buridán, Barcelona 2021.

[523] Brown, en la biografía antes citada, p. 5, explica lo que movió a Planck a investigar este tema, sus palabras son estas: «Una serie de pistas habían llamado su atención hacia los principios trascendentales y universales subyacentes a un fenómeno misterioso y muy poco estudiado, conocido como la "radiación del cuerpo negro", un tipo de energía que emerge del interior de la materia. Si eliminamos la luz refle-jada que rebota en los objetos y medimos solamente la que emerge desde su interior, todos los objetos, independientemente de su forma y tamaño y del material de que estén hechos, emiten exactamente el mis-mo tipo de radiación. Un vagón de tren, un cachorro y un sombrero de paja, siempre que estén a la misma temperatura, emiten la misma débil signatura, exactamente el mismo perfil de frecuencias, mayormente en el infrarrojo, Max Planck quería saber por qué, intuyendo correcta-mente que la respuesta empequeñecería seguramente a la pregunta».

del trabajo presentado por Planck era *Sobre la teoría de la ley de distribución de energía en el espectro normal*,[524] y en él llegó a una conclusión sorprendente y contraria a lo que intuimos: la radiación electromagnética que surge de la materia se emite en forma de paquetes de energía llamados «cuantos», de manera que el intercambio de energía se hace siempre por unidades elementales de valor h, siendo h una constante universal. Descubrió Planck que la luz es a la vez onda y corpúsculo, es una onda extendida continuamente por el espacio, pero también es un conjunto de partículas llamadas «cuantos de luz» o fotones[525], cada uno de los cuales posee una energía igual al producto de su frecuencia (su número de vibraciones en cada segundo) por una constante universal, conocida como «constante de Planck». En una de sus conferencias el propio Planck lo explica diciendo lo siguiente: «da esencia de la hipótesis cuántica es la existencia de una nueva constante universal: el "cuanto elemental de acción", constante que es un nuevo mensajero del mundo real[526]… Este "cuanto de acción elemental" —continúa Planck— significa la equivalencia fundamental entre una frecuencia y una energía: $E = h\nu$, una equivalencia que es completamente incomprensible para la física clásica»[527]. En esta ecuación (que se escribió en su tumba en Gotinga) E es la energía, ν la frecuencia de la radiación y h el cuanto elemental de acción, hoy llamado constante de Planck, una nueva constante universal cuyo valor es de 6,626 x 10[-34] J (julios x segundo). Esta es la idea que revoluciona la microfísica: la radiación y la transmisión de energía no se produce de forma continua, sino que está cuantificada, es decir, es siempre un múltiplo de una última cantidad no divisible, el «cuanto de energía o cuanto elemental de acción», la «constante de Planck». Encontramos de nuevo, lo vimos al tratar del *big bang*, un límite, un muro, ya que esta constante es la más pequeña cantidad de energía que existe en nuestro mundo físico, y por tanto señala el límite de la divisibilidad de la radiación, alguien llegó a decir que era como si Planck hubiera encontrado la voz térmica de la Naturaleza. Planck

---

[524] Planck lo publicó en 1900 con el título de *Zur Theorie des Gesetzes der Energieverteilung im Normalspektrum*.

[525] Planck utiliza el término «cuanto de luz» para lo que hoy llamamos «fotón», término este que introdujo el fisicoquímico Gilbert N. Lewis en 1926.

[526] Después hablaremos de la distinción que hace Planck entre mundo sensorial, mundo real y mundo de la ciencia física.

[527] Planck, *La visión del mundo de la nueva física*, conferencia impartida por él en Leiden el 18 de febrero de 1929, Escolar y Mayo Editores, Madrid 2019, pp. 44 a 46.

formuló esta propuesta para explicar la radiación de un cuerpo negro, pero poco a poco se fue viendo que la constante h estaba en todas partes y se había introducido en la física clásica como un caballo de Troya, ya que cabía cuantificar muchos otros fenómenos.

Así Einstein aplicó la idea de Planck al fenómeno foto-eléctrico[528], defendiendo que no es sólo la radiación estudiada por Planck (referida a la interacción entre materia y radiación) la que se emite en paquetes, sino que toda radiación electromagnética, incluida la luz, llega en forma de cuantos elementales de acción o discretos. De esta forma la transmisión de energía dejaba de ser un proceso continuo, como antes se creía. En un artículo que publicó en 1905 Einstein mostró que la radiación, y en particular la radiación luminosa, se comporta como un conjunto de partículas cuya energía es proporcional a su frecuencia, siendo la constante de proporcio-nalidad precisamente la constante de Planck[529]. Es decir: no sólo se intercambia energía en paquetes, sino que la radiación «está ella misma» compuesta por esos paquetes de energía hv a los que llamó «cuantos de luz» o fotones; precisamente le otorgaron el premio nobel «por su descubrimiento de la ley del efecto fotoeléctrico», por eso y nada más, no por su teoría de la relatividad. En otro trabajo publicado en 1909 Einstein abundó en la idea de Planck según la cual la luz se comporta a la vez como partícula y como onda; al aumentar la frecuencia tiende al aspecto corpuscular, al disminuirla tiende al ondulatorio, pero nunca tiene estrictamente sólo un aspecto. Quedó así establecida una de las conclusiones de la física cuántica: la dualidad partícula-onda tanto para la radiación electromagnética como para la materia. En 1923 lo comprobó Compton respecto a la radiación[530]. Y casi al mismo tiempo lo hizo Broglie para la materia, sobre la base de que, si las ondas se comportan como partículas en la radiación, las partículas de la materia deben comportarse a su vez como ondas. Aplicó este principio al modelo cuántico del átomo y mostró que, efectivamente, las órbitas estables corresponden a valores

[528] Es decir, al hecho de que algunos metales, cuando son iluminados, emiten una radiación de rayos catódicos o electrones.

[529] El artículo de 1905 se titulaba *Sobre un punto de vista heurístico acerca de la producción y transformación de la luz.*

[530] Arthur Compton (1892-1962), profesor de física de las Universidades de San Luis y Chicago, descubridor del «efecto Comton», según el cual los rayos x tienen también naturaleza corpuscular, como Einstein había concluido en relación a la luz.

estacionarios de las ondas de materia, así constató algo que va contra lo que parece a los sentidos: la naturaleza ondulatoria de la materia[531]. Más adelante me referiré al experimento de la doble rendija, que confirma la complementariedad de la dualidad onda y corpúsculo.

Después Bohr aplicó la teoría cuántica para explicar las órbitas de los electrones en el átomo, y con esto introdujo la constante de Planck (y por tanto la cuantización) en la propia naturaleza de la materia[532]. Rutheford había propuesto que en el átomo hay partículas positivas (protones) en el núcleo, y otras negativas (electrones) girando a su alrededor. Pues bien, en 1912 Bohr publica su importante trabajo *On the constitution of atoms and molecules*, proponiendo un modelo de átomo de hidrógeno en el que, por primera vez, se explican las frecuencias de la radiación emitida por un átomo. Su idea era que la radiación se produce cuando un electrón salta de un nivel a otro —como dije, cuando el electrón pasa a una órbita más baja irradia energía, si es más alta la absorbe—, y que el conjunto de esos niveles es algo característico de cada átomo; podríamos decir que cuantifica las órbitas de los electrones, introduciendo así el «cuanto de energía o cuanto elemental de acción» en la propia materia[533].

Con Planck, Einstein y Bohr quedaba establecido que la cuantización no sólo estaba en la radiación, también en la materia y en la interacción entre ambas, y entre los años 1925 y 1928 maduró y se desarrolló esta teoría cuántica. Tras un Congreso que tuvo lugar en Como, se celebró otro en Bruselas en octubre del año 1927, y allí se establecieron las bases de lo que Heisenberg llamó «espíritu de

---

[531] Louis de Broglie (1895-1987), profesor de física en la Universidad de París, hizo esta propuesta en 1924.

[532] Niels Bohr (1885-1962) fue otro gran científico danés que enseñó física teórica en la Universidad de Copenhague, en la que, atraídos por él, estuvieron muchos de los físicos que desarrollaron la teoría cuántica (incluso durante la segunda guerra mundial), por esa razón fue conocido como «director de la física atómica».

[533] El físico Udías lo explica de la siguiente manera en su *Historia de la Física*, ob. cit., p. 203: «Bohr defiende que el átomo de hidrógeno posee varios niveles de energía (órbitas del electrón), con un nivel más bajo desde el que no emite radiación, que corresponde a la órbita estacionaria más baja del electrón. En otras órbitas estacionarias el átomo irradia energía en la forma de un fotón sólo cuando el electrón pasa de una órbita a otra de más bajo nivel. La energía radiada y la frecuencia de la radiación se ajustan a la fórmula establecida por Planck. A su vez, un átomo puede pasar de un estado a otro de mayor nivel de energía cuando recibe y absorbe una radiación equivalente».

Copenhague» (en honor a Bohr) o, como se le denomina normalmente, «la interpretación Copenhague-Gotinga de la mecánica cuántica». Aquí se inició también una viva e interesante polémica entre Bohr y Einstein, después me referiré a ella, antes voy a hablar de lo que aportaron algunos de los científicos cuánticos en este período.

En el año 1925 Heisenberg realizó una formulación por matrices de la mecánica cuántica, su objetivo era poder predecir con sus ecuaciones la frecuencia y la intensidad de la radiación que emite un átomo[534]. Y formuló el «principio de incertidumbre», según el cual determinados pares de variables de los sistemas físicos, como la posición y la cantidad de movimiento, sólo pueden conocerse con una precisión máxima cuyo valor es del orden de la constante de Planck, más adelante abundaré en esta idea. Después, en el año 1926, Schrödinger llevó a cabo algo que la introducción de las ondas de materia en la física hacía necesario: describir su movimiento mediante una ecuación. Schrödinger propuso la segunda formulación de la mecánica cuántica, y muy importante, ya que con ella descubrió la ecuación que describe el comportamiento de los electrones, los átomos y las moléculas, la llamada «ecuación de onda» (Ψ), básica hoy en física[535]. Tan importante fue su hallazgo que, como dije al hablar de la creación continua, alguien propuso rescribir el *Génesis* haciendo que comenzara diciendo: «En el principio Dios creó la ecuación de Schrödinger, después la tomó como modelo y fue creando todas las cosas de acuerdo con ella». Pero esta nueva ecuación de onda tenía una contrapartida: implicaba la imposibilidad de conocer con total precisión y a la vez la posición y la velocidad de la partícula, se producía una limitación en la medición de su estado físico que era intrínseca, no superable mediante el perfeccionamiento de nuestros sistemas de medida. Schrödinger compartió el premio nobel de 1933 con Dirac, el cual en el año 1928 reformuló la ecuación de onda de aquel, describiendo el comportamiento del electrón mediante la

---

[534] Werner Heisenberg (1901-1976), premio nobel en 1932, trabajó intentando conseguir una bomba nuclear durante el período nacionalsocialista: cfr. Fernández Rañada, *De la incertidumbre cuántica a la bomba atómica nazi: Heisenberg*, Nivola, Tres Cantos (Madrid) 2008; y fue interrogado después de la guerra, durante la cual había visitado a Bohr en Dinamarca.

[535] Erwin Schrödinger (1887-1961), nacido en Viena, sucedió a Planck en la Universidad de Berlín. Durante la época nacionalsocialista se exilió a Irlanda. Cfr. Schrödinger, *Mi concepción del mundo*, Tusquets, Barcelona 2021.

incorporación de algo que Schrödinger no había tenido en cuenta: el efecto de la relatividad y el spin de las partículas[536]. Einstein dirá que fue Dirac quien hizo la formulación lógica más completa de la mecánica cuántica[537]. Y, en fin, otro gran físico cuántico llamado Pauli formuló en 1924 el «principio de exclusión», en función del cual dos electrones no pueden estar en el mismo estado en un átomo, no pueden tener los mismos números cuánticos. Esta idea permite entender las propiedades atómicas, es un principio con el que queda clara la distribución orbital de los electrones en términos cuánticos[538].

De esta forma entre 1925 y 1928 se fue imponiendo una teoría cuántica que cambió radicalmente nuestra visión del mundo material, así como nuestra manera de relacionarnos con él. Es el tema que nos va a ocupar a continuación, amparados en la oficial interpretación de Copenhague promovida por Bohr.

---

[536] Paul Dirac (1902-1984) ocupó en la Universidad de Cambridge la Cátedra Lucasiana, la misma que había ocupado Newton.

[537] Einstein, *La influencia de Maxwell en el desarrollo de la concepción de lo físico real*, en «Mi visión del mundo», Tusquets, p. 201.

[538] Wolfrang Pauli (1900-1958), colaborador de Bohr y de Born, fue premio nobel en 1945 y Einstein pronunció un discurso elogiándolo.

4. Nueva visión del Mundo causada por la física cuántica

La interpretación de Copenhague de la mecánica cuántica se edifica sobre tres tesis: el «principio de complementariedad» de Bohr, la «interpretación probabilística o estadística» de Born y el «principio de incertidumbre» de Heisenbeg. Su combinación, unida a lo que ya hemos visto acerca de esta nueva microfísica, nos da efectivamente una nueva visión del funcionamiento de los átomos y la materia, y con ello del Mundo creado por el océano de energía infinita que es Dios.

Contràrio sunt complementarie es el lema del «principio de complementariedad», un lema que Niels Bohr, hombre polifacético, puso en su escudo de armas. Es un principio que tiene una naturaleza más filosófica pura que física, y que fue propuesto por primera vez por Bohr en el Congreso de Como de 1927 (celebrado en conmemoración del centenario de Volta), en cuya conferencia de apertura dijo que «la teoría cuántica obliga a considerar la coordinación espacio-temporal y la causalidad, cuya unión caracteriza a la física clásica, como características complementarias pero excluyentes»[539]. Viene a decir este principio que, en la descripción de ciertos procesos, en todos los órdenes del conocimiento, es preciso utilizar a la vez conceptos que son excluyentes pero complementarios. Expresado de otra forma: el principio de complementariedad afirma que en el análisis de la realidad hay que admitir la coincidencia de propiedades contradictorias e incompatibles que son, sin embargo, necesarias a la vez para una descripción completa. Tenemos ejemplos muy claros: el del electrón y el de la luz, que a veces se comportan como corpúsculo o partícula localizada (al igual que una bola pequeña de acero), y en ocasiones como una onda extendida en el espacio (igual que las ondas de un estanque).

---

[539] Citado por Fernández Rañada en *Las revoluciones de la física del siglo xx*, Capítulo «La revolución relativista», Universidad de Santander, Santander 1982, p. 29.

Esto supone indeterminismo físico. Supone, según Bohr y frente a la ciencia y a la filosofía clásicas, que a veces no conocemos bien ni siquiera esos fenómenos de los que habla Kant —recordemos: según dice Kant no podemos conocer el noúmeno o cosa en sí pero sí que somos capaces de captar los fenómenos, lo que es objeto de nuestra intuición sensible[540]—, de manera que resulta ahora que la ciencia por sí sola es incapaz de decirnos cómo es exactamente el Mundo. En este sentido Bohr dijo sin tapujos que «es erróneo pensar que la tarea de la física es averiguar cómo "es" la naturaleza», consideraba más bien que dicha tarea es solamente encontrar lo que los hombres pueden "decir" de forma fiable acerca de la Naturaleza[541]. La ciencia actual puede afianzar un realismo ontológico, es cierto, pero también provoca indeterminismo físico, esa es la razón por la que es necesario acudir a la estadística cuántica. Pauli explica muy bien este principio de Bohr: según él supone la caída del clásico paradigma del observador objetivo y del determinismo absoluto (como el de Laplace), ahora la causalidad es probabilística, indeterminada, ahora desaparece la separación tajante entre un mundo de la materia y un mundo del espíritu, dos modos de aproximación a la realidad que, en virtud el principio de Bohr, son complementarios para poder obtener una imagen total y plena del Mundo. Atisbamos con esto, una vez más, una visión de la realidad que desde los confines de la física nos conduce a algo más que a la mera física, hacia algo metafísico.

La «interpretación probabilística o estadística» de Max Born separa aún más el punto de vista cuántico del clásico. Según ella, las predicciones que se pueden hacer en el mundo atómico son de naturaleza intrínsecamente estadística, y sólo se pueden expresar mediante probabilidades, en física cuántica todo lo que podemos obtener es una imagen borrosa de probabilidades[542]. La física clásica estaba edificada básicamente sobre la causalidad por necesidad, lo

---

[540] Kant, *Kritik der reinen Vernunft*, 1781, página 762 y A286-289, B343-345. Según Kant, la razón únicamente capta sus representaciones de las cosas, lo que recogiendo la terminología antigua él llama los fenómenos, lo que se me aparece, lo que es objeto de mi intuición sensible, que no son cosas *en sí*, sino algo que yo tengo. Lo transcendente a mi razón, lo de fuera, son para Kant los noúmenos, las cosas *en sí*, cosas que una razón idealista encerrada en sí misma nunca puede percibir, es imposible.

[541] Esta cita la recoge Brown en su biografía de Planck, ob. cit., p. 218.

[542] Max Born (1882-1970), uno de los padres de la física cuántica, se formó en Gotinga, tuvo amistad y debatió con Einstein, fue premio Nobel en 1954 y se exilió de Alemania a causa del nacionalsocialismo.

que se llama determinismo, bien fuera relativo como el de Newton, bien absoluto como el de Laplace. La evolución temporal de un sistema estaba completamente determinada por su estado en cualquier momento. Pues bien, todo esto cambia en física cuántica, en ella el mejor conocimiento que se pueda tener del estado de un átomo o molécula sólo nos da probabilidades de su futura evolución, nada más. Fernandez Rañada acude al siguiente ejemplo: podemos afirmar que un átomo de radio 226 tiene una probabilidad del 50 por cien de desintegrarse en 1.620 años, pero no podemos predecir en que momento preciso lo hará. Y esto no se debe a que la teoría sea incompleta o provisional, sino a una característica esencial de nuestra relación con el mundo exterior[543]. La ecuación de onda de Schrödinger nos ha mostrado (acabamos de verlo) que estructuralmente es imposible conocer a la vez la posición y la velocidad de una partícula, es esta una limitación en la medición de su estado físico intrínseca a la materia, no superable mediante el perfeccionamiento de nuestros sistemas de medida. Por eso siempre es preciso acudir a la probabilidad y a la estadística, con lo que desaparece el determinismo absoluto y adquiere nuevo significado el concepto de causalidad.

Este concepto, la causalidad, fue negado por Hume como algo extraño a la naturaleza, pero en diálogo con él he mostrado que causa siempre hay[544], el Mundo se mueve por causas no por caos, que es la inexistencia de causa y supone que las cosas suceden espontáneamente o por sí mismas, moviéndose a sí mismas como dice la palabra griega, que es *autómaton* (αὐτόματον). Esto es imposible e impensable, seriamente no lo ha sostenido nadie, ni filósofo ni científico, el mundo que conocemos no es de un tipo tan radical. Sí cabe distinguir entre la «causalidad por necesidad», cuando una causa tiene un solo efecto posible, que es por tanto un efecto necesario (el sol ilumina y calienta), y otra «causalidad por libertad», cuando una causa tiene varios fines o efectos posibles (si el sol fuese libre podría calentar o enfriar). Sucede, y esto concuerda con la física cuántica, que desde el punto de vista de las causas hay «azar» cuando

---

[543] *Las revoluciones de la física del siglo xx*, ob. cit., pp. 28 y 29.

[544] Cfr. David Hume, *A Treatise of Human Nature: Being An Attempt to introduce the experimental Method of Reasoning into Moral Subjects*, John Noon, Londres, 1739, traducción de F. Duque en *Tratado de la naturaleza humana*, Madrid, Tecnos, 1988, pp. 138 a 155; y mi libro *Diálogos sobre el bien y el mal con Hume Kant, Schopenhauer y Zubiri*, editorial Ygriega, Madrid 2022, II, 3.

varias causas interfieren entre sí, de manera que aún en la causalidad por necesidad no siempre se produce el mismo efecto. Siempre hay causa, pero las interferencias accidentales provocan lo que se llama una *causa per accidens*, por accidente, que es la no predecible con certeza por estar sujeta a contingencias imprevistas y a circunstancias imponderables, fuera del control huma-no[545]. La interpretación probabilística o estadística de Born constata nuestras limitaciones para conocer el mundo atómico, pero no niega que las leyes del mundo físico sean de causalidad por necesidad según las leyes de la naturaleza, las cuales producen necesariamente un solo fin (los caballos no engendran ratones). Lo que ocurre es que ese determinismo se combina con un azar objetivo respecto a las causas, es decir, un azar a tenor del cual no se pueden predecir los acontecimientos futuros con exactitud, hay una incertidumbre y un juego de probabilidades que quizá Dios puede prever, pero no nosotros los mortales. En realidad, antes que los cuánticos, ya lo vieron así Aristóteles y Suárez: con este tipo de azar hay ausencia de causa eficiente definida, causa siempre hay, pero *per accidens* o por accidente esa causa puede tener un efecto que no podemos prever[546].

Ante la ausencia de rígidas causalidades los físicos cuánticos han desarrollado notablemente la mecánica estadística, tenemos el ejemplo de Maxwell, que bien lo hizo. Han entendido que, dada nuestra ignorancia, las probabilidades y el azar deben jugar un importante papel en esta ciencia estadística. Otro ejemplo nos lo da Schrödinger con la famosa paradoja conocida como «el gato de Schrödinger»: imaginó que hay un gato en-cerrado en una caja, en la que hay un dispositivo que aleatoriamente puede emitir o no un gas venenoso. Como no se puede predecir cuando se va a emitir el gas, la única manera de saber si el gato está vivo o muerto es abriendo la caja. Según esta imagen abrir la caja es semejante a hacer una medida, y desde el punto de vista cuántico mientras la caja está

---

[545] Tradicionalmente se ha entendido por «azar» la ausencia de una causa eficiente definida. Y se ha distinguido entre azar o caso fortuito (*casus*) y suerte (*fortuna*), aplicando lo primero a los fenómenos naturales y lo segundo a los actos humanos. Cfr. Francisco Suárez, *Disputaciones metafísicas*, Disputación XIX, Sección XII, Madrid, Gredos, edición bilingüe, 1961, tomo III, p. 442; Aristóteles, *Física*, 195b y siguientes, Madrid, Gredos, 1995, pp. 146 y siguientes.

[546] Este asunto es tratado con detenimiento por Francisco Suárez en *Disputaciones metafísicas*, volumen III, edición bilingüe, Madrid, Gredos, 1961, pp. 442 a 449, donde se concluye que el «azar» es una causa *per accidens*.

cerrada sólo se podrá hablar de probabilidad de que el gato esté vivo o muerto[547]. También habla Schrödinger del enmarañamiento o enredo cuántico, el cual, a diferencia de lo que sostenía la ciencia clásica, supone que dos sistemas que ya han interaccionado entre sí forman siempre un único sistema inseparable, aun cuando se alejen mucho ya no es posible describirlos independientemente.

Heisenberg propuso el «principio de incertidumbre» reflexionando sobre el hecho, que conocemos sobradamente, de que un electrón o fotón puede manifestarse como cuerpo o como onda. Mostró que una consecuencia de este dualismo es la imposibilidad de medir, simultáneamente y de forma exacta, la posición y la velocidad de una partícula. Si la precisión de una magnitud es buena la de la otra será mala, de manera que el producto de esas incertidumbres estará en relación a la constante de Planck[548]. Esto lo explica el propio Planck en la conferencia antes citada, incluso pone un ejemplo, oigamos sus palabras: «Según la mecánica ondulatoria tanto la posición como el impulso de un sistema de puntos materiales siempre se pueden definir sólo con cierta incertidumbre… Se llega al principio formulado por Heisenberg —dice Planck—, por el que el producto de la incertidumbre de la posición por la incertidumbre del impulso es, al menos, del mismo orden de

---

[547] Jimena Canales (n. en 1973), nacida en México, física y profesora de Historia de la ciencia en la Universidad de Harvard, en su libro *La ciencia y sus demonios*, Arpa, Barcelona 2024, pp. 221 a 223, dice que esta paradoja nació en un diálogo entre Schrödinger y Einstein, y la explica de la siguiente manera: «En correspondencia con Einstein, Schrödinger empezó a preguntarse qué sucedería dentro de un "aparato diabólico" o una "máquina infernal" (*Höllenmaschine*) que contuviera material radioactivo con un cincuenta por ciento de probabilidad de emitir una partícula subatómica. Tal partícula estaría ligada a un frasco lleno de veneno que mataría a cualquier ser viviente (Schrödinger puso como ejemplo un felino) atrapado en el interior del aparato. El ser viviente estaría expuesto al veneno cuya liberación dependería de la emisión de la partícula subatómica proveniente del material radioactivo. Al ser emitida, este sería envenenado. Según la interpretación ortodoxa de Bohr, llamada de Copenhague, cuando la "maquina infernal" se mantenía cerrada e inobservable, el ser atrapado dentro de la caja yacía en un estado indeterminado, medio muerto y medio vivo. Tal estado paradójico era el resultado de que su estado anímico estaba ligado a la existencia de una partícula subatómica cuya emisión sólo se podía determinar probabilísticamente… En el argot científico, el gato supuestamente vivo y muerto representaba la no localidad y la incertidumbre».

[548] Heisenberg expresó matemáticamente así este principio: el producto de las incertidumbres en la determinación de la posición y el momento de una partícula es siempre igual o mayor que la constante de Planck dividida por cuatro pi. Esta ecuación muestra que la exactitud en el conocimiento de una de las dos variables sólo se puede hacer a expensas de la precisión en la otra.

magnitud que el cuanto de acción. Cuanto mayor es la precisión con que se determina la posición del punto de configuración menos precisa es la magnitud del impulso, y viceversa… cada magnitud puede medirse con la precisión que se desee, pero siempre a costa de la precisión de las demás»[549]. Esta afirmación (como tantas de la física cuántica) suena extraña, pero los hechos la han confirmado, Planck pone un ejemplo: «La medida más directa y precisa de un punto material se obtiene de forma óptica, bien por la visualización directa a simple vista, bien a través de algún aparato, bien mediante un registro fotográfico. Para ello uno debe iluminar el punto. Entonces la imagen será tanto más nítida, es decir, la medida resultará más precisa cuanto menor sea la longitud de onda de la luz empleada. De este modo uno puede aumentar la precisión a discreción. Pero ello —continúa diciendo Planck— tiene su contra-partida: la medida de la velocidad. Para las masas más grandes uno puede despreciar el efecto de la luz sobre el objeto iluminado. Sin embargo, cuando uno elige una masa muy pequeña como objeto, como por ejemplo un único electrón, la cosa es diferente, pues cada rayo luminoso que alcanza el electrón y es rebotado por él mismo le proporciona un impulso perceptible, que será tanto más fuerte cuanto más corta sea la longitud de la onda luminosa. De este modo, es cierto que con longitudes de onda más cortas aumenta la precisión en la determinación de la posición, pero también lo hace de manera correspondiente la imprecisión de la determinación de la velocidad. Y ello es así en otros casos similares»[550].

Con este ejemplo de Planck comprobamos que nuestra capacidad para conocer el mundo exterior es mucho menor de lo que se había supuesto, el sueño de Laplace queda totalmente eliminado del campo de la física. La realidad está ahí, sí, la naturaleza es anterior al hombre, sí, pero tenemos una limitación fundamental en nuestra capacidad de conocer a escala microscópica, el principio de incertidumbre limita nuestro conocimiento del estado de un sistema. Acaso recordando a Laplace, Heisenberg lo expresa gráficamente afirmando que «en la formulación de que si conocemos el presente podremos predecir el futuro, lo que es falso no es la

[549] Planck, *La visión del mundo de la nueva física*, conferencia impartida por él en Leiden el 18 de febrero de 1929, Escolar y Mayo Editores, Madrid 2019, pp. 58 y 59.
[550] Ibídem, pp. 59 y 60.

conclusión sino la premisa»[551]. Es decir, es falso que podamos conocer el presente de forma total y absoluta, ni siquiera fenoménicamente, Kant también queda superado. Cuanto más sepamos de una mitad del Mundo menos sabremos de la otra mitad, la física no es suficiente para explicar toda la realidad, es una ciencia limitada que necesita algo más. Únicamente dejando abierta la cuestión de la última esencia de los cuerpos, la materia y la energía, podrá alcanzar la física cierta comprensión de la naturaleza y las propiedades de los fenómenos.

---

[551] Citado por Fernández Rañada en *De la incertidumbre cuántica a la bomba atómica nazi: Heisenberg*, Nivola, Tres Cantos (Madrid) 2008, p. 128.

5. Las limitaciones de la física y de la ciencia

¿Qué supone todo esto? ¿A qué nos conduce la estructura atómica y cuántica de la materia? En mi opinión nos enseña, en primer lugar, las limitaciones de la física y de la ciencia. El cientificismo no lo cree así, asegura que el único conocimiento válido y que da respuestas es el científico, con lo que de hecho transforma la ciencia en una religión. El filósofo Comte lo dijo con toda claridad: la ciencia regulará todo y ocupará el lugar de la religión, afirmó[552]; el químico Berthelot abundó en esta idea asegurando que «la ciencia reclama actualmente la dirección material, intelectual y moral de las sociedades»[553]; Atkins alude a la omnipotencia de la ciencia basada en el ateísmo científico, ese ateísmo que era la estrella polar que guiaba a Marx y Engels y llevaba a Monod a defender el mecanicismo biológico[554]… Todo esto ahora queda atrás, superado por una mecánica cuántica que nos ha enseñado que sólo con la ciencia no podemos conocer en su integridad el presente, ahí está el principio de incertidumbre de Heisenbeg, un científico que nos dice que «la tesis filosófica de que todo conocimiento se funda en la experiencia, ha postulado la explicación mediante la lógica científica de cualquier afirmación relativa a la naturaleza. Tal postulado puede haber parecido justificado en el período de la física clásica, pero con la teoría cuántica hemos aprendido que no se puede cumplir»[555]. También el gran físico cuántico Pauli —el que mostró que dos electrones no

[552] Auguste Compte (1798-1857), *Systeme de politique positive*, 1851, donde propone erigir una iglesia positivista basada en un «sistema de las ciencias», las cuales enumera.
[553] Marcelin Berthelor (1827-1907), químico, fue ministro de la República Francesa, la cita la recoge Fernández Rañada en *Los científicos y Dios*, ob. cit., p. 245.
[554] Peter W. Atkins (n. en 1940) ha impartido cursos de mecánica cuántica y química cuántica en la Universidad de Oxford. Respecto a Marx y Engels me remito a *El ateísmo científico*, del que es autor el Instituto de Ateísmo Científico de la Academia de Ciencias Sociales de la URSS, Júcar, Madrid y Gijón 1983, donde se desarrolla una concepción atea y científica del mundo en la que otras religiones desaparecen. Jacques Lucien Monod (1910-1976), biólogo molecular nacido en París, premio nobel en 1965 y partidario de la evolución por azar y el cientificismo, es autor de *El azar y la necesidad*, Tusquets, Barcelona 2022.
[555] Heisenbeg, *Física y Filosofía*, La Isla, Buenos Aires 1959, pp. 65 y 66.

pueden estar en el mismo estado en un átomo— hizo una profunda crítica del positivismo científico, alegando que la mecánica cuántica le hace tambalear y contiene el germen de una comprensión unificada de lo material y lo espiritual. Según él podemos llegar a conocer el Mundo, ello es posible, pero lo es si admitimos «el postulado de la existencia en el Cosmos de un orden distinto del mundo de las apariencias»; es decir, del meramente fenoménico[556].

Esto trae a la memoria el famoso mito de la caverna de Platón: asegura Sócrates a Glaucón que los hombres habitamos en una cueva en la que estamos prisioneros, con los pies y el cuello encadenados, de manera que podemos mirar únicamente al fondo porque las cadenas nos impiden girar la cabeza y así no podemos ver lo que hay fuera, sólo vemos las sombras de las cosas que la luz de un lejano fuego refleja en la parte más profunda de la caverna, sombras a las que después Kant llamará los fenómenos, lo que se me aparece. La realidad está fuera, y sólo el que se libra de sus cadenas y consigue salir de la profunda cueva ve las cosas tal como son gracias a la luz que las ilumina, cosas a las que Kant llamara noúmenos o cosas en sí, incluso puede llegar a vislumbrar el mismo origen de la luz, el Sol de donde ella procede[557].

Grandes son y muchas las enseñanzas de esta alegoría, la principal es que si queremos comprender el mundo tenemos que salir de las sombras y las apariencias, necesitamos luz, claridad, la luz de la verdad, sólo así podremos conocer y no opinar, saber y no ignorar, dar la bienvenida a las cosas en sí. De esta forma corrió el curso de la historia, los filósofos y los científicos que buscaban la verdad eran conscientes de que necesitaban alguna luz, además de la suya, que les ayudase a conocer la realidad, recordemos a Copérnico, Kepler, Galileo, Newton y tantos otros. Esto cambió con Descartes, a partir de él hubo filósofos y científicos que creyeron que ya no necesitaban otra luz transcendente a ellos mismos, lo basaron todo en el Yo, es el idealismo, el encierro de la razón en la prisión de la cueva platónica[558]. Esta reclusión dentro de la caverna

---

[556] Pauli, *Escritos sobre física y filosofía*, Debate, Madrid 1996.

[557] Platón, *República*, 514a y siguientes.

[558] Cfr. mi libro titulado *Diálogos sobre Dios con Descartes, Feuerbach, Marx, Nietzsche y Ratzinger*, editorial Ygriega, Madrid 2020, especialmente en sus capítulos II y IV, en los que converso con Descartes; así como el diálogo que escribió Descartes hacia 1641, con el expresivo título de *La búsqueda de la verdad por la luz natural que, completamente pura y sin*

se acentuó con la autocrítica que la razón de Kant hizo de sí misma, destrozando los restos de realismo (de las cosas) que Descartes había dejado. La razón, dice Kant en el parágrafo cuarto de sus *Prolegómenos*, no pone como fundamento dado nada excepto ella misma, le bastan sus propias luces naturales. De esta forma la filosofía de Kant es transcendental (intenta no quedarse en la mera experiencia sensible), pero no es transcendente (no sale fuera de sí misma, por eso no puede conocer los noúmenos o cosas en sí), de manera que lo único que puede llegar a conocer son los fenómenos, que son mis representaciones de las cosas, a las que llego aplicando los conceptos de mi entendimiento a la intuición sensible. ¿No es esto una prisión transcendental?

De ella nos libera la teoría cuántica, gracias a ella podemos superar el idealismo kantiano. En primer lugar, porque, según ya sabemos, la física cuántica enseña que ni siquiera podemos conocer íntegramente lo que Kant llama los fenómenos, hay un indeterminismo físico que se deduce del principio de complementariedad de Bohr. Y, en segundo término, porque lo que aquel gran filósofo denomina los noúmenos o cosas en sí es algo que está ahí, la Naturaleza es anterior al yo y a una razón pura que no construye la realidad, sino que vive en ella. Lo que supone que no la conoce sólo mediante sus juicios sintéticos *a priori*, como Kant cree, ni únicamente con la mera ciencia, como el cientificismo opina, sino que necesita algo más, salir fuera de la caverna, mirar al Mundo, sentir sorpresa, admirarse, preguntarse, ver y, ahora sí, pensar, deducir e inducir.

Vuelvo a Heisenberg, en este sentido nos dice lo siguiente: «Los conceptos *a priori*, que Kant consideraba como una verdad indiscutible, han dejado de pertenecer al sistema científico de la física moderna… El empleo de estos conceptos, incluyendo los de espacio, tiempo y causalidad es, de hecho, la condición para la observación de los acontecimientos atómicos y es, en este sentido de la palabra, "*a priori*". Lo que Kant no ha previsto es que estos conceptos *a priori* pueden ser las condiciones de la ciencia y, al mismo tiempo, tener sólo un limitado radio de aplicación. Cuando realizamos un experimento tenemos que aceptar una cadena causal

ayuda de la religión ni de la filosofía, determina las opiniones que debe tener un hombre discreto sobre todas las cosas.

de acontecimientos que, mediante el instrumento apropiado, comienza en el acontecimiento atómico y termina en el ojo del investigador. Si no se aceptara esta cadena causal nada se podría saber del acontecimiento atómico»[559]. Así es, los hechos son los hechos, podemos observarlos, intentar comprender-los... pero la razón pura y la ciencia tienen sus límites, la física cuántica nos muestra que nos cuesta hasta conocer el presente, por eso acude a la estadística cuántica, y que es preciso salir fuera de la caverna, dirigir la mirada no sólo al mundo fenoménico, también y especialmente al trasfondo de las cosas, a lo metafísico[560].

---

[559] Heisenbeg, *Física y Filosofía*, La Isla, Buenos Aires 1959, pp. 69 y 70.
[560] Cfr. la crítica al idealismo cientificista que hace Edith Stein en *Excurso sobre el idealismo transcendental* contenido en *Akt und Potenz*, apartado VI, 23 d, Encuentro, Madrid, 2005.

6. Los demonios de Laplace y Maxwell: superación del determinismo ateo

Además de superar el cientificismo y el kantismo, la revolución cuántica elimina el determinismo propuesto por Laplace, al afirmar y comprobar el carácter probabilista de las descripciones físicas, recordemos la interpretación probabilista o estadística de Born. Con ello, ya lo vimos, se modifica radicalmente nuestra idea de lo que es una causa, especialmente la causa que hace que el mundo material se mueva, sea dinámico.

Hubo un tiempo en el que se sostenía que hay un determinismo relativo, así lo hicieron Galileo, Boyle —el cual pensaba que Dios ha creado el Mundo como quien crea un reloj, y le ha dotado de causas segundas que lo hacen funcionar—, y el propio Newton: aunque descubrió las leyes gravitacionales del macrocosmos no quiso nunca aceptar sus consecuencias radicales, y supuso que Dios hace de vez en cuando las rectificaciones necesarias en el curso de los planetas; de ahí su debate con Leibniz, que le acusó de imaginar a Dios como un mal relojero cuyo dedo tiene que ir haciendo los ajustes necesarios. Ante el avance de la ciencia este determinismo se hizo absoluto, radical, se llegó a pensar que el Mundo no necesitaba de Dios alguno, sino que es como un exacto y preciso reloj que necesariamente y siempre actúa de la misma manera. Ya Leucipo y Demócrito habían insinuado que los átomos se mueven con inexorable mecánica universal y necesaria, algo dijo mucho después sobre esto Hobbes, pero el paradigma de este absoluto y total determinismo, que como es lógico niega nuestra libertad, lo representan dos científicos y un filósofo: Laplace, Einstein y Schopenhauer.

El astrónomo, matemático y físico francés Pierre-Simón de Laplace llevó al extremo la mecánica celeste determinista[561]. Imaginó a un extraño ser —que después fue bautizado como demonio— en un artículo que publicó en 1773, en el que decía lo siguiente: «Si imaginamos una inteligencia que en un instante dado abarque todas las relaciones entre los seres de este universo, ella podría determinar la posición, los movimientos y, en general, las uniones de todos estos seres para cualquier tiempo pasado o futuro»[562]. En 1814 volvió a hablar de esta «inteligencia» sobrehumana presciente, de la que la humana es un débil esbozo, las palabras de Laplace, famosas, son estas: «Los acontecimientos actuales tienen una conexión con los precedentes fundada en el principio evidente de que una cosa no puede comenzar a ser sin una causa que la produzca. Este axioma, conocido bajo el nombre de principio de razón suficiente[563], abarca incluso las acciones más indiferentes… Por consiguiente, debemos considerar el estado presente del universo como efecto de su estado anterior y como causa del que le va a seguir. Una inteligencia que conociera para un instante todas las fuerzas que animan la naturaleza y la situación respectiva de los seres que la componen, si además tuviera suficiente amplitud para someter al análisis estos datos, abrazaría en la misma fórmula los movimientos de los mayores cuerpos del universo y los del más ligero átomo: nada sería incierto para ella y tanto el porvenir como el pasado estaría presente ante sus ojos. El espíritu humano ofrece, en la perfección que ha sabido dar a la astronomía, un débil esbozo de esta inteligencia»[564].

Tiempo después los científicos empezaron a llamar a esta «inteligencia», capaz de calcular el movimiento de todas las partículas del Universo a través del espacio y el tiempo, demonio, concretamente «el demonio de Laplace». No porque considerasen que este astrónomo era un diablo, sino porque a los citados científicos les gusta acudir a ese tipo de hipotéticos seres para explicar algo que les sobrepasa, o que consideran sobrehumano, y

[561] Laplace (1749-1827), fue nombrado por D`Alambert profesor de matemáticas en la Escuela Real Militar, donde enseñó a Napoleón. Con este fue Ministro del Interior (sólo seis semanas) y Presidente del Senado. Después Luis XVIII le nombró marqués.

[562] Citado por Canales, *La ciencia y sus demonios*, Arpa, Barcelona 2024, pp. 57 y 58.

[563] Precisamente Schopenhauer hizo su tesis doctoral sobre *La cuádruple raíz del principio de razón suficiente*, así se titulaba, su madre tomó la palabra «raíz» en sentido dental y creía que se trataba de un tratado de farmacia.

[564] Laplace, *Ensayo filosófico sobre las probabilidades*, de 1816, 2-3, Alianza, Madrid 1985.

usando la palabra «demonio» evitan utilizar la de «dios». El de Laplace es un demonio de lo visible, que actúa en el Cosmos físico con un poder impresio-nante, ya que es capaz de percibir la configuración atómica exacta del estado actual de la naturaleza, puede analizar estos datos matemáticamente, y así lo averigua todo, tanto lo que ocurrió en el pasado como lo que sucederá en el futuro[565]. Este extraño ser es una especie de dueño del Universo que adivina cómo evolucionará este con arreglo a las leyes físicas, siempre inmutables, de causalidad por necesidad absoluta, sin un resquicio al azar. He aquí el dogma del determinismo total, mecanicista y ateo.

Ateo, digo, porque este fue el sentir de una época iniciada por la revolución francesa, que Laplace vivió. Así, cuando Napoleón le preguntó qué papel había jugado Dios en su primer libro titulado *Exposición del sistema del mundo* (publicado en tiempos revolucionarios, en 1796), él le respondió: «Señor, no necesito esa hipótesis». Parecía, además, que el progreso de una ciencia como la astronomía confirmaba la existencia del laplaciano demonio de lo visible, no hay que olvidar que Laplace predijo con asombrosa exactitud los movimientos de ciertos planetas, lo que daba más credibilidad a lo que afirmaba. Ni que Halley señaló la fecha en la que regresaría el famoso cometa que lleva su nombre, y acertó, cosa que aprovechó aquel científico francés para confirmar sus ideas.

No mucho tiempo después el demonio de Laplace fue tratado filosóficamente, y si cabe amplificado, por Schopenhauer, dándole la categoría de «Macrohombre Diabólico», ya me he referido a él al hablar de la hipótesis Gaia. Ahora esa inteligencia de la que el científico hablaba es, nada menos, que la inteligencia del Mundo físico, un Mundo personificado que queda convertido en un diablo que tiene el poder de un dios. Angustiado por lo penosa y dolorosa que a su juicio es la vida de los humanos, Schopenhauer interpreta (mal) un texto de Aristóteles, para concluir que la naturaleza es demoníaca. Sus palabras son estas: «Echemos un vistazo a este Mundo de seres continuamente menesterosos que, simplemente por ser así, se devoran unos a otros durante el poco tiempo que viven, pasan su existencia bajo la angustia y la penuria, padeciendo con frecuencia terribles tormentos, hasta que acaban en brazos de la

---

[565] Cfr. Canales, ob. cit., p. 55.

muerte: quien vea todo esto dará la razón a Aristóteles cuando éste dice que "la naturaleza es demoniaca, no divina" (*Sobre la adivinación*, cap. 2, p. 463); incluso habrá que confesar que un Dios dispuesto a transformarse en un mundo así debería estar realmente poseído por el Diablo»[566]. Sobre esta base, considerando que para él la vida es una trágica farsa, Schopenhauer concluye diciendo: «yo he acreditado al Mundo como un Macrohombre, toda vez que voluntad y representación agotan la esencia tanto del mundo como del hombre», un Macrohombre Diabólico, malvado, el peor posible[567].

Ahora la inteligencia que conoce todo lo que sucede y va a suceder en el Mundo es la de este extraño y malvado ser, del que todos somos parte, pues Schopenhauer es panteísta declarado. Y lo que es peor, su Voluntad (a la que él identifica con la cosa en sí de que habla Kant) es eterna, totalmente libre y omnipotente[568]: «la naturaleza no yerra —escribe el filósofo—, no miente ni se equivoca»[569]. Todo lo cual lleva al maestro de Nietzsche, quiero decir, a Schopenhauer, a convertir el fatalismo demostrable de Laplace en fatalismo transcendente. Aquel, el demostrable, supone que todo sucede con total necesidad, pero el segundo, el transcendente, va más allá y sostiene que todo está predeterminado por la Voluntad de ese malvado Macrohombre que es el Mundo físico, del que como creía Crisipo somos marionetas (a causa del panteísmo), en este caso marionetas del Demonio de Laplace[570]. Y si

---

[566] Schopenhauer, segundo volumen, con *Complementos*, de *El mundo como voluntad y representación*, Capítulo 28, Madrid, Fondo de Cultura Económica y Círculo de Lectores, 2004, trad. R. Aramayo, p. 340, p. 398 *in fine* del original alemán en ed. de Arthur Hübscher. La cita que hace Schopenhauer está sacada de contexto, es de *Sobre la adivinación por el sueño*, 463b, 15, II, uno de los tratados breves de historia natural de Aristóteles, y en ella lo que éste pretende decir no es que el mundo es demoniaco, sino que los sueños no son de origen divino, aunque tienen una causa natural, sobrehumana: dado que los animales sueñan —dice Aristóteles—, los ensueños no son enviados por la divinidad, aunque son sobrehumanos, pues —añade— «la naturaleza es sobrehumana, pero no divina», no es Dios, pero es algo superior al hombre, esto quiso decir Aristóteles.

[567] Schopenhauer, *El mundo como voluntad y representación*, II, Madrid, Círculo de Lectores y Fondo de Cultura Económica, 2004, p. 625, *Complementos al libro cuarto*, Capítulo 50 titulado «Epifilosofía».

[568] Cfr. *Diálogos sobre el bien y el mal*, VI, 2, F.

[569] *El mundo como voluntad y representación*, Libro cuarto, LV.

[570] Schopenhauer habla del fatalismo demostrable y del transcendente en *Parega y Parilopómena*, I, Trotta, Madrid 2006, pp. 226 y 228, donde escribe que «todo lo que ocurre, sin excepción, ocurre con estricta necesidad, y a eso le llamo fatalismo demostrable»; y después: «todo está determinado objetivamente de antemano, este fatalismo superior es fatalismo transcendente».

todo está predeterminado de antemano, no somos libres, nuestro único motor, dice Schopenhauer, es el egoísmo, como los demás animales carecemos de libre arbitrio: «el *liberum arbitrium indifferentiae* —asegura— constituye, bajo el nombre de "libertad moral", una monísima muñequita de juguete para los profesores de filosofía, que uno les debe dejar a fin de que tan ingeniosos, honrados y sinceros señores puedan entretenerse»[571]. Yo le he replicado que los hombres sí tenemos libre arbitrio[572].

En física el determinismo iniciado por Laplace tuvo su época y duró hasta Einstein, el cual también lo defendió. Su creencia en una religión cósmica, acudiendo a los estoicos y a las ideas de Spinoza, le llevaba a tener fe en la razón que parece existir en la naturaleza, en sus leyes, en su total orden, por eso Einstein también fue determinista radical, después me referiré al famoso debate que mantuvo con Bohr. Y como lógicamente hacen todos los que tienen ciega y absoluta fe en la Naturaleza, el Cosmos, el Demonio de Laplace, el Macrohombre de Schopenhauer, o como queramos llamar al Mundo sensible que se mueve con causalidad por necesidad (aunque sea en la forma relativa que señala la física cuántica), Einstein también negaba la libertad humana. Era su visión del mundo, nos lo dice él mismo con estas palabras: «No creo en absoluto en la libertad del hombre en sentido filosófico —escribe—, actuamos bajo presiones externas y por necesidades internas. La frase de Schopenhauer "un hombre puede hacer lo que quiere, pero no puede querer lo que quiere" me bastó desde la juventud»[573].

La primera quiebra del rígido mecanicismo se produjo con Maxwell, un científico escocés de la talla de Newton y Einstein. Fue un evangélico convencido y practicante, ferviente creyente en Dios, lector de la Biblia incluso en su lengua original, que citaba en sus cartas, excelente poeta y, por supuesto, firme defensor del libre albedrío y la libertad humana[574]. Este científico, al que podemos

[571] Schopenhauer, *Los designios del destino*, Paralipómena *Zur Ethik*, Madrid, Tecnos, 1994, p. 114 (p. 260 de la edición alemana), últimas palabras del ensayo.

[572] Cfr. *Diálogos sobre el bien y el mal*, capítulo VI, 3, B.

[573] Einstein, *Mi visión del mundo*, Tusquets, Barcelona 1997, p. 11.

[574] James Clarck Maxwell nació en Escocia en 1831 y falleció en 1879. Sobre estos hechos cfr. Karim Gherab Martin, *James C. Maxwell. Un genio y un demonio que iluminaron la física de los siglos xix y xx*, en «La cosmovisión de los grandes científicos del siglo xix», Arana (director), Tecnos, Madrid 2021, pp. 230 y siguientes.

considerar precursor de los cuánticos, como ya sabemos unificó la electricidad, el magnetismo y la óptica, fue pionero en termodinámica e inició la mecánica estadística y el cálculo de proba-bilidades, un cálculo que después desarrollará Born con la interpre-tación de Copenhague. Y en lo que ahora interesa, dio origen a otro demonio de lo invisible más poderoso aún que el de Laplace, un demonio que vence a este del francés destrozando así el determinismo ateo.

En una de sus cartas Maxwell se refirió a «un ser finito muy observador y pulcro» que puede violar la segunda ley de la termodinámica, la de la entropía, mostrando que esta tiene una certeza meramente estadística. Cuando se enteró Thomson, es decir, Lord Kelvin, bautizó a ese ser como el «Demonio de Maxwell». A diferencia del de Laplace (que era del Cosmos visible), esta otra criatura es un demonio de lo invisible, porque se dedica a manipular átomos y moléculas demostrando que no podemos predecir como se van a comportar, de manera que la naturaleza (la materia, y con ella el Mundo) a veces sigue el camino más inesperado y menos transitado, no siempre la causalidad es por estricta necesidad, sino que es necesario acudir a la mecánica estadística. Ahora se trata de un demonio clasificador de átomos, que a modo de un guardagujas de ferrocarril decide por donde deben ir los unos y los otros, vulnerando incluso, como digo, la segunda ley de la termodinámica, pues con ello la entropía disminuye (hay más orden), sin violar además la primera ley (queda igual energía).

Maxwell habla de este demonio de lo invisible por primera vez en *Theory of Heat*[575]. Aquí describe un observador y eficiente ser que trabaja en un recipiente que tiene dos partes o porciones aisladas, pero unidas mediante una abertura que permite el paso de ciertas moléculas, en este sentido escribe lo siguiente: «Imaginemos que dicho recipiente está partido en dos porciones, A y B, por una división en la que hay un pequeño orificio, y que un ser capaz de ver las moléculas sueltas abre y cierra ese orificio, de modo que sólo las moléculas más veloces pasan de A a B, y sólo las más lentas de B a A». Con sus delicados movimientos ese ser contradice la segunda ley

---

[575] *Teoría del Calor*, Longmans, Londres 1872, sección titulada «Limitaciones de la segunda ley de la termodinámica». Cfr. Canales, *La ciencia y sus demonios*, ob. cit., pp. 92 y 93.

casi sin esfuerzo, en este sentido continúa diciendo Maxwell que
«así, sin gasto de trabajo, elevará la temperatura de B y bajará la de
A, en contradicción con la segunda ley de la termodinámica»[576], la
cual predice un aumento de entropía siempre. Al principio las
moléculas rápidas y las lentas estaban mezcladas en ambos compartimentos, como cuando barajamos las cartas[577], pero el demonio
habría logrado finalmente ordenar el sistema, poniendo las rápidas a
un lado y las lentas al otro, como si ordenáramos la baraja separando
las cartas y apilando oros a un lado y copas por el otro[578], con lo que
la entropía, en lugar de aumentar va disminuyendo (hay más orden).
Este demonio es más peligroso que el imaginado por Descartes, ya
que puede influir sobre el Mundo sin necesidad de engañar[579], y
vence al de Laplace. El pequeño demonio de lo invisible y lo micro
vence al gran demonio de lo visible y lo macro sencillamente porque
es capaz de cambiar el curso de las cosas, por su intervención el
futuro cambia repentina e inesperadamente. Manipulando átomos y
moléculas a su gusto, el demonio de Maxwell pone de manifiesto
que no hay determinismo ni fatalismo de clase alguna, que la
voluntad humana es libre, puede libremente ordenar las cosas como
desee, a pesar incluso de leyes de la naturaleza tan rígidas como las
de la termodinámica. David vence a Goliat, el pequeño demonio de
Maxwell, asentado en la estadística y el azar, triunfa sobre un
enorme demonio de Laplace que es determinista y ateo.

Después tuvo lugar la quiebra total y absoluta del determinismo
de Laplace gracias a la física cuántica y atómica iniciada por Planck y
desarrollada por Bohr, Born, Heisenberg y otros científicos. El gran
principio de Born es precisamente la probabilidad, no la necesidad,
de que una determinada causa produzca un efecto concreto, con lo
que necesidad y azar se combinan y la concepción mecanicista
laplaciana se hace totalmente inaceptable. En cierto modo el sistema
es caótico, más bien azaroso en cuanto a la causa, en el sentido de

---

[576] Ibídem.
[577] Al inicio ambos compartimentos o porciones tendrían la misma temperatura, es
decir, estarían compuestos de unas moléculas que se mueven a gran velocidad y de otras
que se mueven lentamente (por la distribución estadística de las velocidades de las
moléculas propuesta por Maxwell).
[578] Cfr. K. Gherab Martin, ob. cit., pp. 242 y 243.
[579] En *Meditaciones metafísicas*, Quadrige Pal, parís 1988, p. 33, supuestamente para
poder dudar de todo, Descartes supone que «Dios es un genio astuto y maligno (*genium
aliquem malignum*) que ha empleado su poder para engañarnos».

que el determinismo opera sólo en intervalos de tiempo, lo que supone que ya no sirve la metáfora del reloj. Acerca de este azar o movimiento caótico nos habló el matemático Lorenz, cuando investigó un fenómeno meteorológico: el batir de las alas de una mariposa, dice, puede cambiarlo todo, no tenerlo en cuenta puede hacer crecer incontrolablemente los errores. La predicción detallada y exacta de la que habló Laplace es imposible, sorprende que alguna vez se haya creído en ella. A tenor de la ciencia de hoy día, en la actividad de la materia se combinan necesidad y azar.

No lo creía así Einstein, esa es la razón por la que mantuvo con Bohr el debate a que antes me he referido. En un Congreso que se celebró en Bruselas del 24 al 29 de octubre de 1927, sobre el tema «electrones y fotones», Einstein se mostró totalmente contrario a aceptar las ideas cuánticas y a renunciar al determinismo y a la rígida causalidad por necesidad. Bohr contestó a Einstein, apoyándose en los principios de complementariedad e incertidumbre, que la causalidad tiene un margen limitado, y Einstein se retiró de Bruselas vencido, pero no convencido. La física cuántica seguía cosechando éxito tras éxito y ambos, Bohr y Einstein, continuaron su debate por correspondencia. En una de sus cartas Einstein le escribió su famosa expresión (tan repetida y a menudo tan poco comprendida): «Tú crees en un Dios que juega a los dados, yo en la ley y el orden en un mundo que existe objetivamente y que intento captar». Con esta frase: «Dios no juega a los dados» quería decir, sencillamente, que el azar no existe. Naturalmente Bohr le contestó con otra carta en la que le decía: «Nadie puede decir a Dios lo que debe hacer, ni atribuirle cualidades expresadas en lenguaje ordinario». Finalmente, los experimentos y observaciones dieron la razón a Bohr, y la gran mayoría de los físicos se pusieron de su lado. Bohr había ganado el debate científico. Y lo que Einstein había dicho en su carta confirmaba sin pretenderlo —él no quería hablar de Dios sino del azar— que la teoría cuántica acerca el hombre a Dios, ya que, efectivamente, es un hecho científicamente probado que en este Mundo alguien juega a los dados… y a ese alguien Einstein le llamó Dios.

7. La física cuántica como antídoto contra el ateísmo y el materialismo

La física cuántica nos enseña nuestras limitaciones, quiebra el determinismo y, en tercer lugar, es un antídoto contra el ateísmo y el materialismo, ya que nos mueve a acudir a algo más que a ella y a la materia. El cientificismo prometía un paraíso en el que gracias a la ciencia sabríamos todo lo que necesitamos saber, ahora sabemos que las cosas no son así. El mundo necesita ciencia, por supuesto, y mucha, pero a tenor del principio de incertidumbre de Heisenberg y los demás principios cuánticos, indagar en los misterios del Universo requiere también arte, historia, literatura, filosofía, metafísica, religión…, se trata de utilizar todas las vías que nos acercan a la realidad, al igual que hacemos cuando queremos captar la superficie de la tierra: es imposible representarla con un solo plano sin fuertes distorsiones[580]. Lo que supone, con Pauli, que hay que admitir la existencia de un orden distinto al de las apariencias físicas, unas apariencias que explican el cómo, no el por qué ni el para qué. Contestar a las grandes preguntas requiere acercarse a la realidad con mente abierta y sin prejuicios, así lo propuso Heisenberg en un discurso que pronunció ante la Academia Católica de Baviera aceptando el premio Romano Guardini[581].

---

[580] Cfr. Fernández Rañada, *Los científicos y Dios*, ob. cit., p. 276.

[581] Según recoge el filósofo de la física Sánchez Cañizares en *La cosmovisión de los grandes científicos del siglo xx*, ob. cit., p. 158, citando el libro de Heisenberg titulado *Across the Frontiers*, Harper and Row, Nueva York 1974, p. 213, en su discurso Heisenberg dijo lo siguiente: «En la historia de la ciencia, desde el famoso juicio de Galileo, se ha afirmado repetidamente que la verdad científica no puede reconciliarse con la interpretación religiosa del mundo. Aunque ahora estoy convencido de que la verdad científica es incuestionable en su propio campo, nunca he encontrado posible descartar el contenido del pensamiento religioso como simplemente parte de una fase obsoleta en la conciencia de la humanidad, una parte a la que tendremos que renunciar de ahora en adelante. Así, en el transcurso de mi vida, me he visto obligado repetidamente a reflexionar sobre la relación de estas dos regiones del pensamiento, ya que nunca he podido dudar de la realidad a la que apuntan».

Realistas, pero no materialistas, los físicos cuánticos expulsaron del mundo científico definitivamente el demonio de Laplace y su rígida causalidad, e incluso revisaron el papel del demonio de Maxwell. Para ellos este último es incapaz de operar a nivel cuántico manipulando átomos, sencillamente porque no puede saber y medir su posición y su velocidad a la vez, no tiene una información completa sobre ellos. Lo puso de relieve un gran matemático, pionero de los ordenadores, judío de origen que se convirtió al cristianismo al que ya mencioné al hablar de la armonía del libro de la naturaleza, me refiero a Neumann[582]. Su teorema muestra que el observador no lo sabe todo sobre la materia y su causalidad, que incluso el demonio de Maxwell tiene sus limitaciones[583], hay incertidumbre, y si como muestra Heisenberg la afirmación «conocemos el presente» no es cierta, ¿por qué el Mundo va a estar compuesto únicamente de átomos y materia?, ¿por qué conformarnos para conocerlo con lo que nos dice la ciencia? Quizá por eso Bohr aplicó su principio de complementariedad —según el cual cosas que parecen excluirse en realidad de complementan— a todo, acudiendo así además de a la física a la biología, la psicología… y la religión. Según este principio cuántico ciencia y religión parecen contradecirse, como parecen contradecirse los aspectos corpuscular y ondulatorio de la radiación y la materia, pero de la misma forma que partícula y onda coexisten, como lo muestra el experimento de la doble rendija[584], si queremos una visión lo más completa y certera posible del Universo, ciencia y religión tienen que convivir.

---

[582] John von Neumann (1903-1957) fue un matemático estadounidense, de origen húngaro, que realizó contribuciones en física cuántica, teoría de conjuntos, computación y muchos otros campos. Tenía una memoria extraordinaria, y participó en el proyecto Manhattan.

[583] Cfr. Canales, *La ciencia y sus demonios*, ob. cit., pp. 205 y siguientes.

[584] En *La ciencia y sus demonios*, p. 178, Canales describe este experimento de la doble rendija de la siguiente manera: «Consiste en dirigir un haz de luz o de electrones a una pantalla con dos aberturas (rendijas) por las que pueden pasar los rayos. En un primer ensayo, se dejan pasar los rayos a través de las dos rendijas; en otro, se cierra una de las hendiduras. Cuando las dos rendijas están abiertas, los resultados muestran un patrón de interferencia en la pantalla como si los rayos viajaran en ondas. Cuando sólo se abre una, el patrón de interferencia desaparece, y el patrón en la pantalla equivale a uno emitido por partículas. El experimento demuestra que los rayos de fotones o electrones se comportan de una manera si se detecta su paso por una de las dos rendijas, y se comportan de otra si no se detecta por qué rendija pasan. En un caso actúan como ondas y crean patrones de interferencia en la pantalla, y en el otro actúan como partículas y el patrón de interferencia desaparece».

Algunos físicos cuánticos han superado el ateísmo acudiendo a religiones orientales o a filosofías que se apoyan en ellas, como las de Spinoza y Schopenhauer. Me refiero ahora a Schrödinger y su entusiasmo con las Vedas, las Upanisads hindúes y la filosofía de Schopenhauer; a Pauli con su religiosidad oriental, de raíces en Lao-Tse, y su panpsiquismo similar a la voluntad de Schopenhauer; Einstein y su creencia en el dios de Spinoza, así como la cerrada defensa que hace del budismo y de las ideas de Schopenhauer (como vimos antes), cuyos escritos calificaba de magníficos; e incluso a Oppenheimer, director del proyecto Manhattan, que al ver la primera prueba de la bomba atómica recitó parte de la epopeya Bhagava Gita y recordó al dios Vishnu. Según la filosofía brahamánica existen dos realidades: por un lado, una realidad aparencial, fenoménica, que es la realidad empírica tal como aparece ante nosotros (fenómenos); por otro lado, la verdadera manera de ser de esa realidad aparencial (cosas en sí, diríamos hoy), y esa verdad es el «Brahmán» (realidad), que está en todo, a modo de un Absoluto, todo es Brahmán[585]. En mi opinión los científicos creyentes en esta religión renuncian al ateísmo, sí, pero lo hacen sin abandonar su fe en la Naturaleza, pues como vemos se trata de una filosofía o religión que hace del Mundo físico un Todo del que todo lo que existe es parte indivisible, hay panteísmo, esto Schopenhauer lo defiende con toda claridad: «Con los panteístas tengo en común la fórmula helénica ἐν καί πᾶν (Uno y Todo) —dice—, esto es, que la esencia interior es una y la misma en todas las cosas»[586].Una muestra de esta religiosidad cósmica la da Einstein, él mismo habla una y otra vez de su sentimiento religioso cósmico y de su firme creencia en la racionalidad del Universo y en la Razón que se manifiesta en él[587] —lo cual recuerda al triste y estoico Séneca: «*Quid est deus? Mens universi*», dijo[588]—, en este sentido Einstein llegó a afirmar: «creo en

[585] Cfr. *Ashtavakra Gita*, traducción del sánscrito de H. Prasad, Barcelona, José J. de Olañeta editor, 2003, pp. 19, 29, 32 y 33.

[586] Schopenhauer, *El mundo como voluntad y representación*, II, Complementos, capítulo 50 titulado «Epifilosofía», Madrid, Fondo de Cultura Económica y Círculo de Lectores, 2004, pp. 624 y 625 (p. 739 ed. alemana).

[587] Einstein lo hace en numerosas ocasiones, cfr. especialmente su escrito publicado en 1930 *Cómo veo el mundo*, otro titulado *Religión y ciencia* que publicó en Berliner Tageblatt el 11 de noviembre de 1930, y uno más *Sobre la verdad científica* contenido en *Mi visión del mundo*, ob. cit., pp. 201 y 202.

[588] Lucius Annaeus Seneca (4 a. C. - 65), filósofo estoico nacido en Córdoba y fallecido en Roma, fue preceptor de Nerón, del que recibió la orden de suicidarse. Esta expresión: «*¿Qué es dios? La Mente del universo*» la escribe en *Cuestiones naturales*, libro

el dios de Spinoza, que se revela en la armonía perfectamente ordenada de lo que existe»; y también dijo: «mi concepto de dios está formado por un sentimiento profundo que se vincula con el convencimiento de que una razón se manifiesta en la naturaleza, según la manera de expresarse normalmente se le podría describir como "fantástico" (Spinoza)»[589]. ¿Cuál era el dios de Spinoza? Creo que es evidente: la Naturaleza. Baruch Spinoza lleva las ideas de Descartes *more geometrico* hasta sus últimas consecuencias y cree que hay una sola sustancia, la Naturaleza, que es dios. Como Schopenhauer, Spinoza es panteísta, tiene fe en un Mundo Cósmico al que endiosa, para él *res infinita*, *res cogitans* y *res extensa* cartesianas son una misma cosa, «todo lo que es, es en dios», llego a escribir a modo de un Séneca moderno inmanente[590], por eso Marx dijo de él que era el Moisés de librepensadores y materialistas. ¿Cuál era el dios de Einstein? También es evidente: el Cosmos.

Max Planck también buscaba un Absoluto. Lo que le condujo a dedicarse a la física fue precisamente la idea de la existencia de un Absoluto, lo dice en la primera página de su autobiografía científica, quizá por eso Einstein dijo de él que tenía «hambre del alma». En su conferencia publicada como *La visión del mundo de la nueva física* nos da indicios de la existencia de un mundo real más allá del físico, lo hace diferenciando entre el mundo sensorial, el mundo real y el mundo de la ciencia física. Según Planck, «nos vemos obligados a aceptar que detrás del "mundo sensorial" hay otro segundo mundo, el "mundo real", el cual tiene una existencia autónoma e independiente de los hombres, un mundo que nunca podemos verificar directamente, sino únicamente a través del mundo sensorial y mediante ciertas señales que se nos transmiten»[591]. Ante esto, ¿cómo construir una teoría física a partir de mediciones aisladas? Planck contesta con esta afirmación: «La historia de la física nos muestra en cada una de sus páginas que esta extraordinaria y difícil tarea siempre

primero titulado *Sobre los fuegos celestes*, 13, edición bilingüe del Consejo Superior de Investigaciones Científicas, Madrid 1979, p. 9.

[589] Einstein, *Sobre la verdad científica*, en *Mi visión del mundo*, ob. cit., p. 202.

[590] Spinoza (1632-1677) nació en Amsterdam en el seno de una familia judía procedente de la península ibérica, se dedicó a fabricar lentes de óptica, rechazó una cátedra y murió de tuberculosis en La Haya. La expresión aquí recogida la escribió en *Ética demostrada según el orden geométrico*, de 1665, pare primera, proposición XXIX, Alianza. Madrid 1994, p. 72 y Trotta, Madrid 2000, p. 61.

[591] Planck, *La visión del mundo de la nueva física*, conferencia impartida por él en Leiden el 18 de febrero de 1929, Escolar y Mayo Editores, Madrid 2019, p. 34.

se resolvió mediante la aceptación de un "mundo real" independiente de los sentidos humanos, y no hay ninguna duda de que en el futuro ocurrirá lo mismo»[592]. Para su descubridor, «la constante del cuanto elemental de acción es un nuevo mensajero misterioso del mundo real»; y no sólo ella: «las constantes universales, como la constante de gravitación, la velocidad de la luz, la masa y la carga del electrón y el protón, todas ellas constituyen las señales más tangibles del mundo real»[593]. ¿Cuál es el papel de la física? Planck dice que «a estos dos mundos, el de los sentidos y el real, se añade un tercer mundo que se distingue bien de ellos: el de la "ciencia física" o de la visión física del mundo, que es una creación consciente del espíritu humano, y como tal mutable y sometida a un cierto desarrollo»[594]. Para Planck la doble meta de la investigación es el dominio del mundo de los sentidos y el conocimiento del mundo real, una meta que es «esencialmente inalcanzable», aunque, dice, «la imagen física del mundo se aparta cada vez más del mundo de los sentidos y en igual medida se acerca al mundo real»[595].

Otra conferencia que Planck impartió, posiblemente la más popular, se titulaba *La religión y la ciencia de la naturaleza*[596]. «La religión y la ciencia natural no se excluyen entre sí», decía, «encuentro coincidencias, sobre todo en el punto en que existe un orden racional del mundo independiente del hombre». Planck sostenía que existe una complementariedad entre ambas (lo que hacía que esta conferencia no gustara al partido nazi), pero no acudía al libro de la Biblia[597], de hecho, más tarde escribió: «siempre he sido profundamente religioso, pero no creo en un Dios personal, y mucho menos en un Dios cristiano»[598]. Esa fe profunda acaso aumentó ante su reiterado sufrimiento provocado por los estragos de las guerras, sobre todo el que le causó el ahorcamiento por los nazis de su hijo Erwin, al que estaba profundamente unido. Planck comenzó a frecuentar la iglesia luterana, y escribió a un amigo estas

[592] Ibídem.
[593] Ibídem, pp. 44 y 45.
[594] Ibídem, p. 35.
[595] Ibídem, pp. 76 y 68.
[596] Planck, *Religion and Natural Science*, publicada en *Scientific autobiography and other papers*, Philosophical Library, Nueva York 1949.
[597] Cfr. Brown, *Planck. Guiado por una visión, roto por la guerra*, ob. cit., p. 41.
[598] Carta de Planck a W. H. Kick de 18 de junio de 1947, en A. Hermann, *Max Planck*, CNRS, Paris 1977.

sentidas palabras: «Lo que me ayuda es que considero un favor del cielo que desde mi infancia hay una fe plantada en lo más profundo de mí, una fe en el Todopoderoso y Todobondad que nada podrá quebrantar. Por supuesto, sus caminos no son los nuestros, pero la confianza en Él nos ayuda en las pruebas más duras»[599]… «Si hay consuelo en alguna parte —escribió en otra carta—, está en el Eterno»[600]. Estas palabras únicamente tienen algún sentido si aluden al Dios de Newton, no al de Einstein.

Como ya dije, profundamente religioso y piadoso era uno de los mejores científicos de todos los tiempos del que ya he hablado, precursor de los cuánticos, me refiero a Maxwell. Como evangélico ferviente (igual que su mujer, a la que leía la Biblia mientras cuidaba), él sí creía en un Dios personal, incluso, parece ser, tuvo una profunda conversión: le sucedió al preparar unos duros exámenes de matemáticas, desde entonces, según manifestó, tuvo una nueva percepción del amor de Dios y la religión fue para él un hecho permanente en su vida. Su sincera fe le llevó a afirmar que «el fin del hombre es glorificar a Dios y gozar de Él para siempre»[601]. Este gran científico estaba convencido de que la ciencia le daba la posibilidad de perfeccionar su comprensión de las verdades religiosas: por ejemplo, como ya señalé al tratar de la armonía del libro de la naturaleza, escribió un artículo en el que sostenía que los átomos son iguales tanto aquí en la tierra como en las estrellas (cosa que es cierta), y que eso indica que son producto de Dios creador. Maxwell creía, en efecto, que Dios ha creado cielos y tierra, por eso repetía a menudo «hiciste, Señor, todas las cosas con medida, número y peso»[602]. Tal fe tenía este singular escocés, que se dedicó a colaborar con la iglesia de Corsock que estaba cerca de su casa. Hizo colocar en ella una vidriera en la que estaba representada la figura de la estrella de Belén, y en la que había una inscripción que decía: «toda buena dádiva y todo don perfecto viene de arriba…»[603]. Es una expresión extraída de uno de los libros que leía[604] que continúa diciendo: «…desciende del Padre de las luces, en el que no hay

[599] A. Hermann, *Max Planck in Selbstzeugnissen und Bilddokumenten*, Reinbeik bei Hamburg, Rowohlt Taschenbuch Verlag 1973.

[600] Citado por Brown en su biografía de Planck, ob. cit., p. 226.

[601] Cfr. Battaner, *Los físicos y Dios*, ob. cit., p. 72.

[602] *Libro de la Sabiduría*, 11, 20.

[603] Cfr. Fernández Rañada, *Los científicos y Dios*, ob. cit., p. 192.

[604] De la *Epístola de Santiago*, 1, 17.

mudanza ni períodos de sombra». Es un hecho: para Maxwell, uno de los fundadores de la mecánica estadística cuántica, Dios, el alma y la libertad eran realidades innegables, tan innegables como las estrellas y el electromagnetismo.

No menos devoto fue el científico que bautizó al demonio de Maxwell, me refiero a Lord Kelvin, de nombre William Thomson. Aunque calculó mal la edad de la tierra, este físico mucho nos enseñó sobre termodinámica y energía; y todos los días acudía a una capilla a rezar[605], por cierto, igual que lo hacía en su tiempo y a su manera el gran Escipión, aquel que lloró al ver Cartago destruida. Y al igual que a Kepler y a Maxwell, la ciencia le conducía hacia Dios: «creo que cuanto más se profundiza en la ciencia —dijo—, más nos aleja del ateísmo»[606]. Y en otro lugar escribió: «No tengas miedo a ser un librepensador. Si piensas lo suficiente la ciencia te llevará a creer en Dios, que es el fundamento de toda religión. Encontrarás que la ciencia no es enigmática, sino una ayuda para la religión»[607].

En fin, los pioneros de la física cuántica y los científicos que desarrollaron la interpretación de Copenhague tampoco acudieron a creencias orientales que divinizan el Mundo. Su director Bohr pensaba que la física atómica no es suficiente para decirnos por sí sola cómo es la realidad, y aunque procedía de familia de tradición laica guardó respetuoso silencio sobre las cuestiones fundamentales, considerando que (a tenor de su propio principio y lema) ciencia y fe son complementarias[608]. Born, judío, influenciado por su mujer se bautizó como luterano, y en cierta manera la citada interpretación de Copenhague le alejó del materialismo, él decía de sí mismo: «soy un viejo pagano muy pío»[609]. Y Heisenberg, educado como cristiano luterano, aunque no formaba parte de ninguna iglesia, y tras su colaboración con el nacionalsocialismo, quizá influenciado por los horrores de la guerra mundial empezó a considerar la religión como guía y fundamento de la ética y de la vida. Así, en su época madura

[605] Así lo recoge el físico teórico Battaner, ob. cit., p. 73.

[606] Thompson, S. P., *The Life of William Thompson, Baron Kelven of Largs* (2 vols.), Macmillan, Londres 1910, p. 1103; citado por Sánchez-Cañizares en *La cosmovisión de los grandes científicos del siglo xix*, capítulo XV, p. 207.

[607] Ibídem, pp. 1099 y 207.

[608] Cfr. J. Arana, *N. Bohr: el hombre que revolucionó la ciencia clásica*, capítulo VIII de *La cosmovisión de los grandes científicos del siglo xx*, pp. 123 y siguientes, en especial p. 134.

[609] Carta a Einstein datada el 10 de octubre de 1944.

se dedicó a dar unas conferencias que versaban sobre filosofía y religión, y recibió el premio Romano Guardini de la Academia Católica de Baviera. Veía en la física cuántica un buen compañero de viaje para sus creencias religiosas, me remito a una de sus conferencias titulada «Verdad científica y religión»[610].

Comprobamos, en definitiva, que la física atómica y la propia materia nos dan pistas (igual que nos las dieron la creación y el cielo estrellado) para eludir el ateísmo y aproximarnos a Dios y al mundo metafísico, es decir, al reino del espíritu del que vamos a hablar a continuación.

---

[610] Cfr. Sánchez-Cañizares, *W. Heisenberg: entre incertidumbre e indeterminación*, capítulo X de *La cosmovisión de los grandes científicos del siglo xx*, pp. 149 y siguientes, en especial p. 158; y Fernández Rañada, *Los científicos y Dios*, Nobel, Oviedo 1994, p. 208.

Capítulo VI

El Hombre en el Cosmos

1. Dios creó el mundo del espíritu

¿El océano de energía inicial ha creado sólo el mundo físico que vemos y tocamos, con su materia, su espacio, su tiempo, su energía y sus leyes, o algo más? ¿Ha creado también un mundo más allá de la física, metafísico, espiritual? Estoy de acuerdo con Kant en considerar que esta es la pregunta fundamental: decidir la posibilidad o imposibilidad de la metafísica y señalar tanto las fuentes como la extensión y límites de la misma, todo ello a partir de principios[611]. Pero estoy en desacuerdo con identificar *a priori* toda metafísica con mis juicios, aunque sean sintéticos *a priori*, cosa que él hace porque —desarrollando lo que comenzó Descartes— *a priori* ha erigido a la razón pura como criterio y único fundamento de toda verdad, convirtiéndola en una especie de dios. La metafísica por la que ahora me pregunto no es esa, se refiere a seres reales espirituales traídos a la existencia por Dios en la creación. ¿Será verdad lo que antes hemos oído a Tomás cuando ha dicho que Dios ha creado simultáneamente el espacio, la materia, el tiempo y la naturaleza angélica, a la que yo denominé mundo del espíritu?[612] ¿Tenemos alma? Se trata de determinar si hay un mundo espiritual más allá de la materia, un mundo real, no mental.

Desde la óptica filosófica los idealistas no llegan a conocer un mundo espiritual transcendente a ellos, sencillamente porque están encerrados en su ego transcendental, su metafísica es exclusivamente inmanente[613]. Los materialistas tampoco porque han hecho lo que siguen haciendo bastantes filósofos modernos: comenzar a filosofar aceptando sin pruebas una determinada teoría del conocimiento, que *a priori* les lleva indefectiblemente a determinadas conclusiones ontológicas. Aseguran *a priori* que nuestra única vía para conocer son los sentidos (así Hume), y de ello, ¿qué se puede deducir?… que sólo

---

[611] Kant, *Crítica de la razón pura*, A XII; *Prolegómenos*, prólogo.

[612] Reitero que en *Suma Teológica*, I, I, cuestión 46, artículo 3, como dije en IV, 1 anterior.

[613] Cfr. mi «Crítica razonada del idealismo» en IV, 5 de *Diálogos sobre Dios*.

existe lo que perciben los sentidos. Pura tautología. De esta forma se cierran *a priori* al mundo metafísico, cosa que normalmente les produce angustia y zozobra (véase Schopenhauer), ya que quedan ciegos para lo más propiamente humano, como la razón, la verdad, el bien, el libre arbitrio, la ley moral[614]... Ante ello opino que es necesario no encerrarse en la propia razón y combatir lo que en su *Introducción a las ciencias del espíritu* Dilthey llamó «eutanasia de la metafísica», un mal que según sus palabras se produce «a causa de la transformación del mundo en el sujeto que lo aprehende... y así estamos encerrados en nuestras impresiones y, por tanto, no conocemos sus causas ni el mundo exterior»[615]. En cierto modo Hegel hizo eso, lo hizo para culminar el idealismo inmanente que había comenzado Descartes y desarrolló Kant, por eso es como Platón al revés; quiero decir que su mundo del espíritu no deja de ser inmanente, no trascendente como el de aquel gran pensador griego. Utilizando un método dialéctico, en su *Fenomenología del espíritu* y el resto de sus obras Hegel identifica la Idea (*Idee*) con la realidad, con la totalidad de lo finito y lo infinito[616]. Imagina que el Espíritu (*Geist*) conoce esa realidad, la Idea, primero dentro de sí con la tesis del Lógos, después fuera en la antítesis de la Naturaleza, y finalmente dentro y fuera gracias a la síntesis del propio Espíritu. En esta dialécticamente encontramos un espíritu subjetivo (la tesis), otro espíritu objetivo (la antítesis) y finalmente, como culminación, el Espíritu absoluto (la síntesis), en el cual está la verdad, pues es el Espíritu autoconsciente que se goza a sí eternamente. A todo este engranaje idealista Hegel lo llama «reino de los espíritus»[617].

Pues bien, si prescindimos de los prejuicios del idealismo inmanente y sacamos la razón a la luz, fuera, a lo transcendente, podemos pensar con fundamento que en la creación *ex nihilo* y *ex amore* Dios, además de la materia, el espacio, el tiempo y las fuerzas con sus leyes físicas, ha llamado al ser también a realidades

---

[614] Cfr. mi «Crítica razonada del materialismo» en VI, 7 de *Diálogos sobre Dios*, así como el resto de este capítulo.

[615] Wilhelm Dilthey (1833-1911), Catedrático de la Universidad de Berlín y miembro de la Academia Prusiana de Ciencias, *Introducción a las ciencias del espíritu*, 1883, Alianza, Madrid 1986, pp. 574 y 575.

[616] Friedrich Hegel (1770-1831), tesis de habilitación titulada *Dissertationi philosophicae De orbitis Planetarum praemissae Theses*, número seis.

[617] Hegel, *Fenomenología del Espíritu*, DD, VIII, 3, Fondo de Cultura Económica, Madrid 1966, p. 473. Donde mejor y más claramente se plasma la dialéctica hegeliana es en su *Enciclopedia de las ciencias filosóficas*.

espirituales —es decir, no espaciales, invisibles, inasibles—, igualmente con sus fuerzas y sus leyes morales. Ello es posible sencillamente porque Dios Creador es Espíritu, y como vimos hay un nexo indudable entre Él y lo creado. Por ello, podemos hablar con más fundamento que Hegel de un mundo del espíritu además del físico. Un mundo espiritual que lógicamente queda fuera de la jurisdicción de la física —la cual, como sabemos, estudia la naturaleza sensible—, un mundo que es objeto de una ciencia o ἐπιστήμη que está más allá de ella, pues tal como le llamó el escolarca del Liceo Andrónico de Rodas es metafísico. ¿Existen realmente realidades no materiales? ¿Cabe hablar seriamente de una auténtica «ontología del espíritu» referida a realidades llamadas al ser por Dios en la creación? Como digo hay una poderosa razón para pensar que sí: las cosas creadas finitas remiten a un primer Ser que es Espíritu, Sabiduría y Amor, hay un nexo entre dichas cosas creadas y su Creador, luego es razonable concluir que Dios ha creado un mundo espiritual además del físico. El Espíritu llama al espíritu, parafraseando aquello que dijo Dante por medio de Beatriz —se abrió en nuevos amores el eterno amor, dijo[618]—, podemos decir que se abrió en nuevos espíritus el eterno Espíritu.

En rigor no cabe hacer una separación radical entre dos mundos, uno físico y otro metafísico. Porque Dios es Espíritu en cierta manera todo está atravesado por el espíritu, incluida la materia. «El reino del espíritu abarca todo el mundo creado —dice la filósofa Edith Stein—, y en realidad este resultado no es tan sorprendente, ya que sabemos que todo lo creado es materia conforme a un plan… Todo ente que no sea espíritu puro ha de ser materia atravesada por el espíritu»[619]. A continuación Stein prosigue constatando que «un Espíritu personal ha escrito "el gran libro de la Naturaleza" y habla en él al espíritu del hombre, de manera que no hay ser alguno carente de espíritu, la materia informada es materia atravesada por el espíritu»[620]. Esta idea es compartida por científicos: cabe recordar que, según vimos antes, la física cuántica nos ha dado una nueva visión del mundo en la que desaparece la separación tajante entre un mundo de la materia y un mundo del espíritu, los

[618] «S'aperse in nuovi amor l'etterno amore»: Paraíso, Canto XXIX, 18.
[619] Stein, Estructura de la persona humana, en «Obras Completas IV», p. 691; también Ser finito y ser eterno, ob. cit. p 972.
[620] Ibídem, p. 693.

cuales según Bohr son complementarios. Y puedo mencionar ahora, por ejemplo, que Newton dedicó mucho tiempo a pensar sobre el origen de la gravitación para saber si es o no algo innato a la materia, es decir, un poder que ella tiene; que el gran químico Priestley en su libro *Disquisiciones sobre la materia y el espíritu* se opuso a la radical separación cartesiana entre *res extensa* y *res cogintans*, y consideró que la materia no es sólo una mera estructura inerte formada únicamente por átomos, sino que está dotada de poderes activos (como la fuerza de la gravedad), que interpretó como debidos a un Espíritu inmaterial, el de su Creador[621]; y, en fin, que el primer científico que encontró una relación entre la electricidad y el magnetismo, el danés Oersted, dejó una obra inacabada titulada *El alma en la naturaleza*, en la que dijo que Dios creó la naturaleza a su imagen y así esta se corresponde con y participa de la Razón divina, por eso «el espíritu y la naturaleza son uno vistos bajo dos aspectos diferentes, no debe, pues, sorprendernos su armonía»[622]. Volvemos a la armonía del libro de la Naturaleza, una armonía que sin necesidad de acudir al panteísmo es un reflejo de su Creador, recordemos de nuevo a Kepler: según él los astros se encuentran desde la creación del mundo desplegando una obra polifónica, imperceptible para el oído, pero perceptible para el intelecto, no ha de sorprender por tanto que el espíritu del hombre, a imitación de su Creador, haya descubierto finalmente el arte de la música.

Rememorando a Kepler acabo de aludir al espíritu del hombre. ¿Dije bien? ¿Podemos hoy día seguir sosteniendo que tenemos un alma espiritual? Para poder contestar adecuadamente esta pregunta tenemos que hablar de nuestras vidas en su integridad, también de nuestros cuerpos, sólo después de hacerlo podremos abordar con fundamento la cuestión del alma. De esta forma nos conoceremos a nosotros mismos como quería Sócrates, en cuerpo y alma, y podremos comprender el papel del Hombre en el Cosmos.

---

[621] Joseph Priestley (1733-1804), hombre polifacético y uno de los fundadores de la química, publicó *Disquisiciones sobre la materia y el espíritu* en 1777.

[622] Citado por Fernández Rañada, *Los científicos y Dios*, ob. cit., pp. 182 y 183.

2. El milagro de la vida

En el gran teatro del mundo hay materia inerte que no se mueve por sí misma, sino que es movida por las fuerzas de gravedad, electromagnética y otras que conocemos, es de la que hasta ahora hemos hablado. Pero también está presente otra materia que actúa, se mueve y se desarrolla por sí misma gracias a que disfruta de algo maravilloso: la vida. Aun estando compuesta de elementos químicos ordinarios tiene capacidad para obrar por sí misma gracias a una energía que hay en su interior que le da fuerza para actuar, autoconstruirse y crecer, e incluso para transmitir vida. Nos hemos acostumbrado, pero un ser que obra y se desarrolla por sí mismo es algo extraordinario, y eso es vida.

La unidad elemental de vida es la célula[623]. Una célula tiene vida propia, es un diminuto ser vivo[624] y todo organismo vivo está constituido por células, bien por una sola (organismos unicelulares), bien por muchas jerárquicamente estructuradas (organismos pluricelulares). Nosotros tenemos en nuestro cuerpo billones de células de más de 200 tipos, especializadas y formando tejidos, aunque en el primer instante de nuestra vida estuvimos constituidos por una sola llamada cigoto que fue la más sabia que hemos tenido, ya que en ella estaba ya escrito todo nuestro programa de vida, de la misma forma que en el átomo primitivo estaba ya en potencia todo lo que hay en el Universo. Lo estaba porque la célula es otro milagro de la Naturaleza. Supone un enorme salto de complejidad, pues en el interior de cada una (en el de todas y cada una de nuestras células) hay una información y un programa de actuación impresionante, si

---

[623] Hace tiempo un científico inglés llamado Robert Hooke examinaba al microscopio la estructura del corcho y otros tejidos vegetales, y de pronto vio pequeñas cavidades que parecían celdillas de un panal de abejas. Por eso les llamó *cellula*, palabra latina que significa «celda o habitación estrecha», y así se les llama desde entonces: células.

[624] Es microscópico, nuestras células miden entre 10 y 15 micras, siendo una micra o micrómetro (μm) una milésima parte de un milímetro, es decir, la millonésima parte de un metro.

nos referimos a su complejidad algorítmica en lugar de a su volumen una sola célula de nuestro cuerpo es más «grande» que una estrella[625], y si nos referimos a las partes que la forman una célula es más «compleja» que una galaxia[626]. Esa información permite que nos desarrollemos y actuemos por nosotros mismos como ser de la especie *Homo Sapiens*[627] y como persona concreta e irrepetible, como Diego, Pablo, Juan o María. Es como el manual de funcionamiento de cada ser humano que, como digo, está escrito en cada una de sus células. Concretamente en su núcleo, en una molécula de ADN (Ácido Desoxirribonucleico, en inglés DNA o *Desoxyribo Nuclic Acid*) que adopta la forma de unos bastoncillos cruzados a modo de escalera de caracol llamados «cromosomas», unidos como si fueran escalones por cuatro tipos de «bases» que se pueden combinar de muchas maneras. Cada combinación determina los «genes» de cada persona o individuo, que son el lazo entre padres e hijos, pues se transmiten y dirigen el desarrollo celular de los nuevos seres. Las «bases» son como pequeñas letras que componen un libro escrito con fragmentos y repeticiones, nos permiten leer el conjunto de genes o «genoma», tanto el común humano como el específico de una persona[628].

Cada una de nuestras pequeñas células contiene nuestro genoma completo. En nuestros 23 pares de cromosomas hay unos 3.000 millones de bases o pequeñas letras de ADN, que contienen entre 20.000 y 25.000 genes (la función de gran parte de las bases nos es desconocida). En la molécula de ADN que hay en cada una de nuestras células está toda la información para nuestro desarrollo físico y para actuar por nosotros mismos, cantando, bailando, pensando, caminando, escribiendo un libro o leyéndolo. Como acabo de decir está plegada como si fuera una escalera de caracol, pero imaginemos ahora que la coge uno de esos duendecillos que tanto gustan a los científicos y la estira de forma lineal: esa molécula de ADN de una sola célula mide dos metros de longitud. Al

---

[625] Así lo dice David Jou en *Pensar la Creación*, Albada, Barcelona 2024, p. 104.

[626] Cfr. Jou, *Cerebro y Universo. Dos cosmologías*, El espejo y la lámpara, Barcelona 2011, p, 24.

[627] De la especie biológica a la que Linneo llamó *Homo Sapiens* en *Systema Naturae*, I, 7.

[628] La estructura de las moléculas de ADN la descubrieron en 1953 el neurocientífico inglés Francis Crick (1916-2004) y el norteamericano James Watson (n. en 1928), recibiendo por ello el premio nobel de medicina en 1962.

multiplicar esos dos metros de ADN que contiene cada célula humana por la media de células que tiene el ser humano (aproximadamente 10 billones, aunque pueden ser más), resulta que nuestro organismo contiene un total de ¡20 billones de metros de ADN con información genética!, lo que equivale a cientos de viajes de ida y vuelta de la Tierra al Sol[629]. ¿No es milagroso? ¿Cómo ha podido surgir algo así? ¿Cómo el polvo de estrellas ha podido convertirse en materia viva tan compleja? ¿Cómo surgió la primera célula, Adán de la vida? ¿De dónde procede la vida?

Veamos qué nos dice la ciencia. Cuando se formó la Tierra hace unos 4.000 millones de años, no había vida en ella. Durante la época primitiva del Universo en el interior de las estrellas se iban preparando los átomos necesarios para la formación de seres vivos: carbono, hidrógeno y oxígeno, este material era expulsado al espacio por la explosión de estrellas como novas o supernovas, aglutinándose por la gravitación para formar planetas que giran alrededor de las estrellas. Uno de ellos es nuestra Tierra que vuela como una nave alrededor del Sol, la cuestión es cómo pudo surgir en ella la primera célula viva, pues para pasar de materia no viva a materia viva algo o alguien tuvo que elaborar los complicados programas de la primera molécula de ADN.

Para los científicos este es otro misterio. Nadie sabe a ciencia cierta cómo pudo pasarse de los átomos a las células vivas, nada físico o químico explica el comienzo de la vida a partir de macromoléculas inertes, de la misma forma que no hay explicación científica sobre qué sucedió en el *big bang* desde el tiempo cero hasta 10^{-43} segundos. De nuevo la ciencia se topa con un muro, ahora biológico, muchas citas podría hacer al respecto, me limitaré a algunas importantes y creíbles. Con ese muro se topó precisamente el físico y biólogo que descubrió la estructura de la molécula del ADN llamado Crick, un hombre nada partidario de la religión ni de la filosofía, a la que definía pobremente como conjunto de desacuerdos entre quienes no se molestan en acercarse al estudio empírico de la realidad. Él por tanto no creía en los milagros, pero escribió lo siguiente: «Un hombre honesto que estuviera provisto de todo el saber que hoy está a nuestro alcance debería afirmar que el

---

[629] Recordemos que la distancia media entre ambos es de 150 millones de kilómetros.

origen de la vida parece provenir del milagro, tantas condiciones es preciso reunir para establecerla»[630]. La formación de la célula «es un proceso que aún desconocemos», escribe el físico Udias[631]. «No sabemos con detalle cómo comenzó la vida… de las moléculas se pasa, todavía no sabemos cómo, a células vivas… parece necesario un acto creador nuevo», escribe el científico Jou[632]; y de hecho no se puede producir vida en laboratorios porque aunque conocemos los elementos químicos de las células, desconocemos la información contenida en el ADN y sus proteínas sobre su combinación y estructura. Concluyo con la cita de un gran científico del que mucho hablaremos, se llamaba Eccles. Como biólogo descubridor de los mecanismos de las células de nuestro cerebro sabía de lo que hablaba, y con total sinceridad afirmó lo siguiente: «No disponemos de ninguna explicación para el surgimiento de la vida a partir de algo no vivo»[633]. En definitiva así es, los científicos desconocen el origen de la vida, únicamente han podido hacer hipótesis, voy a referirme a la que hoy día es la más aceptada.

La propuesta que suele hacerse es la siguiente: dado que la Tierra reúne las condiciones necesarias (enseguida hablaré de ellas), las primeras células vivas aparecieron en ella a partir de la materia del planeta hace entre 3.500 y 4.000 millones de años. Se trató de una evolución basada en una serie de reacciones químicas, al comienzo no orgánicas, en virtud de las cuales se formaron las cadenas de ADN mediante un proceso que desconocemos y que de hecho no ha podido duplicarse en los laboratorios (como acabo de decir nadie ha sido capaz de producir en ellos células vivas). A pesar de eso, esta es la hipótesis que suele hacerse. Según ella los primeros seres vivos aparecidos habrían sido unas bacterias unicelulares llamadas «procariotas», es decir, sin un núcleo que contuviera

---

[630] Cfr. Francis Crick, *Siempre en los límites del conocimiento*, de José Manuel Elena, en *La cosmovisión de los grandes científicos del siglo xx*, dirigido por Juan Arana, Tecnos, Madrid 2020, pp. 355 y siguientes.

[631] Agustín Udías, *Ciencia y Religión. Dos visiones del Mundo*, Sal Terrae, Santander 2010, p. 300, apartado titulado «De la materia inerte a la vida».

[632] *Pensar la Creación*, ob. cit., p. 106.

[633] Sir John Eccles (1903-1997) fue premio nobel de medicina y fisiología en 1963 por sus trabajos sobre la transmisión sináptica en el sistema nervioso central (de la que después hablaremos). Junto con el filósofo Popper publicó en 1977 el famoso libro *El yo y su cerebro*, Labor, Barcelona 1993. La cita aquí recogida procede de la p. 629 de este libro, donde Eccles dialoga con Popper. En el mismo texto (p. 12) este último dice que «no sabemos demasiado acerca del origen de la vida».

material genético, después veremos cómo fue la evolución que transformó la vida desde esas primitivas células hasta las nuestras. En resumen: que la vida se originó a partir de la materia inerte es hoy día algo generalmente aceptado, pero el cómo fue ese paso del átomo a la célula viva es para la ciencia un milagro, un misterio, una singularidad biológica[634].

Dado, pues, que la pregunta sigue ahí, vamos a seguir pensando acerca del origen de la vida. La primera cuestión es: ¿tenía la materia capacidad para crear vida?, ¿surgió esta de los átomos mediante evolución, quizá al azar? En mi opinión hace falta mucha fe para creer que la materia misma, por sí sola, pudo crear vida. Veamos algunas razones que fundamentan esta opinión, probablemente hay bastantes más.

Diseñar la primera molécula de ADN requiere mucha inteligencia y sabiduría. Pasar del átomo a la célula es una ruptura total, supone un gran salto hacia algo mucho más complejo y, francamente, por mucho que evolucione yo no veo ni rastro de la inteligencia necesaria en el mundo físico para poder darlo, y si hablamos del azar esa palabra lo único que hace es encubrir nuestra ignorancia. Lo comprendió así el gran científico español Ramón y Cajal cuando estudió las células de los ojos, órgano maravilloso que nos permite ver el cielo estrellado[635]. Él se atenía a lo que llamaba «religión de los hechos y el microscopio», sobre el cual llegó a estar 20 horas seguidas, por tanto no creía en lo sobrenatural[636]. Pero esta fe en la mera materia se tambaleó cuando este culto científico, que tanto sabía del cerebro y sus células, se dedicó a estudiar las células de las estructuras del ojo. Sus palabras son estas: «Cuanto más estudio la organización del ojo de vertebrados e invertebrados menos comprendo las causas de su maravillosa y exquisitamente adaptada organización. Hoy no suscribiría yo el concepto mecánico,

[634] Cfr. Jou, *Cerebro y Universo*, ob. cit. pp. 101 a 103; Udias, *Ciencia y Religión*, pp. 295 a 301; Fernández Rañada, *Los Científicos y Dios*, pp. 137 a 141; Oró y Villanueva, *Nuestros orígenes: el universo, la vida, el hombre*, F. Areces, Madrid 1991; Léourier, *El origen de la vida*, Istmo, Madrid 1970.
[635] Santiago Felipe Ramón y Cajal (1852-1934), navarro, médico militar en Cuba y catedrático de anatomía, fue premio nobel por sus descubrimientos sobre la estructura del sistema nervioso.
[636] Llegó a decir que el beso que los poetas consideran como sublime conjunción de dos almas, no es para el científico sino un simple intercambio de microbios labiales: *Charlas de café, pensamientos, anécdotas y confidencias*, Espasa Calpe, Madrid 1966, p. 33.

o si se quiere estrictamente físico-químico de la vida. En ella (origen, morfología de células y órganos, herencia, evolución, etcétera) se dan fenómenos que presuponen causas absolutamente incomprensibles, no obstante las jactanciosas promesas darwinianas y de la escuela bioquímica»[637]. Cuando veía el Mundo desde la atalaya de sus ochenta años (es cuando se ve más serenamente), este científico tan navarro y tan español escribió que el ojo es un «sagrado don de los dioses»[638]. Pues seguía admirando el que consideraba el órgano más ingeniosamente concebido, por eso dijo también Ramón y Cajal que, extasiados al contemplarlo, los filósofos han visto en el milagro de la visión una prueba decisiva de que existe un omnipotente Principio rector y ordenador de la evolución de las especies[639]. En efecto, es totalmente improbable que una maravilla como son las células vivas del ojo y de otros órganos, que tan bien saben organizarse, programarse y multiplicarse por sí mismas, hayan surgido al azar de la materia. Tan improbable como que un mono mecanógrafo haya podido escribir la historia del ingenioso caballero don Quijote de la Mancha pulsando al azar las teclas de un ordenador.

Otro argumento en el que fundamento mi opinión es el siguiente: la materia no ha podido crear vida por si misma porque con ello violaría las propias leyes físicas a las que está sujeta, que como vimos son universales y constantes, en especial la segunda ley de la termodinámica. Para desarrollarlo tengo que hablar de los demonios de la biología, pues igual que la física ella también tiene sus demonios. Schrödinger, aquel científico que descubrió la ecuación que describe el comportamiento de los átomos (y encerró un gato en una caja), impartió unas conferencias en Dublín bajo el título *¿Qué es la vida?*, y en una de ellas dijo que los cromosomas que hay en las células son como el Demonio de Laplace, aquel extraordinario ser que puede adivinar el futuro. Vio que tienen una información tan detallada en los genes que pueden predecir si lo que nacerá a partir de ellos será una gallina, una mosca, un abeto, un

---

[637] Esta cita la recoge Rodríguez Valls en *Concepciones antropológicas de los protagonistas de la revolución neurocientífica*, Juan Arana (coordinador), Tirant Humanidades, Valencia 2023, p. 56. Cfr. Ramón y Cajal, *Reglas y consejos sobre investigación científica*, Espasa Calpe, Madrid 2011, p. 34.

[638] Ramón y Cajal, *El mundo visto a los ochenta años*, Renacimiento, Sevilla 2023, p. 266.

[639] Ibídem, pp. 39 y 40.

escarabajo, una ardilla o un hombre. Pero también vio que hay una diferencia entre ellos, entre los átomos y las células, ya que la vida de estas «se alimenta de entropía negativa»[640]. Eso es cierto. El Demonio de Laplace se refería a lo visible del Universo, lo físico que está sujeto a la segunda ley de la termodinámica, según la cual la entropía es positiva en cuanto que siempre aumenta, cada vez hay más degradación y desorden, las cartas, quiero decir, las cosas, están más desordenadas. En cambio, el Demonio del ADN se refiere a la biología y al surgimiento de la vida, lo que supone más perfección y más orden, mucho más, por eso la vida es un desafío a la entropía y a las leyes físicas de la materia. Esto lo constató de forma entretenida Gramow, aquel científico que predijo que tenía que haber un eco del *big bang* en forma de radiación de microondas[641]. Consciente de lo anterior el biólogo molecular Monod[642] pensó que quizá dentro de las células hay un pequeño y sabio Demonio sí, pero no como el de Laplace sino como el de Maxwell, aquel de lo pequeño que es capaz de violar la segunda ley termodinámica controlando una puertecilla entre dos compartimentos de gas. Un ser muy listo e inteligente que da instrucciones a las formas vivas para que puedan violar aquella ley, y así evolucionar con entropía negativa tendiendo cada vez más al orden y a organismos mucho más complejos[643].

Pero esos Demonios, ¿no fueron expulsados de la física? Planck, Heisenberg y otros científicos cuánticos eliminaron el de Laplace y

---

[640] Cfr. Canales, *La ciencia y sus demonios*, ob. cit., pp. 342 a 345.

[641] Ibídem, p. 345: Gramow escribió un cuento en el que un tal Tompkins se introduce en un átomo, y allí presencia las travesuras de su Demonio que consisten en violar la segunda ley termodinámica haciendo que lo caliente sea aún más caliente en lugar de enfriarse.

[642] Jacques Lucien Monod (1910-1976), nacido en París, cientificista y mecanicista desde el punto de vista biológico y premio nobel en 1965, demostró que existe el RNA. Escribió *El azar y la necesidad* proponiendo combinar ambas cosas como causa de las variaciones genéticas y la evolución. Por eso Monod ignoró el Demonio de Laplace, ya que con él estaba excluido el azar (había determinismo total), y como digo según él hay que contar con el azar sin que sea necesario buscar otro por qué.

[643] En este sentido la profesora Canales (ob. cit., p. 348) escribe que «Monod afirmó haber encontrado un Demonio dentro de las células, y que era "mucho más inteligente" que la criatura inconsciente de Maxwell. Como necesitaba un nuevo nombre, decidió bautizarlo con los de su amigo Szilárd y su colega Brillouin. El Demonio Maxwell-Szilárd-Brillouin podía encontrarse dentro de las proteínas de los sistemas vivos que actuaban con inteligencia, siguiendo instrucciones y reproduciéndolas de forma que parecían infringir la segunda ley».

dejaron inoperante el de Maxwell, lo vimos antes. Nos mostraron así que la materia por sí misma es incapaz de dar instrucciones para que una ley (como la segunda termodinámica) ahora sea positiva, y después negativa. Lo digo una vez más, la ciencia tiene sus limitaciones, dejémonos de demonios y acudamos a algo serio, para comprender el paso de lo no vivo a lo vivo no basta la explicación físico-química, la vida no ha surgido mecánicamente por casualidad, ni por un azar que más tiende a destruir el orden que a aumentarlo.

Hay otra posibilidad que algunos científicos han defendido: que la vida hubiese llegado a la tierra desde otro planeta en un meteorito. Naturalmente eso requeriría que haya vida en otras partes del Universo. Existe un Instituto de Búsqueda de Inteligencia Extrate-rrestre[644] que lleva más de 40 años buscándola, con la esperanza de recibir alguna radiación que lo confirme de la misma forma que Wilson y Penzias captaron el eco del *big bang*, pero hasta ahora no ha habido respuesta alguna, sólo silencio. La Nasa está planificando un Observatorio de los Mundos Habitables, cuya puesta en marcha está prevista para la década de 2030. Y alguna esperanza ha dado la captación hace poco por el telescopio espacial James Webb, en un planeta muy lejano[645], de un gas que en la tierra es producido por organismos marítimos unicelulares. Pero hay un obstáculo para que haya vida extraterrestre: las condiciones cósmicas y galácticas deben ser las adecuadas, y no es nada fácil conseguirlas. La tierra las reúne, pero es como otro milagro casi irrepetible, la probabilidad de que haya otra situación igual a la de Sol-Tierra-Luna es, según Jou, inferior a uno sobre diez mil millones[646]. La distancia de la tierra al sol es la adecuada para mantener una temperatura media de 15° C, la necesaria para el desarrollo de la vida; la presencia de la luna favorece la estabilidad del eje de rotación y la existencia de mareas; el núcleo de hierro fundido en su interior produce un campo magnético que protege la tierra de radiaciones solares y cósmicas; los océanos que cubren el 71 por cien de la superficie de la tierra hacen posible que haya vida; la presencia de oxígeno en la atmósfera también… ¿Es posible que esta situación se haya dado exactamente así en otro planeta en torno a otra estrella, de manera que pueda

---

[644] SETI o *Search Extra Terrestrial Intelligence*.
[645] El planeta llamado K2-18b, a muchos años luz de distancia, que orbita alrededor de la fría estrella enana K2-18.
[646] Cfr. *Pensar la Creación*, ob. cit., p. 118.

albergar vida? La cantidad de estrellas es inmensa, por eso no hay que descartar nada. Pero, hoy por hoy el que haya vida extraterrestre es una posibilidad que pertenece al ámbito de la ciencia ficción. A la vista de nuestros actuales conocimientos es posible que en algún lugar del Universo haya vida unicelular, pero improbable que la haya inteligente. Y, desde luego, ninguna prueba hay de que un meteorito haya impactado en la tierra trayendo células procedentes de otro planeta.

La aparición de vida en la tierra sólo se explica por la existencia de algo que pueda provocar el gran salto de complejidad e información que hay entre el átomo y la célula. Algo o alguien tiene que empujar hacia el maravilloso orden y la increíble complejidad de las células, algunas tan asombrosas como las del ojo y del cerebro (después hablaré de estas últimas, llamadas neuronas). Eso, ¿quién puede hacerlo?, ¿un travieso demonio? No, sólo Dios. Únicamente una Energía Creadora que a la vez es Amorosa Inteligencia y Sabiduría puede hacer surgir vida a partir de la materia[647]. Lo lógico, según nuestros actuales conocimientos, es pensar que una energía sobrenatural hace que la materia pueda evolucionar hacia organismos vivos. El propio Schrödinger vino a reconocerlo cuando publicó sus conferencias, en un libro titulado (como ellas) *¿Qué es la vida?*, en cuya parte final afirmaba: «Vida es la más fina y precisa obra maestra conseguida por la mecánica cuántica del Señor»[648].

Sí, Dios es dador y creador de vida porque como vimos ha creado el Mundo y «todo» lo que en él hay, y en ese «todo» se incluye lógicamente la vida. Además, como también vimos antes, se trata de una creación evolutiva y continua, tanto cosmológica respecto a galaxias, estrellas y planetas, como biológica con relación a seres vivos que van apareciendo y evolucionando, siempre según las leyes y reglas propias de cada uno (un ejemplo es lo que sucede con la entropía: en aquel caso es positiva, en este otro es negativa). Esta es la conclusión más razonable: todo indica que la evolución de la materia es el medio escogido por Dios para crear vida. Es lo que también piensa el antes mencionado biólogo Eccles, nobel en medicina y fisiología y gran conocedor de las células, cuando dice que «hay una Providencia Divina que opera sobre y por encima de

---

[647] Ctr. Guitton, *Dios y la ciencia*, ob. cit., p. 54.
[648] Citado por Eduardo Battaner en *Los físicos y Dios*, Catarata, Madrid 2020, p. 103.

los sucesos materialistas de la evolución biológica»[649]. Así es, quien en verdad nos ilumina el milagro de la vida no es ningún travieso demonio, es el amoroso Dios que la ha creado.

[649] Eccles, *El cerebro y la mente*, Herder, Barcelona 1984, p. 18.

3. Nuestro cuerpo: polvo de estrellas y producto de la evolución

Ahora es el momento de preguntarnos cómo se ha producido la evolución biológica, que ha permitido que la vida se desarrolle y diversifique en la Tierra a partir de las primeras células. Lógicamente el proceso que asegura la continuidad de los seres vivos es la transmisión de vida de unos a otros mediante la reproducción. Dicha transmisión puede ser asexual o sexual. En la reproducción asexual el nuevo ser vivo se forma a partir de un fragmento del organismo anterior, en unos casos de una sola célula y en otros de varias, es la propia de las plantas, aunque también se da en los animales. La reproducción sexual es aquella en la que intervienen dos células llamadas gametos procedentes de dos seres sexualmente distintos, uniéndose y resultando así una nueva célula con su propio ADN, que se desarrolla por sí misma mediante su división y la división de las siguientes (lo que se llama mitosis). Esta es la forma de reproducción propia de muchos animales. Y la de los humanos: el gameto de la mujer es el óvulo (una célula más grande que las otras), y el del hombre el espermatozoide, y a diferencia de las restantes células de nuestro cuerpo no tienen 46 cromosomas sino la mitad, 23. De manera que cuando mediante la fecundación se fusionan se forma una nueva célula llamada cigoto ¡ya con sus 46 cromo-somas!, los suyos, pues los de ambos progenitores son mezclados a fondo y separados luego al azar, de modo que resulta una nueva combinación genética ya en esa primera célula del nuevo ser humano. Lo cual significa que desde la fecundación hay una nueva vida que no es la de una lechuga, una ardilla o un rinoceronte, sino de la especie humana. En su estado más pequeño y primitivo, es cierto, pero es una vida humana distinta de la de sus padres que obra y se desarrolla por sí misma (como lo prueba la fecundación *in vitro*), y que, si se le deja, se convertirá en un o una joven y después en una persona adulta. Ya que como señalé el cigoto es una célula sabia, la más sabia de todas, de manera que en su ADN está escrito todo el plan y programa de esa vida, de manera que cuando las células van dividiéndose y especializándose (para formar ojos, manos, tejidos, órganos...) pierden parte de la información y van haciéndose más tontas[650].

Antes hemos visto que las primeras células vivas que salieron de la materia hace unos 4.000 millones de años, procariotas se llaman, eran simples, primitivas y muy tontas, ni siquiera tenían un núcleo que contuviera material genético. ¿Cómo surgieron a partir de ellas otras células tan listas, eficaces y complejas como las nuestras, comenzando por nuestro sabio cigoto?, ¿cómo ha sido la evolución biológica para que hayamos aparecido los humanos?, ¿qué ha hecho posible que estemos ahora aquí, en esta nave espacial terrestre que vuela por el inmenso Cosmos a grandes velocidades? Resulta que cuando se formó la Tierra junto con el Sistema Solar, hace unos 4.600 millones de años, se inició un proceso de evolución biológica por el que la materia ascendió por la llamada pirámide de complejidad, desde moléculas simples e inanimadas a las primeras células vivas, después a animales superiores y finalmente hasta el hombre. Por tanto contestar las preguntas que acabo de hacer requiere hablar de la evolución de la vida a partir de las primeras células, comenzando por conocer a quien propuso que los seres vivos evolucionan.

Darwin era un inglés de buena familia que de pequeño era muy dado a inventar historias falsas para causar admiración[651]. Fue un muchacho aficionado a la pesca y a los animales[652] que coleccionaba todos los insectos que encontraba[653] y se propuso ser médico como

[650] Con el cigoto se inicia la vida de un nuevo *Homo Sapiens*, todos hemos comenzado siendo una sola célula y a partir de ella hemos crecido y nos hemos desarrollado, primero dentro de nuestra madre, después fuera. Esa es la razón por la que he sostenido (cfr. *En defensa de la vida humana*, Biblioteca Nueva, Madrid 2011), y sostendré siempre, que abortar es matar a un ser humano, microscópico en su inicial fase, es cierto, pero un ser de nuestra especie que tiene vida propia desde su primera y sabia célula.

[651] Según dice él mismo en Charles Darwin (1809-1882), *Autobiografía*, Alianza, Madrid 1993, p. 7.

[652] En sus memorias (ob. cit., p. 9) recuerda que una vez actuó cruelmente: golpeó a un perrillo sólo por disfrutar de la sensación de fuerza, acto que pesó siempre sobre su conciencia.

[653] Siendo aún niño empezó a coleccionar todos los insectos que encontraba, le ilusionaba sobre todo coleccionar escarabajos, él mismo nos cuenta (ob. cit., pp. 30, 31 y 14) que un día, mientras arrancaba cortezas viejas de árboles, vio dos raros escarabajos y

su padre, pero desistió porque cuando asistió a una operación se mareó al ver sangre y salió huyendo[654]. Después pensó ser cura rural de la iglesia anglicana pero no siguió los estudios necesarios, dedicaba su tiempo a tocar en un grupo musical y se convirtió, según su padre, en un deportista holgazán. Le gustaba viajar, había oído hablar muy bien de Tenerife y acarició la idea de ir a esa bella isla[655], pero todos sus planes cambiaron cuando se enroló en un barco llamado *Beagle*. Era este de la marina británica, se disponía a dar la vuelta al mundo para hacer mapas de la costa de Sudamérica y su capitán, hombre noble de mal genio, deseaba que algún joven le acompañara como naturalista sin recibir paga alguna. Darwin se entusiasmó con la idea y el capitán le aceptó, aunque estuvo a punto de no hacerlo a causa de la forma de su nariz[656]. A su regreso trabajó sin descanso aprovechando sus muchas observaciones (también las de otros), y finalmente publicó a los cincuenta años su conocido e influyente libro titulado *El origen de las especies por la selección natural*[657].

La idea de Darwin es sencilla: Dios no creó las especies una a una, sino que todas proceden de las primeras células, que han evolucionado y se han transformado poco a poco. En la lucha por la existencia ha habido una selección natural que ha hecho que sobrevivan los más aptos, desapareciendo especies antiguas y simples y apareciendo especies nuevas más perfectas[658]. Según Darwin esto se aplica también a los miembros de la especie humana,

cogió uno en cada mano; entonces vio un tercero de otra clase que no podía perder, así que metió en su boca el que tenía en la mano derecha… pero soltó un ácido que le quemó la lengua, por lo que tuvo que escupirlo perdiendo ese escarabajo y también el tercero.

[654] *Autobiografía*, ob. cit., pp. 16 y 17.

[655] Ibídem, pp. 25, 29 y 36.

[656] El capitán estaba convencido de que podía juzgar el carácter de un hombre por sus facciones, y dudaba de que una persona con una nariz como la de Darwin tuviera energía y decisión suficientes para hacer la travesía; pero después se alegró de que su nariz hubiera mentido, como cuenta el propio Darwin en su *Autobiografía*, pp. 40 y 41 (el catedrático de biología celular José Ramón Alonso ha publicado un libro con el título de *La nariz de Charles Darwin*, Libros en el Bolsillo, 2022). También nos cuenta Darwin lo que sucedió en el viaje que duró casi cinco años, de 1831 a 1836, en los que dedicaba parte del día a escribir un diario describiendo todo lo que había visto (Darwin, *Viaje del Beagle*, Alhambra, Madrid 1990): Santiago, Cabo Verde, las islas Galápagos, los desiertos de Patagonia, Tierra de Fuego… Al comenzar su vuelta al mundo era un joven inmaduro de 22 años, al terminarlo se había convertido en uno de los científicos con más experiencia en los restos fósiles y la fauna.

[657] *El origen de las especies*, Colección Austral, Espasa Calpe, Madrid 1988.

[658] Ibídem, pp. 110 y siguientes, 129 y siguientes, 407, 571 y 572.

que ha surgido de la evolución de antropoides más primitivos y no inteligentes, lo que supone que son, somos, primos de los monos. Primos, no descendientes, ya que ambos (hombres y monos) proceden de un tronco común. Aunque hay que destacar que el propio Darwin reconoce en varias ocasiones que aquí hay una gran laguna: no se han descubierto los eslabones intermedios de la cadena por la cual las formas de vida inferiores evolucionan hasta las humanas, la cadena orgánica entre el hombre y sus ancestros está geológicamente rota[659]. Todo esto provocó polémica. Aunque antes de hablar de ella tengo que aclarar algo importante: Darwin rechaza que Dios haya creado las especies una a una, pero de ninguna manera se opone a la idea de que Él haya hecho una creación evolutiva y continua. Al contrario, defiende expresamente que la evolución que propone no tiene su causa en la materia, sino más bien en su Creador, lo afirma de manera expresa y muy clara en los últimos párrafos de *El origen de las especies*, a los que me remito. Recordaré ahora únicamente algunas de sus ideas, como aquella según la cual «las leyes impresas por el Creador en la materia» son las que hacen que «todos los seres sean descendientes de un corto número de seres». Y también las recogidas en las últimas palabras de este libro, muy meditadas por él sin duda, que son estas: «Hay grandeza en esta concepción de que la vida, con sus diferentes fuerzas, ha sido alentada por el Creador en un corto número de formas o en una sola, y que, mientras este planeta ha ido girando según la constante ley de gravitación, se han desarrollado y se están desarrollando, a partir de un principio tan sencillo, infinidad de formas bellas y portentosas»[660]. Así termina Darwin su famoso libro, asegurando que el Creador, es decir, Dios, ha diseñado una creación evolutiva mediante leyes impresas por Él en la materia y a partir de una o unas pocas formas de vida.

Las leyes de Dios a las que Darwin alude las descubrió, siete años después de la aparición de *El origen de las especies*, un monje agustino llamado Mendel[661]. Descubrió las leyes que regulan la

[659] Darwin, *El origen del hombre* (2 vols.), Fraile, Madrid 1994, vol. I pp. 77, 573 y 722; respecto al eslabón desconocido pp. 164, 165, 175 y 176. También *El origen de las especies*, ob. cit., pp. 218, 375, 376 y 433.

[660] *El origen de las especies*, párrafos finales, ob. cit., pp. 571 y 572.

[661] Gregor Mendel (1822-1884) fue un sacerdote bueno y piadoso que vivió en el monasterio de Brno, actualmente en la República Checa pero entonces parte de Austria-Hungría. Su trabajo apareció en una revista poco conocida y nadie se fijó en él, hasta que

transmisión de los caracteres biológicos por herencia, y con ello confirmó la evolución pero modificó la manera de entenderla: ahora la causa principal de la transformación de las especies no es la lucha por la supervivencia como creía Darwin, es más natural, por decirlo así, ya que es genética. Según la teoría de Mendel, confirmada en la actualidad, los caracteres heredables están determinados en el ADN por los genes de los que hablé anteriormente. Cada gen existe en varias formas alternativas llamadas alelos, que determinarán cómo será el carácter; por ejemplo, que la piel del guisante sea lisa o rugosa, o su flor blanca o roja, o los ojos de una persona azules o negros. Todo individuo recibe dos genes por carácter heredable, uno de su padre y otro de su madre, y transmite después uno de ellos a cada descendiente. Los genes son estables y se suelen transmitir a los hijos en el mismo estado que se reciben de los padres. Pero no siempre, porque de vez en cuando sufren mutaciones bajo el efecto de factores químicos o físicos, y en ese caso un individuo que recibe un gen mutado manifiesta un carácter nuevo, no heredado de ninguno de sus padres. Es aquí donde aparece el azar, porque estas mutaciones se producen por motivos puramente aleatorios; y es por eso por lo que la evolución de las especies se basa, sobre todo, en la mutación genética (aunque sin dejar de lado la selección natural)[662]. Así lo ha confirmado un biólogo ucraniano llamado Dobzhausky, ferviente creyente en Dios y a la vez muy partidario de la evolución[663]. Este científico ha unificado las ideas de Darwin y Mendel, y así ha sostenido que las especies evolucionan por variaciones

en el año 1900 fue redescubierto. En su importante abadía había un huerto en el que hizo numerosos experimentos con semillas de más de 30.000 plantas, flores, frutas, guisantes y 50 colmenas, pues desde niño era un apasionado de la naturaleza. Cuando fue nombrado superior del convento tenía menos tiempo, entre otras ocupaciones tuvo que recurrir un impuesto que estableció a las abadías el Emperador de Austria (consiguió la exención), pero a pesar de eso nunca abandonó sus investigaciones y experimentos.

[662] Estas ideas acerca de la teoría genética de Mendel las desarrolla el físico Fernández Rañada en *Los científicos y Dios*, ob. cit., p. 128.

[663] Theodosius Dobzhausfy (1900-1975), fue un biólogo ucraniano que obtuvo la nacionalidad americana y fue profesor de genética en la Universidad de Columbia. Su obra principal se titula *Genética del origen de las especies*, Nueva York, Columbia University Press, 1937. Según Dobzhausky «especie» es un conjunto de seres que provienen de un tronco común y pueden reproducirse entre ellos, mientras que «raza» es un conjunto de individuos de la misma especie que se diferencian por algunos caracteres poco importantes transmisibles por herencia. Él no era racista, decía que todos somos de la misma especie humana y que toda vida humana es sagrada, pero creía que la raza también se diferencia por las características genéticas de sus componentes.

genéticas, y que tal evolución es el método del que se sirve Dios para generar la diversidad de los seres vivos.

A pesar de eso las propuestas de Darwin provocaron polémica. Hubo sectores religiosos que se opusieron frontalmente a ellas, alegando que Dios creó cada especie una a una. Y hubo quienes las convirtieron en una especie de religión laica que olvida a Dios y equipara al hombre con las bestias haciéndolo descender del mono. El primer enfrentamiento se produjo enseguida, en una reunión que celebró en Oxford la Asociación Británica para el Progreso de la Ciencia. Fue una sesión violenta, en la que un obispo anglicano[664] atacó duramente la idea de la evolución, y fue contestado por un apasionado defensor de lo que llamaba evangelio de la selección natural llamado Huxley[665]. El obispo le preguntó si prefería descender del mono por parte de su abuela o de su abuelo, y Huxley le respondió que es peor descender de un obispo que de un mono. Ninguno de los dos se percató de que según Darwin no procedemos de los monos, sino que son primos nuestros, por eso el genoma humano y el del chimpancé difieren sólo en un uno por ciento aproximadamente. Menos aún se dieron cuenta de que la existencia de un Dios Creador no se ve afectada por la doctrina de Darwin, según dijo él mismo. Sí lo vio así otro clérigo que estaba en esa misma reunión[666] y pronunció el sermón oficial, afirmando que «el dedo de Dios está en las leyes de la naturaleza, no en los límites actuales del conocimiento científico». Así es, está en las leyes que regulan la evolución biológica a base de mutaciones en el genoma y otros factores.

Veamos cómo todo ser vivo actual desciende de las primeras células procariotas, en un proceso evolutivo que culmina con la aparición del *Homo Sapiens*. Al comienzo hablamos de procesos lentísimos, de miles de años, que tienen lugar en el agua. Aparecieron así otras células llamadas eucariotas que ya sí tenían

---

[664] Se llamaba Samuel Wilberforce.

[665] Thomas Huxley (1825-1895), biólogo (abuelo de Julian Huxley, también biólogo y primer director de la Unesco, y de Aldous Huxley, autor de *Un mundo feliz*) propugnó una religión laica sin Dios, y llevó a cabo con fervor misionero una extensa actividad para defender lo que llamaba evangelio de la selección natural, pronunciando incluso sermones laicos. Fue el inventor de la palabra «agnóstico» tras leer a san Pablo, cuando este vio en Atenas un altar con la inscripción *Agnosto Theo*: al Dios Desconocido.

[666] Su nombre era Frederick Temple.

material genético, después organismos pluricelulares del tipo de las medusas, que por otras reacciones químicas fueron diferenciando sus células… De todo esto sabemos poco porque no hay fósiles, sí sabemos que la evolución dio un gran salto hará unos 600 millones de años, al principio de la era Cámbrica, con una nueva explosión de formas vivas de las que sí tenemos fósiles. Eran animales más grandes que pululaban ahora también por el aire y la tierra: peces, aves, reptiles…, y hace unos 180 millones de años mamíferos, que ven despejado el camino cuando (hace 65 millones de años) desaparecen los dinosaurios, que podrían haber llegado a dominar la Tierra bloqueando a otros vivientes. Con la extinción de los dinosaurios se abrieron nuevas oportunidades para los mamíferos, cuyo cerebro va perfeccionándose y aumentando de tamaño, comenzando así hace unos seis millones de años el proceso que culminó con la hominización.

Hace unos cuatro millones y medio de años aparecen en las llanuras africanas unos seres con características todavía cercanas a los primates, pero que ya apuntan a los humanos, los australopitecos, que empezaron a caminar sobre dos pies, utilizaron algunas herramientas y tenían un cerebro similar al de los chimpancés, de unos 450 centímetros cúbicos. La hominización comenzó hará unos dos millones y medio de años, cuando los llamados *homo* (habilis, erectus, sapiens arcaico, neanderthal…) aumentan su capacidad craneal, deciden expandirse hacia Europa y Asia, caminan erguidos, tallan piedras y usan fuego. Así, por fin, llegamos a lo que se suele considerar el hombre actual, la especie a la que nosotros pertenecemos, el *Homo Sapiens*, que, parece ser, también tuvo origen en África hace aproximadamente 200.000 años. Entonces comienza la Prehistoria, periodo de tiempo que se inicia cuando hay certeza de la presencia del hombre en la tierra y finaliza cuando hay alguna forma de escritura que nos transmite testimonios directos, en cuyo momento ya podemos hablar de verdadera Historia, cuyo padre es Herodoto[667]. Los restos más antiguos que se han descubierto del *Homo Sapiens* son de hace unos 40.000 años, y se

---

[667] La escritura comenzó en Mesopotamia hará unos 3.000 años (cuando se produjo el diluvio universal del que se salvó Noe), por eso puede decirse que entonces comenzó la Historia. Herodoto (485-425 antes de Cristo) fue considerado por Cicerón padre de la Historia porque fue el primero que nos contó vivamente lo sucedido en la Grecia de su tiempo, sobre todo su enfrentamiento con los persas en las guerras llamadas médicas.

conocen con el nombre de Cro-Magnon por la localidad francesa en la que se encontraron. El aumento de su cerebro permitió, a este antepasado nuestro, tallar piedra, cazar, pintar en cuevas y enterrar a sus muertos. En realidad, era como el hombre actual, naturalmente sin haber progresado aún, carente de civilización y con muy pocos conocimientos, pero pinturas rupestres como las de Altamira no fueron empezadas por monos y terminadas por hombres, por eso nuestra Prehistoria comienza con la aparición del *Homo Sapiens*, que bilógicamente era como nosotros[668].

El *Homo Sapiens*, desde su aparición hasta hoy, tiene un asombroso cuerpo vivo. Lo forman unos 200 billones (con b) de células que componen admirables tejidos y órganos, como el ojo que tanto impresionó a Ramón y Cajal, y lo dirige un cerebro de unos 1.300 centímetros cúbicos, lo que equivale a unas 10 pelotas de tenis, en el que hay unos cien mil millones (es decir: 100.000.000.000) de células llamadas neuronas, algo tan impresionante como el que haya más estrellas que granos de arena en nuestras playas. Por otra parte, sabemos por la astrofísica que nuestro cuerpo humano es polvo de estrellas, ya que casi todos sus elementos se formaron en estrellas hace miles de millones de años[669]… Pero resulta ahora que tal cuerpo es un ser vivo maravilloso que nos abre a un mundo nuevo, el de la autoconciencia, el pensamiento, la palabra, el arte, la ciencia, la religión… ¿Por qué es así?, ¿somos algo más que cuerpo?, ¿además del cuerpo físico que vemos y tocamos, tenemos un alma espiritual?[670] Esa es la cuestión que planteé al comienzo de este

---

[668] Tratan el origen y la evolución de la vida, hasta la aparición del *Homo Sapiens*, Fernández Rañada en *Los científicos y Dios*, p. 24; Agustín Udias en *Ciencia y Religión*, pp. 315 y siguientes; y David Jou en *Pensar la Creación*, pp. 112 y siguientes. Me remito también al ilustrado *Atlas del Cuerpo Humano* editado por Verticales de Bolsillo.

[669] Cfr. Udías, *Breve historia de la física*, Síntesis, p. 257, así como lo dicho anteriormente en el apartado 6 del Capítulo IV, titulado «Universo en expansión: galaxias, estrellas y planetas».

[670] No es sencillo contestar esta pregunta, como ejemplo de ello el filósofo Brentano narra la siguiente historia: En una ocasión un ciudadano de Basilea dejó en testamento toda su fortuna, que era muy grande, a quien llegase a descubrir la naturaleza del hombre. Dispuso ese testador que el aspirante a heredero tenía que comparecer ante un grupo de sabios, y exponer ante ellos la solución al enigma. Hubo varios y ninguno supo explicar cuál es la verdadera naturaleza humana, por eso el testamento quedó inválido (Brentano, *El porvenir de la filosofía*, publicado junto a *Las razones del desaliento en la filosofía* por Encuentro, Madrid 2010, p. 32).

capítulo y que, por fin, conociendo ya qué es vida y cómo es nuestro cuerpo, voy a tratar a continuación.

4. El alma humana

Algunos afirman que somos sólo cuerpo. Poetas como Lucrecio, filósofos como Feuerbach, Marx y Nietzsche y científicos como Ramón y Cajal y Crick opinan que el alma es una parte del cuerpo como la mano o el pie, que lo único que nos diferencia de los demás animales es nuestro cerebro, que es más grande y eficaz. Por eso, dicen, nuestras alegrías y nuestras penas, nuestra voluntad y todo lo demás es consecuencia del comportamiento físico químico de nuestro sistema nervioso centrado en el cerebro y sus neuronas, nosotros somos eso: simplemente un montón de neuronas[671].

Yo creo que las cosas no son así, sino que al lado del cuerpo, que como materia que es está limitado tanto por el lugar que ocupa en el espacio como por el tiempo presente, e incluso por las leyes físicas que le hacen comportarse como un autómata y reaccionar mecánicamente, al lado de todo eso, digo, tenemos algo que se extiende mucho más allá. Algo que desborda por todos lados la materia de nuestro cerebro y los límites espaciales y temporales del cuerpo, algo que impone a este movimientos libres no automáticos ni previstos: Eso que desborda al cuerpo por todos lados y crea actos libres por sí mismo es el «yo», es el «alma», es el espíritu[672]. Sí, este es el gigantesco secreto de la creación evolutiva *ex amore* hecha

---

[671] Lucrecio Caro (94-51 antes de Cristo), romano seguidor de Epicuro, en *Rerum Natura*, libro III, 95 y ss., Consejo Superior de Investigaciones Científicas, Madrid 1983, pp. 124 y ss, sostiene que el alma es una parte del cuerpo, como la mano o el pie, que está compuesta de átomos. Feuerbach escribió y publicó en 1862 *Das Geheimuis der Opfers, oder Mensch ist er iszt: El Misterio del sacrificio, o El Hombre es lo que come*; en *La ideología alemana*, Grijalbo, Barcelona 1970, p. 25 Marx proclama que pensar es una emanación material; y según Nietzsche el alma es sólo una palabra para designar algo del cuerpo (*Así habló Zaratustra*, capítulo: «De los despreciadores del cuerpo», p. 60). Por su parte Ramón y Cajal, que como antes dije se atenía a la religión de los hechos, en una ocasión afirmó: «nunca he visto el alma con mi microscopio»; y el físico y biólogo Francis Crick (1916-2004) escribió un libro titulado *La búsqueda científica del alma* en el que sostiene que esta no es sino un vasto conjunto de células nerviosas y de moléculas asociadas, según él no somos mas que un montón de neuronas.

[672] Alguna de estas ideas (no todas), las desarrolla el filósofo y matemático Henri Bergson (1859-1941) en una conferencia que impartió en 1912 con el título *El alma y el cuerpo*, Encuentro, Madrid 2009.

por Dios-Amor: somos algo más que un mero cuerpo material, somos polvo de estrellas y producto de la evolución biológica, pero no somos mera materia intranscendente para Dios. Él nos dota de un alma que está ahí, es nuestra entraña más profunda, nuestro propio yo donde podemos encontrarnos con el Creador, donde somos racionales y libres. Vamos a comprobarlo relacionando el alma con las realidades físicas creadas por Dios (materia, espacio, tiempo y leyes físicas), comenzando por la materia, en concreto por el cerebro al que tanta importancia se le da.

Nuestro cerebro es una parte maravillosa de nuestro cuerpo. Forma parte del sistema nervioso, que es una enorme e increíble red compuesta por células especializadas llamadas «neuronas». Cada neurona tiene un cuerpo celular alargado llamado «axón» con unas terminaciones: las «dendritas», ramificaciones cortas en los extremos a través de las cuales le llegan impulsos de otras neuronas. Pues a través de esa red los órganos receptores, como el tacto, la vista y el oído, emiten impulsos o mensajes codificados al cerebro, donde todo se centraliza, pero no lo hacen directamente sino mediante conexiones entre las neuronas llamadas «sinapsis». A través de estas pasan de unas neuronas a otras los impulsos eléctricos que transmiten las sensaciones de los sentidos, las órdenes a los músculos, los mensajes al cerebro… De esta manera cada entrada en la red puede tener una respuesta. Los primeros cerebros surgieron en los gusanos, después en insectos, y la evolución los fue mejorando aumentando de tamaño y añadiendo nuevas zonas, hasta llegar al actual cerebro del *Homo Sapiens* que pesa unos 1.400 gramos y tiene un aspecto rugoso, como si fuera una nuez. Está dividido en dos hemisferios, curiosamente el izquierdo regula la parte derecha del cuerpo y viceversa. Pensamiento, memoria, visión, lenguaje… se procesan en el cerebro en áreas concretas[673], en cierto sentido el cerebro humano es tan impresionante como una galaxia, pues tiene unos cien mil millones de neuronas (10^{11}), cada una conectada con muchas otras, y todas agrupadas en redes neuronales especializadas que interactúan. Las redes tienen su «voltaje», por decirlo así, una intensidad que depende de la intensidad de las «sinapsis» (conexiones entre neuronas) y se determina por procesos físico

---

[673] Las funciones mentales superiores en el área frontal, también existen la motora, la auditiva y la visual, esta en el lado posterior.

químicos[674]. Cada una de las cien mil millones de neuronas puede procesar unos mil impulsos por segundo, si todas estuvieran activas continuamente (no lo están), el ritmo de información que podría procesar el cerebro humano es de cien billones de bits por segundo (10^{14} bits, siendo estos la unidad de información más pequeña). Gracias a este dinamismo cerebral tenemos percepciones conscientes, pensamientos, memoria, lenguaje, movimientos voluntarios y una inteligencia que suele relacionarse con la materia gris… Aunque la blanca quizá tiene más importancia de la que se pensaba, cuando se hizo la autopsia del cerebro de Einstein tenía una cantidad normal de neuronas, pero más materia blanca de la habitual[675].

Así de increíblemente maravilloso es nuestro cerebro. Pero si pudiéramos ver a través del cráneo lo que ocurre en él cuando está trabajando veríamos una increíble danza de moléculas, átomos y electrones que transmiten impulsos como lo hace la red eléctrica de nuestra casa, pero no captaríamos nada de lo que sucede en nuestro yo más íntimo, nada de los pensamientos y sentimientos que se desarrollan en nuestro interior. Estaríamos ante ellos en la situación del espectador que va al teatro y ve lo que hacen los actores, pero no oye una sola palabra de lo que dicen[676]. ¿Por qué? Sencillamente porque tenemos algo que desborda por todas partes la vida cerebral,

---

[674] Por eso el cerebro es diferente de un ordenador o la inteligencia artificial, cuyos procesos son algoritmos matemáticos.

[675] Cfr. acerca del cerebro *Atlas del cuerpo humano*, ob. cit., pp. 104 y siguientes; Eccles y Popper, *El yo y su cerebro*, Labor, Barcelona 1993, pp. 282, 257 y 524; David Jou, *Pensar la Creación*, ob. cit., pp. 125, 126 y 253; y *Cerebro y Universo. Dos cosmologías*, UAB, Barcelona 2011, pp. 31, 68, 104 y siguientes, 116 y 137.

[676] Cfr. Bergson, *L'âme et le corps,* es decir, *El alma y el cuerpo*, Encuentro, Madrid 2009, p. 28. Bergson impartió esta conferencia el día 28 de abril de 1912 en Foi et Vie, y en ella dijo que el alma no es algo del cuerpo (cosa que había dicho también Descartes: «el alma es enteramente distinta del cuerpo», dijo). Bergson constata que al lado del cuerpo, confinado al momento presente en el tiempo y limitado al lugar que ocupa en el espacio, captamos algo que se extiende mucho más allá del cuerpo en el espacio y que perdura en el tiempo: eso que desborda al cuerpo por todos lados y que crea actos imprevisibles y libres es el «yo», es el «alma» y es el «espíritu». Y la experiencia nos dice que no podemos identificar lo cerebral con la conciencia, «hay infinitamente más en una conciencia humana que en el cerebro correspondiente, el que pudiese mirar en el interior de un cerebro en plena actividad, seguir el ir y venir de los átomos e interpretar todo lo que hacen, sabría sin duda algo de lo que ocurre en el espíritu, pero lo que sabría sería poca cosa» —esto dice Bergson remitiéndome a su libro *Matière et mémoire*—. Estaría ante los pensamientos y sentimientos que se desarrollan en el interior de la conciencia en la situación del espectador que ve lo que los actores hacen en el escenario, pero no oye una palabra de lo que dicen. La vida del espíritu, continúa, desborda la vida cerebral.

incluso la controla e interpreta. Algo que sigue siendo misterioso y oscuro para la ciencia: la «autoconsciencia», es decir, el conocimiento inmediato del yo íntimo, del estar vivo, de las sensaciones y de los propios actos. La ciencia no puede explicarlo porque es algo que está fuera y más allá de la física y de la química, de la materia. Pero sí puede darnos pistas para comprender qué es, de hecho, algunos grandes científicos nos las han dado como vamos a ver a continuación.

John Eccles fue un neurofisiólogo australiano que estudió en Oxford, trabajó en Australia y Nueva Zelanda y descubrió cómo se transmiten las señales nerviosas entre las neuronas, lo que hizo que ganara el premio nobel de fisiología y medicina en 1963. Hasta él se creía que el paso de señales de una neurona a otra se producía por medio de la electricidad, con sus experimentos Eccles demostró que no es así, sino que tiene lugar de la siguiente manera: la transmisión de la señal de una neurona a otra se hace a través de sus uniones que son las «sinapsis», que conectan el cuerpo o «axón» de la primera y las prolongaciones o «dendritas» de la segunda. Eccles descubrió que esta unión no es perfecta, pues entre el axón y las dendritas hay un pequeño espacio por el que no puede pasar la corriente eléctrica. Lo que sucede es que el axón produce una sustancia química (un neurotransmisor) que recorre esa pequeña distancia, y al llegar a la dendrita de la otra neurona la activa para que continúe el impulso o se inhiba y no lo haga. Es como el relé que hace que se abra o se cierre el circuito[677]. Este descubrimiento llevó a Eccles a plantearse la cuestión de la autoconsciencia y su relación con el cerebro. Y tras numerosos experimentos este gran científico concluyó que tenemos un «yo» o «espíritu» independiente del cuerpo que controla e interpreta los sistemas nerviosos, operando deliberada y libremente sobre el cerebro y modificando los sucesos cerebrales de acuerdo con sus intereses y deseos. Según Eccles la mente no material puede influir en la transmisión de señales por sinapsis, se basa en el hecho comprobado (por él) de que la cantidad de neurotransmisor liberada

---

[677] John Eccles (1903-1997) escribió con Popper la importante obra *El yo y su cerebro*, Labor, Barcelona 1993. Me remito también a Manuel Alfonseca, *John Carew Eccles y la teoría de la consciencia* en «La Cosmovisión de los grandes científicos del siglo xx», Juan Arana (director), Tecnos, Madrid 2020, pp. 435 y siguientes; y a Moisés Pérez Marcos, *El concepto del hombre en John Eccles*, en «Concepciones antropológicas de los protagonistas de la revolución neurocientífica», Juan Arana (coordinador), Tirant Humanidades, Valencia 2023, pp. 155 y siguientes.

cada vez por una neurona en un proceso de pensamiento es muy pequeña (como una millonésima de billonésima de gamo), por lo que sigue las leyes de la física cuántica, en especial el principio de incertidumbre de Heisenberg. Su conclusión es que es imposible que el pensamiento esté físicamente determinado de manera estricta, en este sentido el gran cuántico Bohr decía que si un físico, tras estudiar el estado de su cerebro, pretendiese predecir lo que va a hacer una persona, esta podría siempre hacer lo contrario con toda tranquilidad. Eccles parte de la base de otro hecho comprobado (por él con muchos experimentos sobre la actividad cerebral): que las neuronas se agrupan en conjuntos llamados dendrones; y cree que sobre ellos actúan unidades espirituales no materiales llamadas psicones, que entre otras cosas permiten los movimientos voluntarios[678].

La conclusión de Eccles es clara: hay que admitir que una mente inmaterial actúa sobre el cerebro material, somos seres espirituales con almas además de seres materiales con cuerpos y cerebros, así lo afirma textualmente[679]. Desde el punto de vista científico desarrolla y explica esta conclusión en su conocido libro titulado *El yo y su cerebro*, que escribe en diálogo con el filósofo Popper[680]. Nos habla aquí de la diferencia y cooperación que existe entre el «cerebro», perteneciente al mundo de la materia y la energía (mundo 1 de Popper), y la «mente autoconsciente» (mundo 2 de Popper), la cual, dice, «ejerce una función superior, interpretativa y controladora sobre los acontecimientos nerviosos»[681]. Y afirma también que esa mente espiritual «opera deliberadamente sobre el cerebro, modificando los sucesos cerebrales de acuerdo con sus intereses y deseos»[682]. Lo hace del mismo modo que un pianista toca el piano, un conductor maneja los mandos de un coche o un director de orquesta mueve la batuta. Desde un punto de vista más filosófico Eccles propuso el carácter espiritual de toda persona en unas conferencias que pronunció en la Universidad de Edimburgo, se

[678] Cfr. Fernández Rañada, *Los científicos y Dios*, ob. cit., pp. 224 a 228; y Moisés Pérez Marcos, *El concepto del hombre en John Eccles*, ob. cit., pp. 167 y 168.

[679] Eccles, *Evolution of the Brain: Creation of the Self*, Abigdon, Routledge 1989, p. 241. Cfr. Alfonseca, *John Carew Eccles y la teoría de la consciencia* en «La Cosmovisión de los grandes científicos del siglo XX», Tecnos, Madrid 2020, p. 437.

[680] *El yo y su cerebro*, Labor, Barcelona 1993.

[681] Ibídem, p. 407.

[682] Ibídem, pp. 420 y 548.

conocen como *Conferencias Gifford*. En una de ellas dijo: «Abrigo la esperanza de que la filosofía expresada en estas conferencias contribuya a restituir a la especie humana la creencia en el carácter espiritual que toda persona posee, que está superpuesto a su cuerpo y cerebro materiales»[683]. En resumen, para Eccles, que sabía de lo que hablaba, el alma es algo distinto del cerebro.

Lo mismo pensaba otro gran científico norteamericano llamado Penfield[684]. Localizó áreas cerebrales vinculadas con determinadas funciones mentales, y operaba el cerebro a sus pacientes aquejados de epilepsia estando ellos despiertos, sólo con anestesia local, aprovechando que el tejido cerebral puede manipularse sin dolor, de esta forma podía conversar con ellos mientras les intervenía. Penfield vio que sus pacientes, conscientes de lo que estaba sucediendo en la sala de operaciones, mantenían una conversación atenta con él; pero, por otro lado, también charlaban sobre recuerdos del pasado. Eso suponía dos flujos de información, uno basado en la autoconciencia de lo que sucedía y otro en lo regis-trado en el cerebro. Estos experimentos llevaron a Penfield a concluir que «la mente parece actuar independientemente del cere-bro, en el mismo sentido que un programador actúa independiente-mente de su ordenador». Para él, mente y cerebro son dos realidades distintas, por eso este gran neurólogo llegó a escribir que «el ser humano se explica sobre la base de dos elementos fundamentales… Personalmente encuentro cada vez más lógico que la mente sea una esencia distinta y precisa»[685].

---

[683] Pérez Marcos, *El concepto del hombre en John Eccles*, en «Concepciones antropológicas de los protagonistas de la revolución neurocientífica», Tirant Humanidades, Valencia 2023, p. 160.

[684] Wilder Penfield (1891-1976) estudió en Oxford y Princeton, donde destacó por jugar muy bien al futbol, durante la primera guerra mundial trabajó en un hospital de la Cruz Roja, también lo hizo en España en 1924 con un discípulo de Ramón y Cajal, y finalmente montó un instituto neurológico en Montreal (Canadá) del que fue director muchos años.

[685] Penfield, *El misterio de la mente. Estudio crítico de la consciencia y del cerebro humano*, Pirámide, Madrid 1977, p. 117; Jesús de Garay, *Wilder Penfield y la exploración de la base cerebral de la mente*, en «Concepciones antropológicas de los protagonistas de la revolución neurocientífica», Juan Arana (coordinador), Tirant Humanidades, Valencia 2023, pp. 87 y siguientes.

Otro científico que destaco es Dyson[686]. Según él nuestro cerebro nos da pistas sobre la existencia de una parte mental o espiritual que está presente en cada electrón del mismo, sus palabras (que de nuevo recurren a la física cuántica) son claras: «Yo creo —dice— que nuestra conciencia no es sólo un fenómeno pasivo que se hace efectivo por reacciones químicas en nuestro cerebro, sino también un agente activo que obliga a los conjuntos moleculares a elegir entre uno u otro estado cuántico. Dicho de otro modo, el espíritu está presente en cada electrón, y el funcionamiento de la conciencia humana sólo difiere en grado y no en naturaleza del proceso de elección entre dos estados cuánticos»[687].

Comprobamos, pues, que científicos serios e importantes nos dan pistas acerca de algo que desborda totalmente el cerebro y la materia, algo que es inmaterial. Por eso Ramón y Cajal no podía ver el alma con su microscopio a pesar de las horas que estaba con él. Lo cual nos da pie para constatar que nuestra autoconsciencia también desborda al cuerpo en el espacio, al no ser espacial no la veía, como tampoco pudo ver los pensamientos, ni sentimientos como los de amor u odio, alegría o miedo. La pregunta sobre dónde se sitúa el alma no se puede responder, ni siquiera es lógico hacerla, no tiene sentido preguntar dónde están localizados esos sentimientos ni valores tales como la verdad, la bondad y la belleza, que se refieren a apreciaciones espirituales… incluso las matemáticas no tienen por sí mismas localización. Hay quienes afirman que creer en la existencia del alma no es científico porque no hay aparato o técnica de los usados para desarrollar la ciencia con los que podamos observarla, como observamos las estrellas. A ellos respondo: construimos los grandes telescopios y demás aparatos científicos y desarrollamos la técnica gracias a que sobrepasamos el cuerpo en el espacio con nuestro espíritu inmaterial, la existencia de este es un requisito de la ciencia como demuestra su historia, sin él aún creeríamos que el sol gira alrededor de la tierra. Hay también quienes no diferencian el alma del simio del alma espiritual del hombre, ya que, dicen, todos somos polvo de estrellas y producto de la

---

[686] Freeman Dyson (1923-2020) fue un físico atómico que intervino en la carrera espacial, colaboró con el proyecto Orión para construir un cohete espacial propulsado por energía nuclear, y participó en la construcción de un reactor nuclear.

[687] Esta cita de Dyson la recoge Xuan Thuan en *El destino del Universo. Después del big bang*, ob. cit., p. 139.

evolución de la materia. A estos yo contesto que como antes vimos efectivamente nuestros cuerpos son polvo de estrellas, pero no lo son nuestras almas, ellas son diferentes por una sencilla razón: hubo un instante en la evolución en el que Dios infundió en aquellos un alma humana racional y libre porque Él siempre está creando, enseguida hablaremos de esto. Sí, el cuerpo está confinado al lugar que ocupa en el espacio, se detiene en el contorno exacto que lo limita, mientras que nuestro espíritu lo desborda por todas partes porque nos permite llegar bastante más allá de él, llegamos hasta las estrellas. Esto supera toda explicación física o biológica, así lo dijo Eccles a Popper[688], y así lo asegura otro nobel de física llamado Mott[689].

El espíritu desborda también el tiempo. Como materia que es nuestro cuerpo está confinado en cada momento presente del tiempo, como dijo Hume con él lo único que captamos son las impresiones que percibimos en cada instante[690]. En cambio, nuestro espíritu sobrepasa también el tiempo, perdura en el tiempo porque no vive sólo en el presente, sino que también retiene el pasado y prepara el futuro. Eso abre un mundo nuevo que el cuerpo es incapaz de captar, pasado, presente y futuro se hacen conscientes modificando a veces drásticamente la conducta y permitiendo que la autoconciencia razone, en una palabra, que tengamos vida interior espiritual. La memoria es un don maravilloso que nos permite retener el pasado, interpretarlo, fundirlo con el presente y preparar el futuro[691]. Pues los recuerdos son una única imagen de un objeto o una persona (no un haz fugaz de muchas), no son cosas materiales visibles y tangibles, por eso no pueden residir en el cuerpo, están en

---

[688] En *El yo y su cerebro*, Labor, Barcelona 1993.

[689] Nevill Mott (n. en 1905). Según este físico estudioso de los metales, que se declara creyente, la consciencia será siempre inexplicable por la ciencia, es algo que está más allá de la física y de la química.

[690] Esa es la razón por la que Hume (materialista más que escéptico, por tanto negador del alma) sostiene que lo que llamamos nuestro «yo» no existe, según él los seres humanos somos un haz o colección de percepciones diferentes que se suceden en el tiempo entre sí con rapidez inconcebible y están en un perpetuo flujo y movimiento (*Tratado de la naturaleza humana*, Tecnos, Madrid 1988, pp. 355 y 356).

[691] Los griegos divinizaron la memoria llamándole Mnemosina. De hermosos cabellos, Mnemosina era hija de Urano (el cielo estrellado) y Gea (la tierra), así como hermana de Cronos y Rea y madre de las nueve musas, incluida Urania, la que dio nombre a la isla de Brahe. Se le suele representar sentada, cabeza algo inclinada, ojos bajos, como ocupada en recordar el pasado.

el espíritu[692], ellos nos permiten pensar en el futuro incluso con la esperanza de intervenir en él. Hay un «yo que dura» que desborda lo temporal.

El alma también desborda al cuerpo imponiéndole movimientos libres no automáticos ni previstos. Como el resto de la materia nuestro cuerpo no es libre, está sometido a unas leyes de la física que hacen que, si se le empuja, avanza, si se tira de él, retrocede, si se lo levanta y suelta, cae por la gravedad, todo lo hace mecánicamente. Se mueve (en sentido aristotélico) mediante «causalidad por necesidad», y a lo sumo por cierto azar a tenor del principio de incertidumbre de Heisenberg, a una causa, un efecto necesario, los caballos engendran caballos y no ratones. Esto lo admiten los materialistas, tanto científicos como filósofos, desde los antiguos hasta los modernos como Hume y Nietzsche, todos ellos niegan que el cuerpo sea libre, recuerdo que Schopenhauer llega a afirmar que «el *liberum arbitrium indifferentiae* constituye, bajo el nombre de libertad moral, una monísima muñequita de juguete para los profesores de filosofía que uno les debe dejar a fin de que tan ingeniosos, honrados y sin-ceros señores puedan entretenerse»[693]. En cambio, en el mundo del espíritu sí hay «causalidad por libertad», gracias a él podemos no ser esclavos de las pasiones del cuerpo y elegir entre fines diferentes que tenemos *a priori*, antes de querer algo. El espíritu nos libera, en el alma sí somos libres, recordemos la tesis de la tercera antinomia cosmológica de Kant que él (y yo) considera verdadera: en el mundo, además de la causalidad por leyes físicas para lo sensible (cuerpo), hay que admitir la causalidad por libertad para lo inteligible (alma), es aquí donde hay verdadera libertad moral[694]. Así es, yo, ahora, puedo seguir escribiendo o dejar de hacerlo y el lector puede continuar leyendo o si quiere dedicarte a otra ocupación, somos libres, como concluyó Kant «la libertad es la piedra angular» del mundo metafísico[695]. Somos libres[696], y como la libertad no puede radicar en el cuerpo sino sólo en algo espiritual, esto es otra demostración de que tenemos alma.

---

[692] Esto lo explica muy bien Bergson en su conferencia *El alma y el cuerpo*.

[693] Schopenhauer, *Los designios del destino*, Paralipómena *Zur Ethik*, Tecnos, Madrid 1994, p. 114 (p. 260 ed. alemana), últimas palabras del ensayo. Este filósofo tenía gran aversión a los profesores de filosofía, sobre todo a Hegel.

[694] Kant, *Crítica de la razón pura*, A445 y B473.

[695] *Crítica de la razón práctica*, Prólogo, Espasa Calpe, Madrid 1984, p. 12.

[696] Cfr. mi libro *Diálogos sobre el bien y el mal*, II, 4, donde se afirma la libertad moral.

Que en nuestro fuero interno tenemos una voluntad libre que no depende del cuerpo, es algo que los científicos Libet y Frankl han constatado con sus experimentos y vivencias respectivamente. Libet[697] tenía buenos instrumentos para medir impulsos eléctricos cerebrales, con ellos descubrió que existe un intervalo de 0,5 segundos aproximadamente desde que el cerebro comienza a ser sometido a un estímulo hasta que este se vuelve consciente. Pero como nos cuenta el científico Soler Gil[698], su experimento más famoso es el que hizo sobre la actividad del cerebro cuando hay una decisión consciente y voluntaria. Reunió un grupo de voluntarios con electrodos que registraban las señales eléctricas de sus cerebros. Cada uno tenía un cronómetro y tenía que tomar la decisión de mover un dedo, indicando después la posición de la aguja del cronómetro en el momento en el que conscientemente tomó tal decisión. Libet identificó ese momento con el instante de la toma de decisión. El resultado que obtuvo con estos experimentos fue que los participantes decidían realizar el movimiento unos 200 milisegundos antes de realizarlo efectivamente; pero la actividad cerebral asociada a la preparación del movimiento (potencial de preparación, se llama) comenzaba a manifestarse unos 550 milisegundos antes de realizarlo, es decir, más o menos 350 milisegundos antes de la decisión consciente de llevarlo a cabo. Este científico interpretó todo esto de la siguiente forma: primero hubo una iniciativa cerebral inconsciente (550 milisegundos antes del movimiento) y después una decisión consciente (200 milisegundos antes). Con lo que esta segunda podía haber vetado o permitido la primera, lo que supone que tenemos una voluntad libre que no es consecuencia de procesos físicos sino espirituales.

---

[697] Benjamin Libet (1916-2007) fue un neurólogo estadounidense, hijo de emigrantes ucranianos, que centró sus investigaciones en las neuronas cerebrales. Quería saber cómo transmiten los impulsos unas a otras permitiendo que podamos hacer actos voluntarios, en una ocasión conoció a Eccles (aquel que descubrió la forma en que se conectan las neuronas del cerebro con la sinapsis mediante neurotransmisores), incluso pasó un año con él estudiando los mecanismos sinápticos.

[698] Francisco José Soler Gil, *Benjamin Libet y la libertad de la conciencia*, en «La cosmovisión de los grandes científicos del siglo xx», ob. cit., pp. 469 y siguientes.

Frankl, por su parte, es un estupendo ejemplo vivo de que el hombre siempre decide lo que él es[699]. Dirigía un hospital en Viena cuando Hitler anexionó Austria a Alemania, y como judío que era temió lo peor, pero a pesar de que tenía un visado para viajar a Estados Unidos se quedó allí para atender a sus padres. Y lo peor sucedió: él y toda su familia judía fueron apresados por los nazis y metidos como bestias en campos de concentración, Frankl en el de Auschwitz. Su madre y su mujer murieron en la cámara de gas, esta después de haber sido obligada a abortar, su padre también murió en el campo ayudado por él, que trabajaba como esclavo. Después de la liberación Frankl escribió *El hombre en busca de sentido: un psicólogo en un campo de concentración*, donde cuenta todo esto y mucho más: el tren hacia Auschwitz, el ingreso allí, desnudez, la misma camisa seis meses, el no lavado de dientes, la muerte emocional en el campo, golpes, insultos, hambre, lucha por sobrevivir… Parece increíble, pero incluso en esa horrible situación ¡Frankl se sentía libre!, él mismo lo dice y explica en su libro[700]. Nadie nos puede arrebatar la libertad interior, escribe, las experiencias de la vida en un campo de concentración demuestran que el hombre mantiene siempre su capacidad de elección, incluso en esa cruel situación puede conservar un reducto de libertad espiritual, de independencia mental. Frankl recuerda que los ejemplos son abundantes, algunos heroicos, como los de quienes visitaban los barracones consolando a los demás y ofreciéndoles su único mendrugo de pan. Allí, dice también, a diario se podía elegir, se podía decidir si uno se sometería o no a las fuerzas que amenazaban con robarle el último resquicio de su personalidad: la libertad interior[701]. Él no se sometió. Poco después de la liberación paseaba por una campiña florida, se detuvo, fijó la mirada en el cielo y calló de rodillas; allí, confiesa, una frase retumbaba en su cabeza: «Llamé al Señor desde mi estrecha prisión, y Él me contestó desde el espacio en libertad»[702]. En aquel instante su vida comenzó de nuevo, pero no su libertad interior, que nunca había perdido. La vida había brindado a ese científico y psicólogo la oportunidad de conocer al hombre y sus dos clases, buenos y malos, Frankl habla de decentes e indecentes. En su libro escribe: «¿Quién

---

[699] Viktor Frankl (1905-1997), catedrático de neurología vienés, publicó en 1946 *El hombre en busca de sentido. Un psicólogo en un campo de concentración*, Herder, Barcelona 2011; y en 1948 *La presencia ignorada de Dios. Psicoterapia y Religión*, Herder, Barcelona 1977.

[700] Ob. cit., pp. 35 y siguientes.

[701] *El hombre en busca de sentido*, ob. cit., pp 90 y 91.

[702] Ibídem, p. 113.

es en realidad el hombre? Es el ser que siempre decide lo que él es. Es el ser que inventó las cámaras de gas, pero también es el ser que entró en ellas con paso firme y musitando una oración»[703]. Más adelante reitera esta idea y dice: «El hombre es ese ser capaz de inventar las cámaras de gas de Auschwitz, pero también es el ser que ha entrado en esas mismas cámaras con la cabeza erguida y el *Padrenuestro* o el *Shemá Israel* en los labios»[704]. Frankl lo había presenciado personalmente, puesto que allí trabajaba como esclavo.

Frankl también escribió: «Sé dueño de tu voluntad y siervo de tu conciencia»[705], porque era consciente de que, aunque nuestra alma es libre su libertad no es la de un dios, tenemos un manual de instrucciones inscrito en nuestros corazones, como una luz interior que nos permite vivir decentemente, en el lado correcto de los citados y vividos por él. Son las leyes espirituales, también llamadas morales, las leyes del bien y del mal. Ellas igualmente confirman la existencia de nuestro espíritu porque nada tienen que ver con nuestro cuerpo, no son físicas sino metafísicas, inmateriales e invisibles. Pero están ahí, en nuestras almas[706]. Estas «leyes morales» son diferentes de las «leyes físicas», ya que las de la física se destinan a seres no libres como las estrellas, los planetas y nuestros cuerpos, mientras que aquellas, las morales, se dirigen a nuestras con-ciencias que son libres, por eso podemos cumplirlas o no, ahí está la historia para demostrarlo. No obstante, tienen algo en común: ambas son universales y constantes, válidas para todos, las leyes morales también. Soy consciente de que en materia de costumbres hay diferencias enormes, pero vuelve a sernos útil el ejemplo del ajedrez que juegan los dioses propuesto por Feynmann: nosotros observamos los movimientos e intentamos descubrir sus reglas, sucede que en este caso es más complicado, pues al ser los hombres libres y tener escrito el pecado original en sus genes —a esto dedicó todo un libro titulado *La genética del pecado original* el biólogo celular De Duve[707]—, los movimientos son muy imprevisibles, el principio de incertidumbre de Heisenberg está potenciado. Pero de la misma forma que a nadie se le ocurre decir que no hay reglas físicas porque

---

[703] Ibídem, p. 110.

[704] Ibídem, p. 153.

[705] *La presencia ignorada de Dios*, ob. cit., p. 56.

[706] Cfr. mi libro *Diálogos sobre el bien y el mal*, II, 5, donde se afirma la ley moral.

[707] Christian De Duve (1917-2013), nobel de medicina en 1974, *Génétique du péché original*, Odile Jacob, París 2010.

durante siglos la humanidad creía que el sol gira en torno a la tierra, tampoco cabe decir que no hay leyes morales porque también largo tiempo haya practicado la esclavitud. Aunque los auténticos sentimientos de moralidad siempre están ahí ha habido y hay costumbres muy diferentes, y aún opuestas, ir descubriendo la diferencia entre las buenas y las malas jugadas morales es algo que depende de la civilización y del progreso, como sucede con el descubrimiento de las leyes físicas.

¿Cuál es la razón de ser de las leyes del mundo del espíritu? ¿Por qué existen? Están ahí precisamente para que seamos libres, sin ellas no lo seríamos. ¿Es esto una contradicción? No, ni mucho menos, libertad y regla moral se necesitan mutuamente, una no puede existir sin la otra, son como dos caras de una moneda. Esto lo mostró Kant en su *Crítica de la razón práctica*, en la que concluyó que «el hombre tiene libertad, querer, que es la piedra angular de la moral; y tiene también ley moral, deber, que sabemos que existe. Y ello no es una inconsecuencia, ni mucho menos, al contrario, ya que la ley moral es la condición bajo la cual nosotros podemos adquirir conciencia de la libertad, saber que existe»[708]. Dicho de otra forma, «la libertad es la *ratio essendi* de la ley moral, y la ley moral es la *ratio cognoscendi* de la libertad»[709]. El juicioso Locke nos dice, en este sentido, que las leyes de la moralidad «señalan la dirección de las actuaciones de un ser libre e inteligente hacia lo que es de su interés»[710], es decir, hacia lo que le conviene para vivir bien.

He dicho que las leyes morales, como la de no matar a un semejante, son objetivas, válidas para todos, como lo son las físicas de la gravitación, el electro-magnetismo y otras. Pero, ¿no somos autónomos como proclama Kant[711], en el sentido de que nos damos a nosotros mismos esas leyes, autónomamente? Efectivamente, somos autónomos, pero al igual que sucede con las leyes físicas nuestra autonomía es declarativa, no es constitutiva. Quiero decir que, aunque nos damos a nosotros mismos la ley moral en el fuero íntimo y personal de la propia conciencia, no la «creamos» a nuestro

[708] *Crítica de la razón práctica*, Prólogo, Espasa Calpe, Madrid 1984, p. 12.
[709] Ibídem.
[710] John Locke (1632-1704), *Segundo tratado sobre el gobierno civil*, 1690, Capítulo 6, 57.
[711] Cfr. Kant, *Fundamentación de la metafísica de las costumbres*, Tercera Sección, AK IV, 446, línea 5, Ariel, ed. bilingüe, Barcelona 1996, pp. 222 y 223.

antojo, sino que la «encontramos y declaramos», vemos algo que ya estaba ahí. Descubrimos las leyes de la termodinámica y la entropía, no las fabricamos, e igualmente descubrimos las leyes relativas al respeto de la vida humana: cuando yo me digo a mí mismo que matar a un semejante es malo, no bueno, constato una realidad que ya existía, no la creo diciendo hoy eso, mañana que matar judíos es bueno, y al día siguiente que depende de lo que me apetezca. Este es el auténtico sentido de nuestra autonomía de la voluntad, una voluntad que es libre de querer lo que quiera querer, pero no de juzgar a modo de un dios si eso que quiere es bueno o malo. Esto es otra prueba, una más, de que Dios ha creado un mundo del espíritu además del físico. Pues si nosotros no somos los autores de las leyes morales, ¿de quién proceden? Del Cosmos material no, por definición, nadie da lo que no tiene. Únicamente Dios Creador y Providente ha podido establecerlas con su eterna ley. De esta forma nuestra pequeñez ante el inmenso Universo cobra nuevo valor, pues suponen un vínculo espiritual y amoroso entre nosotros y el Autor de dicho Universo.

Comprobamos, pues, que como razonó Tomás de Aquino el alma no es el ojo[712], que hoy día podemos sostener fundadamente que tenemos un alma espiritual, y que esto es acorde con lo que nos enseñan tanto la ciencia como la filosofía. Ese espíritu del hombre es su núcleo inmutable, su entraña más íntima, su castillo interior, un núcleo duradero y personal que hace, por ejemplo, que si trasladáramos a Newton de su época a una Universidad del siglo veintiuno su individualidad históricamente determinada sin duda cambiaría, y probablemente revisaría sus ideas sobre la gravitación, pero es seguro que seguiría siendo Newton. Sí, el alma es real. El libro décimo de libro escrito por Agustín de Hipona titulado *De Trinitate* es un compendio vivo de como el alma se conoce a sí misma. Parte de un hecho: nadie ama lo desconocido, y después pregunta: ¿qué hay para el alma tan conocido como su propio vivir? Conoce su vivir, luego se conoce totalmente, ¿qué hay tan presente para ella como ella misma? El alma se busca y se encuentra, sabe con certeza que existe, vive y entiende, con certidumbre absoluta, ¿quién duda que vive, quiere, piensa, conoce? Puesto que si duda vive, si duda entiende que duda, si duda piensa, de todo esto jamás debe

---

[712] *Suma Teológica*, Tratado del hombre, c. 75, a. 1 titulado «El alma, ¿es o no cuerpo?».

dudar, porque si no existiese sería imposible la duda. Conociéndose el alma puede amarse. Y el alma cuando se ama a sí misma evidencia dos cosas: el alma y el amor[713]. He aquí una duda metódica sincera y honesta que busca lo más evidente, y lo encuentra no en la duda como Descartes, sino en el existir propio del alma.

En anteriores capítulos hemos visto que los grandes científicos cuánticos creen que no podemos conocer de forma completa el presente, lo que vemos y tocamos, y en consecuencia preguntan: ¿por qué vamos a asegurar que sólo hay átomos y materia?, ¿no habrá algo más? Quizá por eso Plank tenía hambre de alma, al menos eso dijo Einstein, y Bohr aplicó su principio de complementariedad a la física y la metafísica, Heisenberg a la ciencia y a la religión y Pauli a la materia y al espíritu. Hay una historia relacionada con esto que no quiero dejar de contar. En cierta ocasión cenaron en la casa del gran físico cuántico Bohr sus colegas Heisenbeg y Pauli. En la conversación aquél dijo que «la verdad habita en las profundidades», y acabada la cena, paseando por el puerto de Copenhague, Heisenberg y su amigo Pauli comentaron esa idea de Bohr. ¿Existe algo más allá de lo físico, más profundo?, se plantearon, ¿somos capaces de captar el alma de otro ser humano?, preguntó Heisenberg. Pauli quiso saber por qué su colega había usado la palabra alma en lugar de hablar sin más de otra persona, y Heisenberg le contestó: «Porque esa palabra, "alma", se refiere a lo central, al "núcleo" interior de un ser cuyas manifestaciones externas pueden ser enormemente diversas y sobrepasar nuestra comprensión»[714]. Así es, es un «núcleo» vital íntimo que nos da continuidad e identidad personal, igual que el ADN nos da identidad biológica. Concluyendo, aunque con frecuencia ignoremos su presencia vemos que el alma humana está realmente ahí, en lo más profundo de nuestro ser[715]. Es aquello que sufre y se alegra, que se indigna ante la

---

[713] San Agustín, *La Trinidad*, edición bilingüe, Biblioteca de Autores Cristianos, Madrid 1985, pp. 487 y ss.

[714] Cuenta estos hechos Javier Argüello en *Los límites de la ciencia*, Debate, Barcelona 2024, pp. 62 a 68.

[715] En uno de sus libros Viktor Frankl enseña que incluso inconscientemente el alma está presente en nosotros. Tras su liberación de Auschwitz este neurólogo introdujo la idea de la existencia de un «inconsciente espiritual» (*La presencia ignorada de Dios*, pp. 21 y ss.), de un yo espiritual que siempre está ahí latente, incluso aunque no seamos conscientes de ello. Frankl relaciona esto con una «presencia ignorada de Dios» (así titula su libro, ver pp. 65 a 67), una presencia, añade, que provoca el hambre de alma que tenía Plank.

injusticia y se entusiasma ante una acción noble, que busca y estima la verdad, el bien y la belleza, que nos permite recordar el pasado y preparar el futuro, que nos hace libres y nos muestra el bien, que nos incita a mirar las estrellas, que abre un mundo infinito, absolutamente nuevo, donde ella, el alma, puede llegar a conocer al Dios Creador que es Amor, unirse a Él e incluso tener la esperanza de sobrevivir a la muerte del cuerpo para acceder a otra existencia que está completamente más allá de cualquier cosa que podamos imaginar, como en el siguiente capítulo veremos.

5. De *homo* a *Homo Sapiens*

Nuestro cuerpo es engendrado por nuestros padres, pero no el alma, que como espiritual que es no procede de ellos, no la heredamos con los genes. ¿De dónde procede? Si no está genéticamente determinada «me veo obligado a creer que existe lo que podríamos llamar un origen sobrenatural de mi única mente autoconsciente, de mi yo único o de mi alma única»: Estas palabras no son mías, las dijo el gran científico Eccles al filósofo Popper en uno de sus diálogos, y vienen a significar que el alma humana es creada por Dios[716]. Cuando este neurofisiólogo descubrió que las señales entre neuronas en el cerebro no se hacen por electricidad, ya que en sus uniones o sinapsis hay un pequeño espacio, sino que se hacen mediante sustancias químicas o neurotransmisores, entonces, digo, se planteó la cuestión del origen del alma como algo independiente del cerebro y la genética. Y en base a sus

---

[716] Eccles y Popper, *El yo y su cerebro*, Labor, Barcelona 1993, pp. 627 y 628, donde Eccles dice lo siguiente respecto a lo que llama *el origen del yo* (la cursiva es mía): «Ésta es mi postura, creo que mi carácter personal único, que mi propia autoconciencia experimentada, no se explica mediante la cuenta que se da de la emergencia de la generación de mi propio yo. El carácter único experimentado no se explica de ese modo, el carácter único genético no sirve. Se puede afirmar que poseo mi carácter único experimentado porque mi cerebro está construido de acuerdo con instrucciones genéticas de un código genético totalmente único, mi genoma con sus aproximadamente 30.000 genes (Dobzhansky, comunicación personal) alineados a lo largo de la inmensa doble hélice del ADN humano con sus $3,5 \times 10^9$ pares de nucleótidos. Hay que reconocer que con 30.000 genes hay una probabilidad de $10^{-10.000}$ en contra de que se consiga tal carácter único. Es decir, si mi carácter único del yo está ligado al carácter genéticamente único que construye mi cerebro, entonces las posibilidades en contra de que exista con mi carácter único experimentado son de $10^{-10.000}$. Así, *me veo obligado a creer que existe lo que podríamos llamar un origen sobrenatural de mi única mente autoconsciente, de mi yo único o de mi alma única*; lo que, por supuesto, da pie a todo un nuevo conjunto de problemas. ¿Cómo llega mi alma a estar ligada a mi cerebro, con su origen evolutivo? *Mediante esta idea de creación sobrenatural eludo la increíble probabilidad de que el carácter único de mi propio yo esté genéticamente determinado.* No hay problema con el carácter único genético de mi cerebro. Es el carácter único de la experiencia del yo el que requiere esta *hipótesis de un origen independiente del yo o del alma, que se asocia luego al cerebro,* el cual se convierte de este modo en mi cerebro».

experimentos Eccles concluyó que de algún modo misterioso Dios es su creador. En este sentido, al concluir su libro acerca de la evolución del cerebro afirma lo siguiente: «De algún modo misterioso Dios es el creador de todas las formas vivientes en el proceso evolutivo y, particularmente, de la evolución homínida de personas humanas, cada una de ellas con su yo consciente de un alma inmortal»[717].

Todo comenzó cuando el *homo* se convirtió en *Homo Sapiens*. En un determinado estado de la evolución biológica, quizá en África hace unos 200.000 años, se produjo un increíble cambio, mucho más increíble que la invención del vuelo: Dios infundió en el *homo* un alma espiritual racional y libre, lo humanizó elevándolo sobre lo biológico, y así se convirtió en *sapiens*[718]. Esa, creo yo, fue la idea que tuvo Linneo cuando bautizó con el nombre de *Homo Sapiens* a nuestros primeros antepasados. La Biblia les llama Adán y Eva, cuya existencia (cuestionada por algunos) la ciencia ni confirma ni desmiente. Desde luego no hay inconveniente alguno en que llamemos así al primer hombre y a la primera mujer a los que, teniendo ya los genes de nuestra especie, Dios infundió un alma humana[719]. El propio Darwin concluyó que el Creador alentó la vida a partir de pocas formas o de una sola[720], y esto podría aplicarse también a la aparición de vida propiamente humana, su seguidor Dobzhansky opinaba que Dios infundió un alma espiritual en el primer ser con el que comenzó la especie propiamente humana[721], y el gran genetista Lejeune, precisamente en una conversación con Dobzhansky, defendió lo que llamaba la «hipótesis adánica»[722].

---

[717] Eccles, *La evolución del cerebro. Creación de la conciencia*, Labor, Barcelona 1992, p. 230.

[718] Cfr. *El yo y su cerebro*, ob. cit., pp. 583 y 629.

[719] El nombre de Adán viene muy al caso, pues Adán o «Adamah» significa «polvo de tierra fértil», y como sabemos nuestro cuerpo es polvo de estrellas, factorías estas de la materia y el polvo de la tierra.

[720] *El origen de las especies*, ob. cit., p. 572.

[721] Lo hizo en su libro *Genética del origen de las especies*, de 1937. Este biólogo creía fervientemente en Dios, en la Biblia y en la evolución, ya lo dije, no es de extrañar por tanto que creyera que el origen de cada alma está en Dios.

[722] Cfr. Aude Dugast, *Jérôme Lejeune. La libertad del sabio*, Encuentro, Madrid 2020, pp. 144 a 149. Lejeune, gran defensor de la vida humana, llegó a ser el primer presidente de la Academia Pontificia de la Vida, y atendía a todos, sobre todo a los niños con síndrome de Down. Él fue quien descubrió su causa, comprobó la presencia en ellos de tres ejemplares del cromosoma 21 en lugar de dos, y durante toda su vida intentó

A partir de Adán y Eva, o como se llamara la primera pareja de humanos, tenemos un cuerpo con su genoma que procede de nuestros padres y un alma que nos da Dios, ambas cosas desde el primer instante de nuestra existencia, una cada uno (recordemos que la creación es evolutiva y continua). Adquirimos ambos, genes y alma, al ser concebidos, en este sentido las palabras de Eccles son estas: «Para decirlo en términos teológicos: cada alma es una nueva creación divina que es implantada en el feto en crecimiento en algún momento entre la concepción y el nacimiento. La certeza del núcleo íntimo de mi individualidad única necesita una "creación divina". Defiendo que no hay otra explicación que pueda sostenerse, ni la singularidad genética, ni las diferencias ambientales»[723]. El momento a que se refiere es el de nuestra concepción, por eso el cigoto (nuestra primera célula) ya tiene alma[724]. No somos primero un conjunto de células y una vez desarrollados nos humanizamos, no somos primero planta, después animal y finalmente homínidos, somos seres humanos desde que tenemos el genoma de nuestra especie que nos transmiten nuestros padres, por tanto, aunque estemos en una fase inicial de desarrollo ya tenemos también la esencia de lo humano, que es el alma[725].

curarlos, ese fue su sueño. Tan buen cristiano fue este buen científico, que el año 2007 se abrió en París la causa para su beatificación.

[723] Eccles, *La evolución del cerebro*, ob. cit., p. 249.

[724] Cfr. mi libro *En defensa de la vida humana*, pp. 67 a 73.

[725] Cfr. Lejeune, *¿Qué es el embrión humano?*, Rialp, Madrid 2002, donde se cuenta la siguiente historia (también se recogen las actas y los documentos del Tribunal): Un Tribunal de Tennessee, en los Estados Unidos, tenía que juzgar si siete embriones humanos de 14 días que estaban en estado de congelación debían ser considerados como cosas o como humanos. Estaban congelados porque cuando se practica la fecundación *in vitro* los embriones sobrantes se amontonan con muchos otros en un recinto refrigerado con nitrógeno líquido, así lo dispone también la ley española, para poder hacer nuevos intentos u otras cosas, como donarlos o destruirlos. Los siete eran de un matrimonio llamado Davis que se divorció, y al disolver su sociedad la madre quería conservarlos pensando que eran ya humanos, pero el padre se opuso considerándolos cosas que se pueden tirar o destruir. Era como el juicio de Salomón, la verdadera madre prefería entregar sus niños a otra antes de que los mataran. Lejeune fue llamado a declarar como experto. Tanto por sus conocimientos sobre genética como por su sincero cristianismo (había almorzado con su amigo Juan Pablo II el día del atentado de este), sabía que desde la nueva constitución genética hay un nuevo ser humano, que cada uno de nosotros tenemos un comienzo muy preciso, el momento de la concepción, cuando aparece la primera sabia célula con su propio ADN. Así lo explicó en el juicio, cuando le preguntaron contestó: «Lo que define al ser humano es la pertenencia a nuestra especie, que sea más joven o más viejo no lo cambia de especie, uno jovencísimo y uno mayor

6. La naturaleza humana

La Creación es única. Dios ha creado el mundo físico o material y el metafísico o espiritual, pero no son dos mundos radicalmente separados, porque Dios es Espíritu y es Energía en cierta manera todo participa de su espíritu y energía, incluida la materia. Eso supone que nuestro cuerpo está penetrado por el alma y nuestra alma se ha materializado. Somos uno, cada ser humano es una totalidad, como dijo el físico cuántico Bohr percibimos al hombre como una unidad en la que el cuerpo material y el alma espiritual son aspectos complementarios, aparentemente contradictorios pero necesarios los dos para una descripción completa (recordemos su principio de complementariedad). De ahí que este gran científico diga que «no hay justificación para opinar que la individualidad humana pueda expresarse únicamente en términos de átomos y moléculas»[726]. Es esta una manifestación, otra más, de la armonía que existe en el mundo de la que nos hablaron Kepler[727], Priestley[728], Oersted[729] y, por supuesto, Teilhard de Chardin, para el

pertenecen al género humano». Convenció al juez, que sentenció que los siete embriones eran humanos y los dio a su madre.

[726] Citado por Fernández Rañada en *Los científicos y Dios*, ob. cit., p. 233.

[727] Kepler, *Harmonices Mundi*, de 1619.

[728] Priestley, descubridor del oxígeno, fue uno de los fundadores de la química, pertenecía a la Sociedad Lunar de Birmingham, llamada así porque se reunía sólo los días de luna llena para facilitar la vuelta a casa de los contertulios (en su época no había luz eléctrica). Se entusiasmó con la Revolución Francesa y como le amenazaron se tuvo que ir a los Estados Unidos, donde le protegió Jefferson, el redactor de su declaración de independencia. El año 1777 Priestley escribió un libro titulado *Disquisiciones sobre la materia y el espíritu*, y ahí explica que el alma y el cuerpo no son sustancias separadas como creía Descartes, sino que Dios actúa mediante una energía que no es ni material ni inmaterial en el sentido corriente de estas palabras. Por ello no considera la materia como una estructura inerte formada sólo por átomos, para él tiene como unos poderes activos debidos a su Creador.

[729] Descubridor del electromagnetismo, escribió *El alma en la naturaleza*, en cuya armonía veía la mano de Dios.

cual cuerpo y alma no son dos cosas sino dos estados de la energía de un único ser vivo[730].

Así somos, tenemos nuestra «natural» forma de ser como la tienen las estrellas, los planetas, los átomos, los árboles, las ardillas, el camello, el tigre, el triángulo y el resto de los seres del Universo, y resulta que la nuestra es «humana», por eso tenemos una «naturaleza humana». Podemos liberar a los seres de cosas accidentales o ajenas pero no de las que constituyen su naturaleza, entonces dejan de ser lo que son. Si de una estrella eliminamos la fusión nuclear ya no es una estrella; si quitamos a un camello su joroba lo liberamos de ser un camello; si un triángulo pierde uno de sus tres lados deja de ser triángulo... Lo mismo sucede con nosotros si ignoramos las esencias de nuestra condición «humana», tanto las del cuerpo como las del alma. Por eso tenemos que defendernos frente a quienes quieren transhumanizarnos[731], es decir, quitarnos nuestra humanidad como se quita a las estrellas su capacidad de emitir energía o al triángulo uno de sus lados. Quienes eso pretenden han perdido el sentido de la condición humana: creen que son monos apresu-radamente hechos, pero a la vez desean hacer todo lo que quieren como si fuesen dioses para modelar a su gusto cuerpos y almas. De esta forma transforman el *Homo Sapiens* en lo que no es, en un *Homo Deus*, así se titula un difundido libro de Harari[732]. Eso es un gran engaño que suprime nuestra naturaleza y nos convierte en bestias que se creen dioses. Lo cual es muy peligroso (sobre todo cuando así piensan quienes tienen el poder), y explica muchas cosas que hemos visto en el pasado siglo y seguimos viendo. Esa es la enfermedad de nuestra época: la deshominización o deshumanización, que nos equipara a las bestias y diviniza nuestros cuerpos.

Hay una condición de nuestra naturaleza que quiero destacar: No somos ni dioses ni un átomo perdido en un inmenso Universo, somos creaturas de Dios a quien Él ha querido dotar de un alma

---

[730] Teihard de Chardin, *Escritos esenciales*, Sal Terrae, Santander 1999, pp. 48 a 58, donde se remite a sus escritos *La potencia espiritual de la materia* y *La vida cósmica*.

[731] El «transhumanismo» deshumaniza porque quiere superar lo humano para eliminar aspectos supuestamente no deseados de la condición humana, por ejemplo sobre el sufrimiento, el envejecimiento e incluso la condición mortal, se pretende incluso volcar nuestra alma en un ordenador.

[732] Yuval N. Harari, *Homo Deus*, Debate, Barcelona 2018. Nacido en 1976, es profesor de historia de la Universidad de Jerusalén.

(inmortal como veremos), y a quien ha amado desde siempre. Esta increíble «dignidad» de todo ser humano se desprende de los dos libros que hemos utilizado al tratar de la creación del Universo. El libro de la Naturaleza nos dice no sólo que el hombre es diferente cualitativamente del resto de los animales, también que es la cumbre del proceso evolutivo. Esto lo explica muy bien Eccles en el último capítulo de su libro *Evolución del cerebro*, titulado «La persona humana». Destaca aquí tres características específicamente humanas, ya hemos hablado de alguna de ellas: la conciencia ligada al tiempo, que nos permite servirnos del pasado con la memoria para planificar el futuro; la libertad, que nos da una responsabilidad moral de la que carecen los animales no humanos; y la imaginación creativa, que permite una comprensión de las realidades más profundas a través del lenguaje, sea verbal, musical o pictórico[733]. El libro de la Biblia sube el listón, por decirlo así, y nos dice que el hombre ha sido creado «a imagen de Dios». Según el *Génesis* en el sexto día de la creación dijo Dios: «Hagamos al hombre a nuestra imagen y semejanza… y creó Dios al hombre a su imagen, a imagen de Dios los creó, varón y hembra los creó»[734]. Este relato insiste en la especial dignidad del hombre hecho a imagen de Dios, por eso recibe el encargo de dominar sobre el resto de lo creado: «Llenad la tierra y sometedla, dominad los peces del mar, las aves del cielo y todos los animales que se mueven sobre la tierra»[735]. La misma idea está presente en el *Salmo 8* que, hablando del hombre, dice: «Lo has hecho poco menor que un dios, de gloria y honor lo has coronado, le has dado el mando sobre las obras de tus manos, todo lo has sometido bajo sus pies»[736].

Sólo algo puede explicar esta dichosa imagen[737]: el amor que Dios nos tiene. Por eso estamos abiertos a Él, al Amor que mueve el sol y las demás estrellas como dijo Dante, a un eterno Amor que se abrió en nuevos amores, como también cantó[738]. Esa es la causa de que en nuestra pequeñez en la inmensidad del Cosmos poseemos,

---

[733] Citado por Moisés Pérez en *Concepciones antropológicas de los protagonistas de la revolución neurocientífica*, ob. cit., pp. 171 a 173.

[734] *Génesis*, 1, 26-27. En estas referencias al *Génesis* y la que después hago al *Salmo 8* sigo la traducción del científico Udias en *Ciencia y religión*, pp. 317 y 318.

[735] Ibídem, 1, 28.

[736] *Salmo* 8, 6 y 7.

[737] «Dichosa ventura» le llama Juan de la Cruz en *Noche Oscura*, Libro II, 13, 11.

[738] *Paraíso*, Canto XXIX, 15.

cada uno, una increíble «grandeza espiritual». Es como otro milagro de la creación por amor: Dios Amor ama lo hecho por Él (vio que era bueno…), y sin merecerlo los humanos somos especialmente amados por el Creador, esto lo destaca en varias ocasiones el físico David Jou, sobre todo en el último capítulo de su libro *Pensar la Creación* titulado «Dios y Amor»[739]. Gran parte de los problemas actuales están causados por el olvido de esta grandeza espiritual, pues como dice Eccles en sus diálogos con Popper, «la ciencia ha ido demasiado lejos en la ruptura de la creencia del hombre en su grandeza espiritual, suministrándole la idea de que es simplemente un insignificante ser material en la frígida inmensidad cósmica». Por eso, añade este científico, el hombre «necesita un nuevo mensaje para poder vivir con esperanza y sentido», un mensaje que le explique que «es mucho más de lo que dice la explicación materialista, no es simplemente un mono apresuradamente hecho, hay algo mucho más maravilloso en su naturaleza y en su destino»[740].

---

[739] Ob. cit., pp. 161 y siguientes.

[740] Eccles, *El yo y su cerebro*, pp. 626 y 627. Años antes de la publicación de este libro con Popper, Eccles ya había advertido de la enfermedad de nuestra época en un libro titulado *Facing reality: Philosophical Adventures by a Brain Scientist* (Springer-Verlag, Berlín 1975), en cuyo comienzo (p. 2) escribió lo siguiente: «Me parece que el hombre post-darwiniano ha perdido en esta época el sentido de su verdadera grandeza y el de su inconmensurable superioridad con respecto al resto de los animales. La humanidad está enferma y ha perdido su fe en sí misma y en el sentido de la existencia. Hay muchos síntomas de esta enfermedad o alineación, se ha manifestado en diversas formas de irracionalidad… Yo sugeriría que esta enfermedad está muy extendida, y es más grave que cualquier otra que haya padecido la humanidad en el pasado».

Capítulo VII

El Fundamento metafísico

1. El teorema de Gödel y las matemáticas muestran que la física necesita un fundamento metafísico

En el capítulo quinto vimos que la física cuántica es un antídoto contra el ateísmo, y concluimos que la física atómica y la propia materia nos dan pistas (igual que nos las dieron la creación y el cielo estrellado) para aproximarnos al mundo metafísico. En este vamos a comprobar que también nos da pistas para ello las matemáticas, el lenguaje con que se expresa la física, como muestra el teorema de Gödel[741]. Kurt Gödel fue un gran matemático, profesor en la Universidad de Viena y después en Princenton, donde trabó fuerte amistad con Einstein, que en el año 1931 formuló un teorema que enseña básicamente dos cosas: por una parte, que la razón humana es limitada, no es lo absoluto, no es dios, no es ἀρχή (*arjé*); por otra, que la matemática, y en consecuencia la física, necesitan siempre un *arjé*[742], es decir, un principio o fundamento extrínseco a ellas que no se puede demostrar y en el que creemos por acto de fe. Es un teorema porque afirma una verdad demostrable, precisamente esta: tal como razonó Descartes todo edificio de la verdad (también de las verdades físicas) necesita una primera verdad primordial inde-mostrable, una verdad en la que se cree, a ese primer principio los primeros filósofos griegos le llamaron ἀρχή por ser lo primordial de todo ser, esto lo he hablado detenidamente con el propio

---

[741] Kurt Friedrich Gödel nació en Brno (entonces Brünn) en 1906 y murió en 1978. Para la exposición de su teorema sigo a Fernández Rañada, *Los científicos y Dios*, ob. cit., pp. 260 a 263 y a Ramón Herce, *La cosmovisión de los grandes científicos del siglo xx*, ob. cit., pp. 59 a 69, el cual remite a *Collected Works* de Gödel publicadas por Oxford University Press entre 1990 y 2003 (4 volúmenes).

[742] Al comienzo señalé que el término ἀρχή puede castellanizarse como *arché, arké, arhké, arjé* o con otra fonética similar, y que yo he adoptado *arjé* en el sentido de *dios* (escrito con minúscula) o fundamento del Universo, sea el que fuere tal fundamento (el Mundo o Dios). Pero en un sentido más restringido este término puede aplicarse a otras realidades, como se hace en este caso, en el que se refiere al fundamento de la matemática y de la ciencia.

Descartes[743]. Los físicos y los astrofísicos, ya desde los primeros tiempos, han buscado (siendo o no conscientes de ello) ese principio último del Mundo del que nos hablaron Tales de Mileto[744], Platón[745] y Aristóteles[746], un primer principio que viene a ser el Absoluto que buscaban Einstein[747] y Planck[748].

Según el teorema de Gödel todo sistema formal de axiomas (verdad tan evidente que no necesita demostración) y reglas de procedimiento, a partir del nivel de complejidad de la aritmética elemental, incluye necesariamente afirmaciones —perfectamente dotadas de sentido— que no se pueden probar ni refutar desde dentro del sistema; es decir, cuya verdad o falsedad no se puede concluir. Se dice que la verdad de tales afirmaciones es «indecible», en el sentido de que, aunque sean verdaderas, nunca podemos demostrar que son verdaderas[749]. Así, tomemos la paradoja del mentiroso, ya estudiada por los griegos, que consiste en saber si la proposición «esta frase no es cierta» es verdadera o falsa. En los dos casos hay una contradicción, pues si la suponemos verdadera resulta falsa, y si la creemos falsa es verdadera. Otra parecida es «esta afirmación no se puede probar», que sólo es verdadera si efectivamente no se puede probar. Este teorema presenta un fuerte obstáculo a la esperanza de lograr una teoría final y definitiva acerca de la naturaleza utilizando sólo la física y las matemáticas, ya que hay

---

[743] Cfr. *Diálogos sobre Dios con Descartes, Feuerbach, Marx, Nietzsche y Ratzinger*, capítulo II, ob. cit., pp. 45 y siguientes.

[744] Ya Tales de Mileto, Anaximandro y Parménides buscaron el verdadero ἀρχή, utilizando esta palabra. También Heráclito, Anaxágoras y Empédocles. Cfr., por ejemplo, textos griegos en *Los Filósofos Presocráticos*, Gredos, Madrid, 1983, página 162.

[745] En *Fedro* 245c y d Platón habla de un primer principio ingénito e imperecedero.

[746] En su *Metafísica* Aristóteles escribió que la sabiduría versa sobre las primeras causas y sobre los principios («σοφίαν περὶ τὰ πρῶτα αἴτια καὶ τὰς ἀρχάς»); también dijo que la sabiduría es una ciencia acerca de principios («ἡ σοφία περὶ ἀρχὰς ἐπιστήμη τίς ἐστι»); y por tratar sobre el primer principio le llamó filosofía primera, πρώτης φιλοσοφίας (*Metafísica*, 981b, Gredos, edición trilingüe, Madrid, 1987, p. 10; 1058b, comienzo del libro XI, p. 530; y 1004a y 1026a, pp. 155 y 307).

[747] Cfr. Einstein, *Mi visión del mundo*, ob. cit., p. 14.

[748] Cfr. Planck, *La visión del mundo según la nueva física*, ob. cit., p. 9.

[749] Feynman en *The character of physical law*, p. 157, citado en el libro editado por su hija *La física de las palabras*, Barcelona 2016, p. 195, dice: «Siempre hay la posibilidad de demostrar que cualquier teoría concreta es errónea, pero adviértase que nunca podemos demostrar que sea cierta. Supongamos que uno inventa una buena hipótesis, calcula las consecuencias y comprueba que dichos efectos concuerdan con el experimento. Entonces, ¿la teoría es cierta? No, simplemente no se ha demostrado que esté equivocada».

proposiciones indecibles, y una de ellas es la que afirma la consistencia del sistema, la ausencia de contradicción. Carnap, neopositivista del Círculo de Viena, lo expresa diciendo que «las matemáticas y la física tienen en común la imposibilidad de la certeza absoluta»[750]; y Popper abunda en esta idea señalando que «toda conclusión puede ser explicada por una teoría o conjetura de mayor grado de universalidad, pero no puede haber ninguna conclusión que no necesite de una explicación ulterior»[751], aunque como enseguida veremos en realidad esta es una idea cartesiana.

¿Qué nos enseña el teorema de Gödel? En primer lugar, como acabo de señalar, que nuestra razón es limitada. Hay cuestiones que para ella son «indecibles», irresolubles, ante ellas se encuentra en una situación de incertidumbre cuántica. Aún más, en física no hay verdades permanentes, dado que las observaciones y los experimentos con frecuencia hacen cambiar teorías que se creían intocables, una y otra vez nos lo muestra la entretenida historia de la ciencia. No hay método libre de posible error, como dijo Bohr a veces no conocemos bien ni siquiera los fenómenos. Es un hecho que los más grandes científicos de la historia han cometido crasos errores, ahí están, por ejemplo, los casos de Einstein y Newton. Aquel oponiéndose a la física cuántica y negando la existencia del azar, Newton haciendo intervenir el dedo de Dios para corregir las órbitas de los planetas. En este sentido otro gran matemático, Euler, buen conocedor de Newton —pues fue él quien dio a la mecánica newtoniana su forma actual al desarrollarla sobre bases matemáticas analíticas—, escribió lo siguiente: «Newton ha sido sin duda uno de los más grandes filósofos que hayan existido jamás, su profunda ciencia y su penetración en los misterios más ocultos de la naturaleza serán siempre objeto de nuestra admiración y de la de la posteridad. Pero los errores de este gran hombre deben servirnos para humillarnos y reconocer la debilidad del espíritu humano que, después de elevarse a los más altos grados alcanzables por los hombres, tiene frecuentemente el riesgo de precipitarse en los errores más palpables»[752].

[750] Rudolf Carnap (1891-1970) fue profesor en Praga, Chicago y Los Ángeles.

[751] Karl Popper (1902-1994), *Conocimiento objetivo: una aproximación evolutiva*, Tecnos, Madrid 1988.

[752] Esta cita de Euler la recoge Juan Arana en *La cosmovisión de los grandes científicos de la ilustración*, ob. cit., p. 79, como procedente de *Las obras completas de Leonhard Euler*, editadas por Teubner, Leipzig y Berlín 1911, III, 11, p. 44.

Un ejemplo del carácter no absoluto de la humana razón nos lo dan las matemáticas, el lenguaje con el que los físicos nos transmiten sus hallazgos. Acerca de su naturaleza hay básicamente dos posiciones, la platónica y la aristotélica. Para Platón las matemáticas tienen realidad objetiva e intemporal, independiente de nosotros. Este filósofo sitúa lo que llama «ideas matemáticas» por debajo de la idea del Bien —la cual, podríamos decir, era su ἀρχή—, y de las ideas puras (belleza, bondad, verdad, justicia), pero por encima de las ideas que relacionan el mundo ideal de realidades perfectas con el mundo material y sensible[753]. Se trata de realidades en sí, conclusión con la que coincide Gödel, el cual creía en la existencia de los números en algún dominio de la realidad independientemente del hombre. Más realista fue Aristóteles, que consideraba las ideas matemáticas como una construcción de la mente humana, que da lugar a una ciencia especulativa sobre entes no separados de otros. Según él las cosas matemáticas no son substancias o cosas en sí, no existen separadamente de lo sensible, son cualidades de otras cosas que sirven para relacionarlas cuantitativamente[754].

Yo no sostengo con Platón que las ideas matemáticas sean realidades perfectas, que se reflejen en esas sombras de la realidad que son las cosas sensibles. Pero tampoco creo que sean una construcción de nuestras mentes. Están ahí, son como son, y de ellas depende la consistencia y la evolución del Mundo, desde su primer instante, desde el *big bang*. Hay un orden matemático cósmico que es previo a cualquier estrella, a cualquier galaxia, a cualquier átomo y, por supuesto, a nosotros mismos. Un orden no sujeto a entropía (no se degrada) que intentamos ir descubriendo con nuestras fórmulas, ecuaciones y operaciones, recordemos el ejemplo que nos puso Feynman de unos dioses jugando al ajedrez según reglas que desconocemos, y nosotros, admirados, mirando e intentando comprender las reglas del juego. En este sentido las matemáticas no son un invento humano, sino que captamos las ideas y reglas matemáticas «declarativamente», sin construirlas a nuestro antojo, las encontramos, no las fabricamos, de la misma manera que

[753] Platón, *República*, VI, 511a y siguientes, Gredos, Madrid 1988, pp. 336 y siguientes.

[754] Aristóteles, *Metafísica*, libro XIII, 1076a y siguientes. Aristóteles incluye en las matemáticas la astronomía, la aritmética y la geometría.

encontramos las ideas y reglas morales con nuestra autonomía declarativa. En este sentido el físico Jou sostiene que nosotros no inventamos las matemáticas, sino que son una realidad inmaterial e intemporal que trasciende al Universo, y nuestras construcciones mentales descubren la matemática real prexistente[755]. ¿Qué supone esto? Si hay un orden matemático muy preciso que es previo al mundo estrellado y a nuestras mentes, se confirma que estas son limitadas. Si además ese orden es previo al mundo, la única explicación lógica es concluir que esa realidad matemática inmaterial e intemporal ha sido creada, como todo, por Dios.

El teorema de Gödel nos enseña, en segundo término, que en este punto Aristóteles y Descartes tenían razón: la física y la matemática necesitan un principio cierto y seguro que está fuera de ellas, un ἀρχή que les transciende. La física (lo que veo y toco) necesita algo que está más allá de ella (que no veo ni toco: meta-física), esa es la razón por la que, contra lo que pretendió el matemático Hilbert, la ciencia por sí sola es incapaz de llegar a verdades absolutas. Aristóteles diferencia la ciencia o ἐπιστήμη, que pretende saber lo que las cosas son, del arte o τέχνη, que se refiere a la forma de obrar, y dentro de aquella, de la ciencia, incluye la física (φυσική) o filosofía segunda, relativa a los entes sensibles, y la matemática (μαθηματική) sobre sus relaciones cuantitativas[756]. Pero ambas, física y matemática, tienen como base y fundamento la σοφία, una sabiduría que es la ciencia de la primera causa o principio de todo lo que existe, la ciencia que versa sobre el ἀρχή al que Aristóteles llama Θεός, Dios, por eso esta es la primera de las filosofías y es llamada también ciencia de Dios o teología (θεολογική). Después, cuando Sila se llevó a Roma los escritos que estaban en la biblioteca de Alejandría, Andrónico de Rodas denominó a esta ciencia Metafísica[757]. Descartes tenía una forma muy distinta de pensar, radicalmente diferente —el *arjé* de Aristóteles era Dios, mientras que el suyo era *cógito*, la razón—, pero en este punto coincide con Aristóteles: en sus *Principia Philosophiae*, su *Método* y el resto de sus obras repite una y otra vez que en toda ciencia es necesario un primer principio cierto y seguro no demostrable en el que se basan los demás, pues nuestros

---

[755] Cfr. David Jou en *Pensar la Creación*, ob. cit., pp. 68 a 73.
[756] Aristóteles, *Metafísica*, 1064a, 32, Gredos, edición trilingüe, p. 565.
[757] Según cuenta Plutarco en *Sila*, Gredos, Madrid, pp. 110 y 111.

conocimientos son como una larga cadena de verdades, cada una derivada de la anterior, y aunque vayamos demostrando y deduciendo una tras otra llegamos siempre a una primera verdad no demostrable que sólo podemos conocer por intuición o, dicho a las claras, por creencia o fe[758].

También en el campo de la física y de la matemática el ἀρχή, todo *arjé*, es conocido por creencia o fe, no por inducción, deducción o cualquier otra clase de demostración, lo cual es lógico, pues siendo aquel la base que no se fundamenta en otra cosa es indemostrable de forma apodíctica. Sí, los científicos necesitan fe. La ciencia hace continuamente actos de fe en los llamados principios: en el principio de relatividad, en el de homogeneidad del espacio y del tiempo y el de conservación de la energía, en las misteriosas singularidades, en la materia oscura y la energía oscura, en las constantes universales, como la gravitacional o la constante de Planck... Constantemente usan afirmaciones que no pueden deducirse de otras y que, además, según se hacen nuevos experimentos y observaciones van variando a lo largo de la historia modificando nuestra manera de entender el mundo, esa es la contradicción a la que apunta el teorema de Gödel. Pero voy más allá: ahora me refiero a la fe fundamental, a fe en el fundamento de todo lo que existe en el Cosmos: ¿es el propio Mundo o es Dios?, ¿es el que acepta Newton o el que cree Einstein? La física por sí sola no puede contestar estas preguntas, se topa ante una verdad «indecible». Además, es un hecho empíricamente comprobable que la ciencia ni empuja a la fe en Dios o en el Mundo ni aleja de ella, es completamente neutra respecto a la religión, esta es la tesis principal que sostiene el profesor de mecánica cuántica y física teórica Fernández Rañada, yo estoy de acuerdo con ella[759]. Por eso un científico, como todo ser humano racional, necesita fe. Resulta,

[758] Descartes, *La Recherche de la Vérité par la lumière naturelle*, en *Meditatciones metafísicas y otros textos*, Gredos, Madrid, 1987, p. 100 y *Reglas para la dirección del espíritu*, Porrúa, México 1984, p. 100.

[759] Fernández Rañada sostiene y fundamenta esta tesis en su libro *Los científicos y Dios*, Nobel, Oviedo 1994. Según él, por sí misma la práctica de la ciencia ni aleja al hombre de Dios, ni lo acerca a Él. La decisión de creer o no creer en Dios se toma por otros motivos ajenos a la actividad científica, si bien una vez tomada la ciencia puede, en su caso, ofrecer un medio poderoso para racionalizar y reafirmar esa postura personal. En su libro Rañada pone el ejemplo de grandes científicos que integran su fe con su ciencia, y reafirma la idea de que no hay ninguna contradicción objetiva entre religión y ciencia.

además, que ese primer principio o dios que está fuera de la física, sea el que fuere (el Mundo o Dios), por definición no es demostrable *a priori* (por eso es el primero), únicamente caben pruebas *a posteriori* y en hipótesis basadas en sus efectos, como he razonado en otro lugar[760]. Siempre hace falta un acto de fe en un *arjé* que está fuera del campo de la física y de las matemáticas, y que no es demostrable apodícticamente.

Antes de continuar deseo aclarar algo: la palabra «fe» es equívoca, quiero decir que todos, físicos y no físicos, la utilizamos en dos sentidos. Hay una fe en sentido intelectual o racional, que existe cuando por intuición (es decir, sin demostrar) creemos que algo es verdadero, lo aceptamos sin más. Es a la que me he referido cuando dije que la ciencia hace continuamente actos de fe, y en el día a día tenemos muchos ejemplos: creo que Colón descubrió América porque me lo aseguran otros sin yo haberlo comprobado, o creo que vendrá el autobús porque suele hacerlo. Esta fe es natural o extrarreligiosa, y puede tener también a Dios como objeto, podemos creer que Él es el fundamento o *arjé* del Universo porque lo que leemos en el libro de la Naturaleza provoca en nosotros esta fe. Hay también una fe en sentido sobrenatural o religioso, que nace cuando en lo más íntimo de nuestros corazones sentimos, creemos, intuimos, que Dios nos ha transmitido sus palabras en otro libro a través de otros hombres. Si la anterior era como una revelación natural esta otra es una revelación sobrenatural por la que, aceptada libremente, captamos en el centro de nuestra alma (de la que ya hemos hablado) que Dios es la primera Verdad que da sentido al Mundo.

Su teorema llevaba a Gödel a admitir la existencia de un primer principio o primer ser no contradictorio y verdadero en sí y por sí mismo, y además él era teísta convencido, negaba el panteísmo y creía en un Dios personal. Hasta tal punto creía, que intentó actualizar el argumento ontológico de San Anselmo y Descartes sobre la existencia de Dios, utilizando para ello esa lógica matemática que tan bien dominaba. La existencia de Dios puede demostrarse *a priori*, es decir, por la sola razón pura, prescindiendo de cualquier experiencia, y *a posteriori*, lo que tiene lugar cuando la razón acude a alguna experiencia, como la observación del Mundo.

---

[760] Cfr. *Diálogos sobre Dios*, Capítulo X, 1, C y D.

Veamos la prueba *a priori* que hace Descartes: «Pruebo que Dios existe —dice— cuando constato que tengo la idea clara y distinta de un ser perfecto, como su existencia está en esa idea tiene que existir, pues caso contrario no sería perfecto y mi idea no sería verdadera, lo cual es imposible (pues ni Dios puede engañarme). Demuestro esta verdad como si fuera una verdad geométrica, igual que demuestro que un triángulo tiene tres ángulos, no puedo concebir un Dios perfecto sin existencia, sería como concebir una montaña sin valle»[761]. Esta misma prueba la había utilizado ya Anselmo de Aosta, también conocido como Anselmo de Canterbury, en el año 1.077 en su *Proslogion*, se llama «prueba ontológica»[762]. Pues bien, Gödel hizo circular entre sus amigos de Princenton su propia versión de este argumento ontológico basada en la lógica matemática[763], después incluso se ha llegado a codificar y a ser estudiada por otros matemáticos[764]. Kant se opondrá a esta prueba diciendo que es inútil[765], y Gaunilo, monje de Marmontier, también, diciendo a Anselmo una cosa muy lógica: algo no existe porque yo lo piense[766]. Efectivamente, puede no haber montaña ni valle, si dejo de pensar en ellos desaparecen. En este punto yo opino lo mismo que Kant: esta prueba no demuestra que exista un Ser que es Dios, sino sólo que mi idea de Dios es supuestamente verdadera, bastaría dejar de pensar en esa idea para suprimir la prueba. Hay aquí una cierta contradicción, volvemos al teorema de Gödel, pues querer probar el ἀρχή de esta manera es querer hacer una afirmación «indecible», y si llevamos esto al límite acabamos aceptando algo que dice el físico matemático Tipler, algo con lo que discrepo totalmente. Según él, «los investigadores de la física podrán deducir la existencia de Dios… mediante los cálculos apropiados, de la misma forma que

---

[761] Descartes, *Discurso del Método*, pág. 36 de la edición príncipe; *Meditaciones Metafísicas*, V, 7 y 8.

[762] Cfr. San Anselmo, *Proslogion*, Tecnos, Madrid 1998.

[763] El enunciado de Gödel ocupaba 12 símbolos de lógica formal con 5 axiomas, 3 definiciones y 4 teoremas.

[764] Cfr. González Hurtado, *Nuevas evidencias científicas de la existencia de Dios*, Vozdepapel, Madrid 2023, pp. 137 a 142. Verificaron informáticamente la corrección del teorema Benzmüller, de la Universidad de Berlín, y Paleo, de la de Viena.

[765] Kant, *Crítica de la razón pura*, B 620, B 622 y B 630.

[766] Gaunilo, *Libro escrito a favor de un insensato*, en *Filósofos medievales*, Biblioteca de Autores Cristianos, Madrid 1980, p. 79.

calculan las propiedades del electrón»[767]. Asumir la posibilidad de una prueba de este carácter confirmaría algo que confiesa paladinamente el propio Tipler: «En general los físicos —dice— somos un conjunto de estudiosos llenos de arrogancia, basada en la perspectiva reduccionista de que nuestra ciencia es la fundamental y en los logros obtenidos a partir de la aplicación de la misma en los últimos siglos»[768].

[767] Frank Jennings Tripler (n. en 1947), *La física de la inmortalidad*, 1994, Alianza, Madrid 1997, comienzo del Prólogo, p. 17. Tripler es profesor de física matemática en la Universidad de Tulane, en Nueva Orleans.

[768] Ibídem, p. 22.

2. El fundamento del Universo es Dios

Muy lejos nos han llevado el cielo estrellado, la física del átomo, el milagro de la vida, el teorema de Gödel y la lógica matemática, nos han enseñado que, como aseguró el físico y químico Duhem en su opúsculo *Física del creyente*[769], la verdad es tan rica que no puede ser agotada por la ciencia; y nos han introducido en la metafísica, la cual, como sabemos, es la ciencia de la primera causa o principio. Por eso ahora la cuestión es la que planteé al comienzo de este libro: ¿cuál es el fundamento de todo lo que existe?, ¿cuál es el $\dot{\alpha}\varrho\chi\acute{\eta}$?, ¿dónde está la primera verdad? He oído decir, no recuerdo dónde, que al hablar de cosas verdaderas es cuando el hombre más se asemeja a Dios. Y cuando es más feliz, esto sí recuerdo quién lo dijo, fue Virgilio, el poeta de Mantua, el que guio a Dante: *felix qui potuit rerum cognoscere causas* (dichoso aquel que llegó a conocer las causas de las cosas), cantó[770]. Desde esta minúscula mota de polvo que es nuestro planeta tierra nos hemos hecho muchas preguntas en este ensayo, hemos intentado comprender cómo son las lejanísimas galaxias, cuya luz tarda miles de millones de años en llegar hasta nosotros; y estudiar la perfecta interacción, con precisión geométrica, entre espacio, tiempo y materia; también comprender las leyes y constantes que regulan la dinámica del Universo; o saber por qué y cómo somos transportados a toda velocidad a través del estrellado cielo; pretendemos averiguar cómo surgió, cómo es y cómo actúa esa materia que se compone de inquietos y asombrosos átomos; y cómo surgió la vida, una vida que evolucionó hasta culminar en nosotros los humanos... averiguar la verdad de todo esto está muy bien, pero ¿por qué no preguntarnos por la verdad fundamental, esa verdad que es la primera causa de todo este

[769] Pierre Duhem (1861-1916) nació en París e hizo notables descubrimientos. En 1905 publicó *Física del creyente* como contestación a Abel Rey, que le había acusado de mezclar ciencia y religión, en este libro negaba rotundamente que la física desarrollada por él estuviera contaminada por la religión (aunque era católico).

[770] Publius Vergilius Maro, Virgilio (70-19 a. C.), *Geórgicas*, texto latino en Harvard University Press, Londres 1994, p. 150; texto castellano en Gredos, Madrid 1990, p. 315.

magnífico espectáculo?, ¿por qué no buscar ese «principio de la realidad» del que habla Zubiri?[771]. Es un hecho que todo pensante cree, creemos, en un *arjé*, un dios, escrito así, con minúscula, en este sentido el ateísmo no existe, en esta idea estoy de acuerdo con Holbach[772], Kant[773] y Maritain[774], incluso con Feuerbach[775]. Por tanto, la pregunta no es en qué cree este o aquel científico o filósofo, la gran pregunta es: ¿quién está en lo cierto?, ¿Schopenhauer o Leibniz?, ¿Einstein o Newton?, ¿cuál es el verdadero *arjé*?, ¿es el Mundo o es Dios? Esa es la cuestión.

Hemos visto en el anterior apartado que el *arjé* o fundamento del Mundo es conocido siempre por creencia o fe, nunca por demostración; y también que esa fe puede ser tanto racional o intelectual como sobrenatural o revelada. En consecuencia, para contestar esa pregunta acerca del verdadero fundamento y afirmar mi fe en él voy a hacer lo que han hecho muchos científicos y filósofos: acudir a los dos libros, al de la Naturaleza y al de la Biblia. Comencemos por el primero, ¿qué nos dice? A la vista de lo que ya sabemos acerca del Universo todo apunta a que su ἀρχή es Dios. Dios es perceptible, casi visible, en el fondo último de lo real según lo describe la física. La cosmología relativista y la teoría cuántica aportan indicios de que nuestro sorprendente y apasionante Mundo no es ἀρχή, no se ha creado a sí mismo, más bien parece que el Universo tetradimensional con curvatura sólo puede haber sido diseñado por Dios. Hay personas que no lo perciben así, aunque probablemente bastantes de ellas tienen fe latente en un Creador, acaso tienen cierta presencia ignorada de Dios, esa fe inconsciente

---

[771] Zubiri, *Sobre la esencia*, Alianza y Sociedad de Estudios y Publicaciones, Madrid 1985, p. 510. En las pp. 509 y siguientes Zubiri estudia el concepto de ἀρχή (denominándolo así) en cuanto principio.

[772] Holbach (1723-1789) en *Sistema de la naturaleza*, 1770, capítulo XI de la segunda parte, Editora Nacional, Madrid 1982, pp. 556 y563, se pregunta: «hay ateos»; y contesta: «no existen ateos».

[773] En *Opus Postumum*, Anthropos, Madrid 1991, p. 681, Kant escribe: «da razón se crea inevitablemente objetos para sí misma, de ahí que todo ser pensante tenga un dios».

[774] Jacques Maritain (1882-1973), *La significación del ateísmo contemporáneo*, Encuentro, Madrid 2012, p. 18, donde dice que: «el ateísmo contemporáneo proclama la desaparición de toda religión, y él mismo es un fenómeno religioso».

[775] Feuerbach, *La esencia del cristianismo*, Sígueme, Salamanca 1975, p. 111, donde escribe que «el hombre debe tener un dios». Feuerbach piensa que su filosofía es la nueva verdadera religión (como dice Marx), y su dios es la esencia del hombre: cfr. *Diálogos sobre Dios*, VI, 5, A.

de la que nos habló quien mucho la necesitó en Auschwitz[776]. No es poca la utilidad que resulta de la contemplación del Mundo. El que examina atentamente con qué regularidad describen sus elipses los planetas alrededor del sol y los electrones alrededor del núcleo, el que observa la grandeza de las cosas celestiales (que quita importancia a lo que normalmente la tiene a los ojos de los hombres), quien estudia esas pequeñísimas partículas indivisibles de la materia que se mueven en el espacio e interactúan entre sí, irradiando energía, quien contempla el maravilloso espectáculo que el Mundo nos ofrece, en fin, conoce el poder de Dios de cuyas manos salió tanta grandeza, y reafirma su persuasión de que hay un Dios que creó y gobierna la Naturaleza de la misma forma que lo hicieron Leibniz, Newton y tantos otros físicos. Puede hacerlo por algo que recordó Goethe, parafraseando a Plotino: «Si el ojo no fuera similar al sol, ¿cómo podríamos divisar la luz?; si en nosotros no viviese el poder propio de Dios, ¿cómo podríamos deleitarnos con lo divino?»[777].

¿Qué nos dice el otro libro, el de la Biblia? Tienen razón Copérnico, Galileo, Newton, Lemaître, Euler, Bohr y tantos otros científicos que han creído que la Naturaleza y la Biblia se complementan, pues con su lenguaje más poético este segundo libro apunta a la misma conclusión que el primero: el ἀρχή del Universo es Dios. Así lo afirma en su mismo comienzo, en su primera frase, un libro que escribió en Éfeso el más joven de los apóstoles, me refiero a Juan. Dice tal comienzo: «Ἐν ἀρχή ἦν ὁ Λόγος» [*En arjé en o Logos*][778], lo que viene a significar que el *arjé* es Logos, el Verbo o Palabra de Dios, el mismo Dios. Yo he escrito dos ensayos que se centran en esta expresión y su significado[779], y creo que afirmar esto, que el *arjé* o fundamento del Mundo es Logos, es como decir que lo es la Inteligencia original, la Energía creadora de la que hemos

---

[776] Me refiero a Viktor Frankl (1905-1997), cfr. sus libros *La presencia ignorada de Dios*, Herder, Barcelona 1977, especialmente pp. 66 y 67 y *El hombre en busca de sentido: un psicólogo en un campo de concentración*, Herder, Barcelona 1979.

[777] Esta traducción que hace Goethe de un texto de Plotino (204-270), I, 6, 9, 30-34, la recoge Brentano en *La genialidad*, Encuentro, Madrid 2016, p. 66.

[778] *Evangelio de Juan*, capítulo 1, versículos 1 y 2, en *Nuevo Testamento Trilingüe* (griego, latín y castellano), Biblioteca de Autores Cristianos, Madrid, 1994, pág. 476, donde se lee: «Ἐν ἀρχή ἦν ὁ Λόγος, καὶ ὁ Λόγος ἦν πρὸς τὸν Θεόν, καὶ Θεὸς ἦν ὁ Λόγος. Οὗτος ἦν ἐν ἀρχή πρὸς τὸν Θεόν». Lo cual puede traducirse así: «Al principio (arjé) era el Logos, y el Logos era por Dios, y Dios era el Logos. Éste era en el principio por Dios».

[779] Primero *Irene o la razón engañosa, diálogo sobre la Verdad*, después *Diálogos sobre Dios*.

hablado, lo cual, evidentemente, es acorde con lo que con su otro lenguaje matemático nos dice la física. Ahora bien, el libro de la Biblia nos enseña algo más que el de la Naturaleza: que Dios, en cuanto fundamento, no sólo es Alfa o principio creador del Universo, también es su Omega o fin, es Alfa y Omega. El Amor que mueve el sol y las estrellas es el que ha creado el tiempo, el espacio, la materia y la energía en una singularidad, como la ciencia nos enseña, pero también es Aquél donde todo culminará en otra postrera singularidad del fin del mundo (que vendrá, pues sabemos que no es eterno). Dios, Amor Creador, es igualmente Amor Definitivo en un punto omega al que se dirige la historia, donde veremos con claridad que lo estable, que lo que creíamos era el suelo que soportaba la realidad, no es la materia pura, inconsciente de sí misma, sino la Inteligencia del océano de energía que es Dios, en cuanto Espíritu que soporta el ser y le confiere realidad[780].

Todo esto es consecuencia lógica de la *creatio ex nihilo y ex amore* de la que hemos hablado. Superado el endiosamiento al Universo (no es un dios ni un demonio), eliminado el endiosamiento del Hombre, y dejado atrás el Dios de los primeros filósofos que era un primer ente, una substancia no sensible eternamente recluida en sí misma sin proyección alguna hacia el hombre, nos encontramos ahora con un Dios vivo que tiene corazón y nos habla. Alguien muy culto y muy alemán, alguien que me recuerda a Kant en su manera de filosofar seria y rigurosa, ha llamado a este cercano Dios «Logos Amante», *agapé*, potencia de amor creador (recordemos a Bergson), pues está ahí con toda la pasión y todas las extravagancias de un verdadero amor[781]. Y lo ha identificado con una persona que tiene rostro y nos habla: Jesús de Nazaret, Él es el Logos de Dios. En este sentido, el experto en física cuántica y termodinámica David Jou concibe la singularidad del punto omega como «un encuentro pleno de la humanidad con el Cristo Cósmico»[782], en quien confluyen la

---

[780] Cfr. Joseph Ratzinger (1927-2022), *Introducción al Cristianismo*, Sígueme, Salamanca 2005, p. 203. Nacido en Baviera, fue profesor de teología en varias Universidades alemanas, teólogo conciliar y Sumo Pontífice con el nombre de Benedicto XVI.

[781] Ibídem, pp. 122, 123 y 153. *Agapé* es Amor. En la encíclica *Deus Caritas Est* (Dios es Amor), Benedicto XVI contrapone *eros* (amor de concupiscencia) a *agapé* (amor benevolente según la fe).

[782] Jou, *Pensar la Creación*, ob. cit., p. 212. A Cristo Cósmico dedica este científico las pp. 209 a 212 de este libro, apoyando la dimensión cósmica de Cristo en el himno

materia (encarnación de la divinidad), la energía (ética espiritual) y la información (luz cósmica de la sabiduría)[783], un Cristo que ve reflejado en dos famosas pinturas de Dalí[784]. Lo que trae a la memoria las atrevidas propuestas de un inquieto científico, antropólogo y profesor de geología en París, que después de leer *La evolución creadora* de Bergson se dedicó a estudiar cómo finalizará la dinámica del Cosmos, me refiero a Teilhard de Chardin[785]. La ciencia nos ha enseñado que el Universo ha sido creado como evolutivo, pues bien, según Teilhard de esta manera concluirá su devenir: llegará una situación en la que materia y espíritu se entrelazarán mutuamente de un modo nuevo y definitivo[786], y se realizará la unión definitiva del hombre y el mundo con Dios[787]. Será un encuentro profundo y definitivo entre Dios y el Universo, una plenitud extraña e inefable, ya sin velos cuánticos ni tinieblas, centrada finalmente en un Dios que no es sólo pensar del pensar, pura inteligencia o energía, eterna matemática del universo, sino también, y, sobre todo, Amor Creador y Amor Definitivo[788]. Como asegura Pablo, Él reconciliará todas las cosas, y finalmente «Dios será todo en todos»[789].

contenido en la *Epístola a los Colosenses* (1, 15-20), en la *Carta a los Efesios* (1, 3-10), y en el célebre inicio del *Evangelio de Juan* (1, 1-18) antes recogido.

[783] Ibídem, p. 209.

[784] Se refiere a *El Cristo de Port Lligat* (inspirado en un dibujo de San Juan de la Cruz), en el que la cruz levita en escorzo sobre la tierra, y a la *Crucifixión cruz hipercúbica*, donde Gala contempla el Cristo suspendido en una cruz ingrávida compuesta por cinco cubos.

[785] Teilhard de Chardin (1881-1955) fue profesor de diversas ciencias en El Cairo, París y Pekín, y pasó sus últimos años en Nueva York.

[786] Ya hace siglos el gran filósofo Justino (100-165), en *De resurrectione*, c. 8, Kretschmar, *Auferstehung des Fleisches*, 129, dijo que «el reino de Dios es vida, y esta vida corresponde también a la carne».

[787] Cfr. Teilhard de Chardin, *El fenómeno humano*, Orbis, Barcelona 1974, y *Escritos fundamentales*, Sal Terrae, Santander 1999, especialmente pp. 15, 23 y 100 y siguientes.

[788] Cfr. Udías, *Ciencia y fe cristiana en la historia*, Sal Terrae, Santander 2021, pp. 208 y 209; y Ratzinger, *Introducción al Cristianismo*, ob. cit., p. 122.

[789] San Pablo, *Colosenses*, 1, 20, y *Corintios I*, 15, 28, donde escribe: «ut sit Deus omnia in ómnibus».

3. Principio antrópico y sentido del Universo

Hemos comprobado que estamos muy lejos de resolver los grandes misterios cosmográficos que aún nos plantea el Universo, Feynman diría que no comprendemos muchas de las reglas y los movimientos del juego de ajedrez. Pero también hemos visto algo que deja perplejos a muchos científicos: su increíble precisión, que hace que sea exactamente como es y que nosotros podamos estar aquí, viviendo en él. En el Mundo hay unos ajustes muy precisos que lo hacen posible. ¿Cómo explicar que en el tiempo cero la cantidad de energía fuese la justa? ¿Cómo explicar la precisión de la constante cosmológica que fija la estructura inicial del Universo, o la velocidad precisa de su expansión tras el *big bang* o, por supuesto, la constante de gravitación? ¿Por qué esa perfecta interacción entre espacio, tiempo y materia, esas rotaciones de las galaxias y esas distancias astronómicas? ¿Por qué los átomos pueden constituirse y existir gracias a sus niveles de energía predeterminados, exactamente los mismos siempre y en todas partes? ¿Por qué hay una relación tan puntual entre las cuatro fuerzas del Cosmos, que al comienzo estaban unidas? ¿Por qué ese descomunal Universo en expansión, tan bello y con tantas galaxias y estrellas, acoge en un pequeño planeta seres humanos? ¿Por qué la tierra nos transporta a través de él a increíbles velocidades? ¿Por qué, si nos referimos a su complejidad algorítmica, nuestro cerebro es más grande que una estrella? En definitiva: ¿Por qué estamos aquí? Como dijo el físico atómico Dyson, el Universo es muy interesante precisamente porque está lleno de misterios sin resolver, el mayor de ellos nuestra existencia como seres conscientes en un pequeño rincón del Cosmos[790].

---

[790] Freeman John Dyson (1923-2020) fue un físico teórico y matemático británico-estadounidense, que estudió en Cambridge y dio clase en el Instituto de Estudios Avanzados de Princeton. Colaboró en el Proyecto Orión para desarrollar un cohete espacial propulsado por energía nuclear, se dedicó a la astronomía y estudió el origen de la vida. Cfr. González Quirós y González Vila, *Freeman J. Dyson. El científico como hereje y rebelde*, en *La cosmovisión de los grandes científicos del siglo xx*, ob. cit., pp. 241 y siguientes.

Algunos científicos han intentado contestar esta pregunta acudiendo a lo que llaman el «principio antrópico», según el cual el hombre es el centro de todo, es él el que requiere que el Universo tenga esos finos ajustes. Se llama así por la palabra griega ἄνθρωπος (ántropos), que significa hombre, ya dijo hace mucho tiempo el sofista Protágoras que el hombre es «la medida de todas las cosas»[791], podríamos decir que en este caso es «la medida del Universo», su finalidad, la razón de que sea como es. La expresión «principio antrópico» fue propuesta por el astrofísico Carter, sosteniendo que es el Universo el que está condicionado por nuestra presencia[792]. Después el físico de Princenton llamado Dike —aquel que sugirió que debía haber algún eco o fósil de la inicial explosión—, al estudiar la edad del Mundo entendió que esta no se debe al azar, como también opinaba el mencionado Dyson, sino que es la exacta para que pueda haber seres humanos. En otras palabras, según él hay pruebas evidentes de que «el Universo esperaba nuestra llegada»[793], nuestra existencia no es un accidente del Universo sino al contrario, es condición previa y necesaria para que el Universo exista y sea como es[794]: es este el que llaman «principio antrópico débil».

El profesor de matemáticas de Cambridge Barrow y el físico matemático Tipler propusieron una fórmula ampliada del principio antrópico, en su famoso libro *The Anthropic Cosmological Principle*[795], que ha dado lugar al denominado «principio antrópico fuerte», en el que el centro de todas las cosas ya no es el ser humano, sino el Mundo. Asumieron la idea de Copérnico, Kepler, Galileo y Newton según la cual este es una preciosa obra de arte, en este sentido Barrow publicó el libro *El universo como obra de arte*[796]; y Tipler otro

---

[791] Protágoras de Abdera (484-415 a. C.), *Sofistas. Testimonios y Fragmentos*, Gredos, Madrid 1996, pp. 116 y 117.

[792] Brandon Carter trabajó en la Universidad de Cambridge y utilizó esta expresión en 1974. Según él, la mera presencia de seres humanos justifica que el Cosmos sea como es.

[793] Así lo afirma Dyson en *Transtornando El Universo,* Fondo de Cultura Económica 1982. En esta obra Dyson se opone a las ideas del biólogo molecular Jacques Monod (1910-1976) y de Steven Weinberg, para los que el azar es el centro y principio de todo, según él «la idea del azar no hace más que enmascarar nuestra ignorancia».

[794] Cfr. Fernández Rañada. *Los científicos y Dios*, ob. cit., p. 152.

[795] *El principio cosmológico antrópico*, 1986, Oxford University Press, 1996.

[796] John Barrow (1952-2020), doctorado en Oxford, fue profesor de Cambridge (como lo había sido el maestro de Newton apellidado igual que él) y miembro de la *Royal*

titulado *La física de la inmortalidad*, en el que lo consideraba como un gran Computador cósmico que a todos nos acoge y nos puede dar incluso la inmortalidad[797], después volveré sobre ello. Con estas ideas, en su libro sobre el principio antrópico ambos científicos desarrollan doscientos ejemplos de ajuste fino del Cosmos, que a su juicio muestran que el Universo ha ajustado sus leyes de manera tan precisa para que sea posible nuestra vida. Es decir, como escribe otro físico llamado Wheeler en el Prólogo[798], ahora el acento se pone en el Mundo más que en el hombre, con el «principio antrópico fuerte» es el ser humano el que se adapta al Universo, no al revés como en el débil, a un Universo que es «medida de todas las cosas, incluido el hombre». Es esta una propuesta que trae a la memoria la hipótesis Gaia.

¿Cuál es el sentido del Universo? ¿Por qué tiene esos finos y exactos ajustes? ¿Nos esperaba? En mi opinión los principios antrópicos fuerte y débil se equivocan. Lógicamente el sentido lo da quien es fundamento, la Inteligencia que ha creado el ser y le confiere realidad, incluidos nosotros mismos, Aquel que creó esta preciosa obra de arte milagrosamente precisa estableciendo un santuario de vida humana en un rincón de la inmensidad del espacio sideral. Él es quien nos espera; pues si hubo una *creatio ex amore*, como la hubo con la singularidad física del *big bang*, habrá un gran final, sea por muerte térmica, sea por *big crunch*, en otra singularidad que también remite a Dios[799]. Esta es la naturaleza, creo yo, del auténtico sentido antropológico de nuestras vidas en el Cosmos; es decir, del principio antrópico al que yo denomino «principio antrópico superfuerte», para diferenciarlo de esos otros débil y fuerte de los que hablan algunos científicos: Ni Protágoras ni Barrow, la medida y sentido de todas las cosas no la dan el hombre ni el Universo, la da Dios.

Society. En 1986 publicó junto a Tipler el citado libro *El principio cosmológico antrópico*, y en 1995 publicó *El universo como obra de arte*.

[797] Franck J. Tipler (n. 1947), *La física de la inmortalidad. Cosmología contemporánea: Dios y la resurrección de los muertos*, Alianza, Madrid 1997, especialmente pp. 33, 34, 40, 47 y 269 a 278.

[798] John A. Wheeler (1911-2008) fue un físico teórico estadounidense pionero de la física nuclear.

[799] Cfr. David Jou, *Pensar la Creación*, ob. cit., p. 214.

Dijo Aristóteles que Dios mueve hacia sí en cuanto que es amado, mientras que todos los demás seres mueven al ser movidos[800]. Eso mismo nos dicen la astrofísica, la física cuántica y la metafísica: el sentido del Cosmos es el encuentro profundo con Dios Amor, un Amor que maravillosamente fue origen, es fundamento y será acogida. Lo será para todos, para los terrícolas y para posibles habitantes inteligentes de otros planetas, si es que los hay, cosa poco probable según nuestros actuales conocimientos. Oigamos de nuevo al físico y poeta Jou, que al respecto dice lo siguiente[801]: «En lo que respecta al posible propósito y sentido del Universo, podemos imaginar que Dios lo crea para que en algún lugar del mismo surjan seres con lo que, podríamos llamar, una conciencia religiosa; capaces de sorprenderse y maravillarse ante el mundo, de reconocer en los demás un cierto grado de dignidad que minimice las agresiones y favorezca las colaboraciones, capaces de darse cuenta del valor de la naturaleza y la belleza y de protegerlas, capaces de buscar tras todo eso un principio tal vez trascendente — que funde y dinamice la realidad—, y de estar al acecho de sus posibles revelaciones, y que puedan relacionarse con Él éticamente (tratando debidamente a los demás), proféticamente (abriendo nuevos caminos a la esperanza y a la justicia), místicamente (sintiéndose unidos a Él en algunos momentos especialmente intensos), y ontológicamente (en una posible fundamentación de los seres en Él, más allá de la vida material), de manera que "tengan vida y la tengan en abundancia" (Juan, 10, 10)».

---

[800] Aristóteles, *Metafísica*, XII, 7, 1072b, Gredos, ed. trilingüe, Madrid 1987, p. 622.
[801] *Pensar la Creación*, ob. cit., pp. 176 y 177.

4. El teatro del mundo

Sabiendo que los humanos no somos partículas microscópicas absurdas arrojadas a la inmensidad del Universo, sino que por naturaleza poseemos una increíble grandeza espiritual y dignidad gracias a que Dios nos ha creado a su imagen, la vida no es una triste y absurda tragedia como cree Schopenhauer[802]. Tiene un sentido que provoca serenidad y alegría[803], hay una meta que nos mueve a representar bien el papel asignado en el teatro del mundo, en el que unos son científicos, otros filósofos, otros escritores o lectores y así todas las demás cosas, hasta que a todos llega su fin terrenal con la muerte que iguala. Representar bien supone gastar la vida con decencia como propuso Viktor Frankl[804], siguiendo los dictados de ese despierto centinela que tenemos en el alma que nos avisa de los peligros y nos indica el camino[805]. El noble romano Catón lo

---

[802] Schopenhauer, en *El mundo como voluntad y representación*, primer volumen, parágrafo 57, Fondo de Cultura Económica y Círculo de Lectores, Madrid 2004, pp. 407 y 408 (pp. 367 y 368 ed. alemana); y parágrafo 59, inicio, p. 420, escribe lo siguiente: «En medio del espacio infinito y del tiempo infinito el individuo humano se halla, en cuanto algo finito, como una partícula microscómica arrojada en esa inmensidad… Es un constante tránsito hacia la muerte, un continuo morir… un morir permanentemente detenido, una muerte continua-mente demorada; e igualmente la actividad de nuestro espíritu es un aburrimiento permanentemente diferido… Finalmente la muerte ha de vencer, pues estamos relegados a ella por el nacimiento, y ella sólo juega un rato con su víctima antes de devorarla. Mientras tanto proseguimos viviendo…, pero nuestra vida oscila como un péndulo entre el dolor y el aburrimiento… El hombre, como objetivación de la Voluntad, es el más menesteroso de todos los seres, es un querer y necesitar, una concreción de mil necesidades. Con ellas el hombre se halla en el mundo abandonado a sí mismo, con plena incertidumbre sobre todo, salvo sobre su menesterosidad e indigencia. Convencidos de todo ello, está claro que la vida humana es incapaz de proporcionarnos dicha, y que por el contrario no es en su esencia más que un dolor constante disfrazado bajo mil distintas formas, y un estado absoluto de desgracia».

[803] Escribe Chesterton en *Ortodoxia*, p. 210, que «la alegría es el gigantesco secreto del cristianismo». Cfr. también mi libro *La filosofía de Edith Stein*, pp. 190 y 191.

[804] Sé dueño de tu voluntad y siervo de tu conciencia, nos dijo.

[805] «Viendo el Hacedor y Criador nuestro —escribe Cervantes en *La Galatea*, del año 1585, Libro IV— que es propia naturaleza del ánima nuestra estar continuo en perpetuo movimiento y deseo, por no poder ella parar sino en Dios, como en su propio centro, quiso, porque no se arrojase a rienda suelta a desear las cosas perecederas y vanas,

proponía continuamente[806], en cierta ocasión dijo a un joven: «eres rey si te guías por el alma, esclavo si te riges por el cuerpo». Se cuenta también entre sus dichos el siguiente pensamiento: «La vida humana es, por así decir, como el hierro: si lo usas se desgasta, pero si no lo usas lo consume la herrumbre (se oxida). Vemos que los jóvenes se gastan con el esfuerzo, pero si no te esfuerzas en nada la ociosidad y la inacción causan más daño que el esfuerzo»[807].

Tenemos las armas necesarias para representar bien nuestro papel, como en Troya las tuvo el héroe Aquiles[808], con ellas podemos defender nuestra humanidad frente a la mayor de las opresiones, que es el materialismo transhumanista (así lo calificaba Eccles). Ahí está el escudo de la fe (natural y sobrenatural), la espada del espíritu, la verdad científica como coraza y como yelmo la unión de saberes aparentemente contrarios pero complementarios (ciencia y religión). En tiempos malos hay que procurar usar bien estas armas precisamente para que cambien los tiempos, así lo aconsejó a un

y esto sin quitarle libertad del libre albedrío, ponerle encima de sus tres potencias una despierta centinela que le avisase de los peligros que la contrastaban y de los enemigos que la perseguían, la cual fue la razón que corrige y enfrena nuestros desordenados deseos». Esa luz del entendimiento, ese «despierta centinela» que vela por el orden de la naturaleza, esa ley que reside en la mente humana para discernir lo bueno de lo malo, esos primeros principios prácticos que están en la razón práctica humana, esa fuerza racional de lo preferible, eso es lo que se llama ley natural. No es un hábito, ni es la conciencia, ni tampoco el sentido común. Es un acto del entendimiento por el cual cada persona se legisla a sí misma, con autonomía declarativa, pero con su mera razón natural, una ley que procede (como todo lo real) de Dios, quien la ha creado y promulgado en la Naturaleza como una propiedad de ella. Así su autor último y mediato es Dios, que la constituye, pero su legislador inmediato es la razón natural de cada hombre, que la declara.

    [806] Marco Catón Censor (234-149 a. C.) luchó contra Aníbal y en Hispania, lo que le valió entrar en triunfo en Roma según cuenta Tito Livio en el Libro XXXIV, p. 281 de *Ab Urbe Condita*. Tan noble era que se comentaba que era difícil decir quién persiguió más a quién, la nobleza a él o él a la nobleza, como también recoge Tito Livio.

    [807] Catón el Censor, *Tratado de la agricultura y Fragmentos*, Gredos, Madrid 2012, p. 436.

    [808] Según cuenta Homero (*Ilíada*, Canto XVIII, 140 y ss.), en el enfrentamiento entre aqueos y troyanos Aquiles tenía unas bellísimas armas que habían sido fabricadas en su fragua por el dios Hefesto, también llamado Vulcano. Cuando murió en la batalla las recogió Ayax y se las entregó al divino Ulises, valiente rey de Ítaca que sufrió una odisea al regresar a su casa junto a su mujer Penélope, la cual tejía y destejía sin parar para no tener que casarse con otro pretendiente. El humanista valenciano Luis Vives cristianizó estas famosas armas, por decirlo así, en una obrita que tituló *Descripción del escudo de Cristo*, lo hizo siguiendo el modelo de Virgilio, poeta romano que a su vez describió el escudo de Eneas, también obra de Vulcano.

joven quien fue redactor de la declaración de independencia de Estados Unidos y uno de sus presidentes[809].

[809] Me refiero Thomas Jefferson (1743-1826). Era un hombre listo que escribía muy bien, sabía griego, latín, francés y español y escribió unas 70.000 cartas. Según se recoge en Jefferson, *Autobiografía y otros escritos*, Tecnos, Madrid 1987, p. 771, en una de ellas datada en Monticello el 21 de febrero de 1825 contestó a un amigo que le pidió consejos para su hijo, y a su manera venía a decir a ese joven que se revistiera de las armas que he mencionado: Adora a Dios, le decía, ama a tu prójimo como a ti mismo y a tu país más que a ti mismo, sé justo, sé sincero… Y además le daba consejos muy prácticos como: nunca dejar para mañana lo que se pueda hacer hoy, no gastar el dinero antes de tenerlo, tomar siempre las cosas por su lado bueno, cuando estés enfadado cuenta diez antes de hablar, cuando estés muy enfadado cuenta cien…

5. La vida eterna

En su lecho de muerte el gran rey de Persia Ciro dirigió a sus hijos las siguientes palabras: «No penséis, hijos queridísimos, que cuando me vaya no voy a ser nada ni voy a estar en ninguna parte. Tampoco veíais mi alma mientras estaba con vosotros, pero sabíais que estaba en mi cuerpo por lo que yo hacía; pues será la misma, creedme, aunque no la veáis. A mí nunca se me podrá convencer de que las almas viven mientras están en los cuerpos mortales y mueren cuando han salido de ellos»[810]. Antes de morir Sócrates dijo algo parecido[811], también recuerdo el sueño de Escipión[812] y lo que afirma Cicerón en sus diálogos, sobre todo el dedicado a la vejez, en el que también habla de la pervivencia del alma[813]. ¿Será así? ¿Seguirá viviendo el alma después de la muerte? Como cantó el poeta «la muerte alcanza incluso al que huye de ella»[814], es una puerta oscura que todos tenemos que atravesar, ¿qué hay tras ella? La ciencia nos dice que se produce cuando el cerebro deja de funcionar (encefalograma plano), entonces dejamos de actuar por nosotros mismos y se inicia la descomposición de nuestras células, pero no enseña nada más, la contestación a esta pregunta está más allá de cualquier explicación científica, nos topamos con un misterio fundamental de nuestra naturaleza que supera toda explicación biológica relacionada con el cuerpo. En realidad, todo depende de las propias creencias personales.

---

[810] Jenofonte (430-355 a. C.), *Ciropedia*, Gredos, Madrid 1987, pp. 484 y siguientes. Ciro Segundo, llamado el Grande, fundó unos 500 años antes de Cristo el Imperio Persa, gobernó muchos pueblos y conquistó Babilonia desviando el cauce del río y entrando en la ciudad cuando todos estaban borrachos en fiestas.

[811] Platón, *Fedón*, 105e y otros lugares.

[812] Cfr. Cicerón (106-43 a. C.), *Sobre la República*, Gredos, Madrid 1991, VI, 9, pp. 158 a 171; así como Macrobio (360-425), *Comentario al sueño de Escipión de Cicerón*, Gredos, Madrid 2006.

[813] Cicerón, *Sobre la vejez*, Alianza, Madrid 2011, pp. 96 y 97.

[814] Horacio (65-8 antes de Cristo) escribió en el Libro III de sus *Odas*, concretamente en la Oda Segunda: «*Mors et fugacem persecuitur virum*».

Cuando se piensa que yo soy mi cuerpo, que no tengo un alma espiritual, que lo que me diferencia de los demás animales es el cerebro, el hombre es un ser para la muerte. Con ella todo se acaba, ya que el Universo físico no está hecho para que haya vida eterna, incluso él mismo acabará algún día como vimos en el primer capítulo. Pero desde siempre el ser humano se ha sobrecogido ante la idea de morir, como Ciro ha tenido ansia de inmortalidad, y a este sentimiento no escapan quienes niegan a Dios y creen sólo en la existencia de materia. Por eso quieren «escapar de la muerte», así lo propone literalmente Harari en el libro ya citado, en el que, para conseguirlo propone transformar el *Homo Sapiens* en *Homo Deus*, en un dios inmortal[815]... Inmortal con una eternidad puramente física, pues para los materialistas no cabe otra, por definición (niegan el espíritu). En esta línea hay quienes hablan de una «biología de la inmortalidad» basada en el mito de que nuestro cuerpo no está programado para morir, e incluso en el de que las primeras células que aparecieron, aquellas llamadas procariotas, son inmortales[816].

Tan fantasiosa como lo anterior, contraria a la naturaleza humana y carente de cualquier comprobación científica, es la propuesta de una vida eterna digital. Ya que no podemos vivir siempre, se nos dice, introduzcamos toda la información que hay en nuestro cerebro en un ordenador que pueda hacer un número infinito de operaciones y funcione indefinidamente. Ya el físico Dirac sostuvo que la vida no tendría que finalizar[817], después Dyson trató esta cuestión pero se encontró con dificultades insuperables, debido sobre todo a la temperatura del Universo[818], y la imaginación, la fantasía y, por qué no decirlo, el absurdo, llegan con el físico matemático Tipler y su libro *La física de la inmortalidad. Cosmología contemporánea: Dios y la resurrección de los muertos*[819]. Este

---

[815] *Homo Deus*, Debate, Barcelona 2018, p. 59.

[816] Ambas cosas las propone el gerontólogo de la Universidad de New Castle llamado Tom Kirkwood, según recoge Eduardo Punset en *Cara a cara con la vida*, destino, Barcelona, pp. 341, 343, 344 y 347.

[817] Paul Dirac (1902-1989), mecánico cuántico que reformuló la ecuación de onda de Schrödinger.

[818] Cfr. Jou, *Cerebro y Universo*, ob. cit., pp. 190 a 192.

[819] Frank J. Tipler (n. en 1947), *La física de la inmortalidad. Cosmología contemporánea: Dios y la resurrección de los muertos*, Alianza, Madrid 1997. Tipler es un profesor de física matemática estadounidense de la Universidad de Tulane, en Nueva Orleans. En 1974 ideó un hipotético cilindro que permitiría viajar en el tiempo regresando al pasado.

científico se confiesa ateo[820], piensa que el hombre es una máquina bioquímica que posee un ordenador llamado cerebro[821] (su alma no es más que un programa que se está ejecutando en dicho ordenador) y, sin embargo, copia de manera asombrosa las propuestas del Cristianismo (considera que la teología cristiana es una rama de la física), lo confiesa expresamente[822], incluso llega a citar a san Pablo y a santo Tomás. Recuerda Tipler que Galileo dijo que la Biblia nos enseña cómo ir al cielo, no como van los cielos, y asegura que hoy día es la ciencia la que nos muestra cómo ir al cielo[823]. ¿Cómo? Propone este singular físico que dios existe, se llama Punto Omega y es la Inteligencia Artificial todopoderosa de un Computador Cósmico[824]. Según Tipler este Punto Omega nos ama y tiene el poder físico necesario para resucitar a todos los seres humanos que hayan existido y darles vida eterna[825]... Eso sí, será una vida eterna dominada por algoritmos, ya que el cielo en que viviremos es el ciberespacio, que habrá absorbido toda la información de todos nuestros cerebros[826]. Pues el mecanismo físico de esa resurrección universal es simple: toda la información de nuestro cerebro será recogida en ese inmenso Ordenador Cósmico, de este modo conseguiremos inmortalidad digital, viviremos en el cielo del ciberespacio, un cielo según este científico que es tan tangible como un electrón[827].

El profesor Jou explica razonadamente que transferir información del cerebro a un ordenador muy potente tiene problemas insalvables, el primero de ellos saber cómo se conectan las neuronas y con qué intensidad, y saber transmitir esa información al ordenador[828]. No tenemos suficientes conocimientos sobre las neuronas, sus sinapsis y la intensidad de estas, para poder transferir información del cerebro a un ordenador. Si se pudiera hacer, que no se puede, eso nada tendría que ver con la vida eterna de un ser humano, simplemente se habrían volcado unos datos para

---

[820] Ibídem, pp. 382 y 383.
[821] Ibídem, p. 34.
[822] Ibídem, pp. 409 y siguientes.
[823] Ibídem, p. 40.
[824] Ibídem, pp. 33, 45, 46 y 47.
[825] Ibídem, pp. 47 y 33 y capítulos 9 y 10.
[826] Ibídem, pp. 50, 274 y 286.
[827] Ibídem, p. 23. Tipler habla también de un Purgatorio que existe y de un Infierno que puede que exista o no, según se deje en suspenso o no la finitud humana (p. 49).
[828] *Pensar la creación*, pp. 152 y 153.

ser manejados por algoritmos, ignorando el yo, el alma, sus sentimientos, su libertad y la identidad personal. De manera que esa imaginativa resurrección computacional o informática no supone conseguir auténtica vida, todo es virtual, se pierde la identidad personal, no habría eternidad[829]. En cualquier caso, francamente, yo prefiero que me ame Dios Amor a que lo haga un frío ordenador por muy poderoso que sea, y prefiero que mi alma se una a Aquel junto a los demás bienaventurados a ser una realidad virtual como un juego de ordenador, me gustaría estar en un cielo verdadero, no en el ciberespacio. Y, repito, esta propuesta no tiene base, ni teológica ni científica (entre otras cosas porque con el *big crunch* finalizará el mundo, y toda la información del gran ordenador desaparecerá).

¿Qué se hace de nuestra conciencia después de la muerte del cerebro? ¿Se renovará nuevamente el yo en otra forma de manifestarse? Un científico debería cuidarse de pronunciar un no definitivo, saber qué ocurre cuando el cerebro muere está fuera de lo que la ciencia puede conocer. Es otro misterio para la ciencia, como los del origen del Universo y de la vida, otra cosa que está más allá de una explicación científica, de nuevo entramos en un terreno metafísico y como otras veces hemos hecho podemos acudir a los dos libros. Veremos con ellos que cuando se asume y cree que tenemos un alma espiritual que nos ha dado Dios, un Dios que nos ama, las cosas son muy diferentes, entonces con la muerte corporal no se acaba todo, el hombre es un ser para la vida, para una nueva vida plena junto a Dios.

Comencemos con el libro de la Naturaleza. Está claro que la inmortalidad del alma no podemos probarla experimentalmente, nadie tiene experiencia de su propia muerte antes de morirse, y nadie viene desde otra vida a contarnos cómo son las cosas por allá. Pero lo que sabemos sobre nuestra naturaleza humana mientras vivimos nos permite pensar en la posibilidad, incluso probabilidad, de la pervivencia del alma tras la muerte. Hemos visto antes que el alma y el cerebro son cosas distintas, nuestro espíritu es libre y desborda al cerebro por todas partes. Por consiguiente, están unidos pero no son inseparables, no tenemos ninguna razón para suponer que cuerpo y alma estén inseparablemente ligados el uno al otro. Si

---

[829] Ibídem, pp. 151 a 155.

hubiera unidad indisoluble entre lo cerebral y el alma esta tendría que seguir los destinos del cuerpo, y la muerte sería el final de todo. Pero si, como digo, no la hay, la pervivencia del alma es posible y verosímil, ya que ella es ese «núcleo» vital del que habló Heisenberg a Pauli que nos da continuidad e identidad personal a pesar de los cambios en todas nuestras células, aquello que queda después del cambio. Como escribe Bergson, la única razón para creer en la extinción del alma después de la muerte es que se ve el cuerpo descomponerse, y esta razón carece de valor si es también un hecho comprobado la independencia del alma respecto al cuerpo[830].

Esto no es fantasía, propone algo que científicamente tiene sentido y puede sostenerse. Así lo cree el gran neurólogo y neurocirujano Penfield (aquel que operaba el cerebro conversando con el paciente), de creencias cristianas según dice él mismo[831]. Diferenciaba entre el espíritu libre y su base física, que es el cerebro que tan bien conocía, y llegó a decir: «Supongo que dicho espíritu debe vivir de algún modo después de la muerte. No me cabe duda de que algunos entran en contacto con Dios y tienen la guía de un Espíritu más grande. Mas estas son creencias personales que todo hombre ha de abrazar por sí mismo»[832]. Lo mismo pensaba otro científico a quien conocemos bien, Eccles, que en su diálogo con Popper dijo que «tiene que haber un meollo central, el yo más íntimo que sobrevive a la muerte del cerebro para acceder a alguna otra existencia que está completamente más allá de cualquier cosa que podamos imaginar»[833].

¿Qué nos están diciendo estos científicos? Por una parte, que esta cuestión sobrepasa la ciencia, cada uno debe decidirla por sí mismo. Por otra, y esto es lo fundamental, que después de la muerte del cuerpo el alma, que como sabemos es distinta de cerebro, es capaz nada menos que de estar con Dios, tener junto a Él vida eterna real, no virtual o cibernética, cosa que según Eccles está más allá de lo que podemos imaginar. Lo cual nos adentra en el otro libro, el de la Biblia, donde leemos que Pablo afirma que «ni el ojo

[830] Bergson, *El alma y el cuerpo*, Encuentro, Madrid 2009, p. 43.
[831] «He sido criado en el seno de una familia cristiana», dice en *El misterio de la mente*, Pirámide, Madrid 1977, p. 150. En otros lugares alude a su fe cristiana.
[832] Citado por Eccles en *El yo y su cerebro*, p. 626.
[833] *El yo y su cerebro*, ob. cit., p. 625.

vio, ni el oído oyó, ni al corazón del hombre llegó, lo que Dios preparó para los que le aman»[834]. Lo que dicen Eccles y Pablo no impide que podamos llegar a saber algo sobre la vida eterna si tenemos fe en Dios. La fe en la inmortalidad es idéntica a la fe en Dios, se funda en ella y por ella adquiere carácter lógico. Lo razona muy bien un noble que nació en un castillo situado entre Roma y Nápoles, que enseñó en la Universidad de París, leyó mucho, entendió todo lo que leía y escribió también mucho, se llamaba Tomás de Aquino. Según él, vida eterna supone contemplar a Dios cara a cara, como un hombre ve a otro cara a cara, y mediante esa visión hacernos partícipes de la eternidad[835]. Es sumergirse en el océano del amor infinito, en una unión de amor de la que participan muchos otros bienaventurados. En definitiva, vida eterna es estar con Dios siguiendo una llamada personal, Dios nos infundió un alma a cada uno y nos llama y acoge uno a uno, a cada cual por su nombre[836].

Decimos vida eterna no porque haya una larga duración, sino porque en ella el tiempo ya no existe, no hay duración de momentos, no hay un antes y un después. Al no existir tiempo tampoco contamos con espacio y materia como sabemos por la física, el principio de relatividad supone que las tres cosas van siempre unidas como dijo Einstein a un periodista. No habiendo ya espacio, el cielo no es un lugar, no se localiza en un sitio determinado, ni fuera ni dentro de nuestro Universo, pero tampoco se le puede desvincular sencillamente del Cosmos, como nos dice un gran filósofo muy alemán que

---

[834] Pablo de Tarso, *Primera Carta a los habitantes de Corinto*, 2, 9. En realidad esto mismo había proclamado antes Isaías (64, 3), aquel profeta que vivió la destrucción de Samaría por el rey Sargón de Asiria y sufrió las maldades del impío rey Ajaz de Jerusalén (tan malvado era que quemó vivos a sus hijos), por eso Isaías quería que de las espadas se forjaran azadas, de las lanzas podaderas, y no hubiera más guerras.

[835] Tomás de Aquino (1225-1274), *Suma contra gentiles*, Libro III, capítulos XXXVII, LI y LXI. También *Suma de Teología*, I-II, cuestión 3, artículo 8, donde escribe: «La bienaventuranza última y perfecta sólo puede estar en la visión de la esencia divina… tendrá su perfección mediante una unión con Dios como con su objeto».

[836] La filósofa y santa Edith Stein recuerda algo que dice la revelación de Juan (*Apocalipsis*, 2, 17): «Al vencedor le daré una piedra blanca, y grabado en la piedra un nombre nuevo que sólo conoce quien lo recibe», se refiere al nombre de cada persona. Pero al mismo tiempo la vida eterna no es aislamiento, supone estar en comunión o unión con todos aquellos bienaventurados que forman un cuerpo (místico) por haber alcanzado una vida eterna real, no virtual o cibernética.

tocaba el piano y tenía gran corazón, se llama Ratzinger[837]. Y no existiendo materia nos encontramos ante un mundo puramente espiritual, algo absolutamente nuevo que como hemos oído decir a Eccles y Pablo está más allá de cualquier cosa que podamos imaginar. La dinámica del Cosmos lleva esta situación en la que materia y espíritu se entrelazarán mutuamente de un modo nuevo y definitivo, en un Punto Omega que nada tiene que ver con el soñado por Tipler, se trata de un final de la historia en el que veremos que lo que soporta la realidad no es la materia pura, sino la Inteligencia y la Energía del Dios Creador que es Amor. Todo esto no es un espejismo, es razonable tener la esperanza de que llegará tal vida futura, apostar por ella diría Pascal, el científico que construyó la primera calculadora mecánica. El científico Eccles lo hace, nos dice que «hemos de estar preparados para aceptar su posibilidad como el don más hermoso»[838].

[837] Joseph Ratzinger (1927-2022), *Resurrección y vida eterna*, en «Obras Completas X», Biblioteca de Autores Cristianos, Madrid 2021, p. 213.

[838] Cita recogida por el profesor de filosofía de la ciencia Pérez Marcos en *Concepciones antropológicas de los protagonistas de la revolución neurocientífica* (Coord. J. Arana), Tirant, Valencia 2023, p. 175. Cfr. también el artículo sobre Eccles del neurofisiólogo Manuel Alfonseca en *La cosmovisión de los grandes científicos del siglo xx*, (Coord. J. Arana), Tecnos, Madrid 2020, pp. 435 y siguientes; así como el libro del propio John Eccles *The Human Mystery*, Springer, Berlín 1979.

6. El Rey de todo lo visible y todo lo invisible

Hemos disfrutado en este libro de la compañía de estupendos científicos que mucho nos han enseñado, entre otras cosas nuestra inmensa ignorancia sobre el Universo. La «materia visible» que conocemos es sólo un 4% de lo contenido en él, otro 26% es «materia oscura» misteriosa formada por invisibles partículas desconocidas, y el 70% restante es «energía oscura» que no sólo es invisible y no sabemos qué es, sino que tampoco la comprendemos, esto es algo generalmente admitido[839]. Resumiendo, como dice el cosmólogo japonés Futamase, «¡un 96% del Universo es desconocido!»[840]; o reiterando palabras del joven astrofísico Sabadell, «no tenemos ni idea de lo que está hecho el 96% del Universo»[841]. La escasez de datos es tan abrumadora como la falta de una teoría que lo explique, nadie ha expresado mejor este sentir de los científicos que Weinberg, aquel decidido materialista que escribió *Los tres primeros minutos del Universo*, cuando dijo que «para los físicos es difícil atacar este problema sin saber qué es lo que hay que explicar»[842]. Además, ciñéndonos a lo poco que sí conocemos, resulta que los científicos se ocupan de comprender las leyes físicas que rigen el Mundo, pero no de saber por qué y para qué existen esas leyes ni de dónde vienen, lo reconocen ellos mismos, Newton y otros lo hacen.

---

[839] Cfr., entre muchos otros, Toshifumi Futamase, astrónomo japonés profesor de la Universidad de Sagyo de Kyoto, *Gran guía visual del Cosmos*, Blackie Books, Barcelona 2023, p. 245, y Alessio Miglietta, *Astronomía*, Susaeta, Madrid, p. 91. Recuérdese que masa y energía se convierten una en la otra según la ecuación de Einstein, así de acuerdo con el modelo cosmológico estándar basado en el *big bang*, la materia ordinaria se reduciría aproximadamente a un 4% respeto a la totalidad de la masa-energía presente en el Universo, el resto, como un 96%, estaría constituido por materia y energía invisibles que aún no hemos detectado con certeza ni observado directamente.

[840] Futamase, *Gran guía visual del Cosmos*, ob. cit., p. 245, donde escribe: «en el universo todavía hay muchas cosas que no entendemos».

[841] Miguel Ángel Sabadell (n. en 1966), *Principios fundamentales de la astrofísica. Un recorrido cósmico desde el Big Bang hasta los agujeros negros*, Pinolia, Madrid 2024, p. 251 (véase la nota 486). Nacido en Salamanca, Sabadell es astrofísico, físico teórico y uno de los expertos del ESA *History Project* de la Agencia Espacial Europea.

[842] Ibídem, pp. 250 y 251.

Son como niños con un juguete que van sabiendo más y más cómo funciona ese juguete, pero no tienen ni idea de quién lo fabricó ni de para qué lo hizo, ese es uno de los motivos por los que la ciencia está llena de misterios sin resolver. Por eso no debemos fiarnos de las apariencias, nos lo aconsejan los científicos cuánticos, sabemos que la verdad es tan rica, misteriosa y variada que no puede ser agotada por la ciencia, necesitamos algo que está más allá, algo metafísico.

Sería terrible que sólo la ciencia determinara el destino de la humanidad, eso nos deshumanizaría convirtiéndonos en esclavos de algoritmos de macrodatos que nos conocerían mejor que nosotros mismos y nos controlarían. Sería el Mundo de la tiranía digital, un físico teórico estadounidense llamado Michio Kaku (de origen japonés) lo refleja muy bien en un libro titulado *La física del futuro: Cómo la ciencia determinará el destino de la humanidad y nuestra vida cotidiana en el siglo XXII*. Su último capítulo se titula *Un día cualquiera en 2100*, el protagonista se llama John y depende en todo de Molly, que es un programa informático. Desde una pantalla mural Molly le despierta jubilosamente, después en el baño cientos de sensores de ADN ocultos en el espejo, el inodoro y el lavabo controlan las moléculas y los fluidos corporales de John; el cual, una vez limpio digitalmente, se pone en la cabeza unos cables para controlar robóticamente el café y después unas lentes digitales para ver las noticias interestelares. Empujado por Molly John se va en su coche magnético que flota y se conduce solo, eso sí, vigilado por miles de millones de chips ocultos en la carretera que le controlan constantemente. Mientras viaja decide comprar un perro robótico para regalar en un próximo cumpleaños. Llega a la oficina donde no hay personas de carne y hueso, sino imágenes tridimensionales con las que habla acerca del uso de robots controlados por ordenadores cuánticos. Después nuestro pobre John se cita con una amiga llamada Karen que aparenta 25 años, pero en realidad tiene 71, pues ha sido reprogramada genéticamente. Deciden tener un hijo y buscan los genes apropiados aprobados por el gobierno para el color del pelo, los ojos y lo demás que les gusta, para eso utilizan el programa que analiza el ADN del futuro bebé, John siente que es una especie de dios que crea un niño a imagen y semejanza suya, eso dice Kaku. Una vez embarazada Karen todos suben en un ascensor espacial y se van no sé dónde, si a un puesto avanzado de Marte o a una base lunar desde la que despegan millones de nanorrobots, cuando su hijo nazca quieren ser testigos del nacimiento de una nueva civilización planetaria[843]. Así termina esta historia en la que nunca se habla de amor, dolor, pasión, amistad, libertad, alegría, tristeza, pensamiento, imaginación, arte, música, belleza, bien, verdad, ni nada que se aproxime a cualquier sentimiento mínimamente humano.

Si no queremos perder nuestra naturaleza humana (como un triángulo pierde la suya al faltarle uno de sus tres lados), si no queremos deshumanizarnos y ser irrelevantes como John, necesitamos no ser controlados por Molly, quiero decir, por la ciencia y sus algoritmos, únicamente así podremos ser libres y pensar por nosotros mismos. Pues endiosar la física y poner en sus manos las verdades lógicas, el bien y el mal, la libertad, la alegría, la belleza, el alma y Dios, darle todo esto en exclusiva, digo, nos conduce directamente al manicomio que destruye todo lo humano y esclaviza. La religión sin ciencia es ciega, es cierto, necesitamos ciencia, mucha, pero una ciencia sin religión está coja, lo dijo Einstein, y dijo bien[844]. Aunque mucho antes lo había advertido ya un sabio llamado Mariana, asegurando que «quitará el sol al mundo quien suprima la religión de las cosas humanas»[845]. También habló de «da ciencia que tiene por objeto el conocimiento de los astros», señalando que «el que observa atentamente con que regularidad describen sus curvas las estrellas se eleva fácilmente al conocimiento

---

[843] Michio Kaku (n. en 1947), *La física del futuro: Cómo la ciencia determinará el destino de la humanidad y nuestra vida cotidiana en el siglo XXII*, Debolsillo, Barcelona 2022, Capítulo 9 titulado *Un día cualquiera en 2.100. 1 de enero de 2.100, a las seis y cuarto de la mañana*, pp. 479 y siguientes. Kaku es un físico teórico estadounidense experto en teoría de cuerdas y trabaja en la Universidad de Nueva York.

[844] Naturalmente Einstein se refería a su propia religión, a su «religiosidad cósmica», lo dice reiteradamente. Por ejemplo en su artículo *Religión y ciencia* de 1930 (contenido en *Mi visión del Mundo*, Tusquets, pp. 20 y ss.), ahí afirma, entre otras cosas, que «en esta época tan fundamentalmente materialista son los investigadores científicos serios los únicos hombres profundamente religiosos». Cfr. también, Einstein, *Notas autobiográficas*, Alianza, Madrid 2016.

[845] Juan de Mariana (1535-1624), *La Dignidad Real y la Educación del Rey*, Centro de Estudios Constitucionales, Madrid 1981, Capítulo XIV, p. 261. Mariana nació en Talavera de la Reina, estudió en la Universidad de Alcalá, como jesuita fue profesor en varias Universidades y se retiró sus últimos 38 años a Toledo, donde escribió sus obras, entre otras una *Historia General de España*. Fue un adelantado demócrata convencido que creía en la soberanía del pueblo y el imperio de la ley, para él la potestad de la Comunidad Política siempre es mayor que la del Rey.

de la sabiduría divina, conoce el poder de Dios de cuyas manos salió tanta grandeza, se confirma en la persuasión de que hay un Dios que creó y gobierna la Naturaleza»[846]. Anticipándose a Einstein y a los físicos cuánticos respecto a la complementariedad de la ciencia y la religión, Mariana pensaba acertadamente que si Dios no toma parte en los negocios del Mundo desaparecerían los sentimientos de humanidad, nos someteríamos a una tiranía que todo lo controla, aunque no nos demos cuenta[847]. Lo que no podía adivinar es hasta qué punto esa tiranía podrá controlar nuestras vidas en el siglo veintidós, imagino que hoy día diría que para no ser esclavos de Ciber-Leviatán la ciencia y la metafísica tienen que unirse en un trabajo común, que eso es lo auténticamente humano.

Frente a la filosofía cientificista basada sólo en ciencia que destruye la humanidad con cadenas que atan, Chesterton era partidario de la lógica y la humanidad que libera basada en la razonabilidad y belleza del Cristianismo[848]. Y encontró la esencia de este en el Credo de los Apóstoles, según él «da mejor fuente de energía de una ética bien fundada»[849], que es lo mismo que decir de una humanidad bien fundada. Lo está porque nos dice quién fabricó el juguete con el que juegan los científicos, lo hace en su mismo comienzo con estas palabras: «Creo en un solo Dios, Padre Todopoderoso, Creador del cielo y de la tierra, de todo lo visible y lo invisible»[850]. Expresa aquí la respuesta del Cristianismo: Dios fue el Creador del Cosmos como un artista. Su Energía Todopoderosa crea «todo lo visible», que es el 4% de materia visible compuesto por astros y planetas, incluida la tierra, y «todo lo invisible» formado por el restante 96% invisible de masa-energía presente en el Universo (un 26% por misteriosa materia oscura y un 70% por una energía oscura que no sabemos qué es), así como por el invisible mundo del

---

[846] Ibídem, Capítulo VIII, p. 199.

[847] Cfr. mi libro *La cuestión política. Diálogos sobre el Estado, las Leyes y la Justicia*, Aranzadi, Madrid 2018, capítulo VIII, 5 dedicado a la Escuela de Salamanca; y Mariana, *La Dignidad Real y la Educación del Rey*, ob. cit., pp. 261 a 266, 281, 439 y siguientes y 460.

[848] Imagino que si viviera, leyera a Kaku, y viese cómo es la vida de John en el siglo XXII, Chesterton volvería a decir que el mundo moderno está en guerra con la razón y todos van camino de la nada y el manicomio (cfr. *Ortodoxia*, Acantilado, Barcelona 2013, pp. 40 y 54). Respecto a la citada belleza cfr. Francois R. Chateaubriand (1768-1848), quien ante lo que vivió y sufrió en la revolución francesa escribió *El genio del Cristianismo, bellezas de la religión cristiana*, París 1802, El Buey Mudo, Madrid 2010.

[849] G. K. Chesterton, *Ortodoxia*, ob. cit., p. 14.

[850] Credo redactado en el Concilio de Nicea el año 325.

espíritu del que forman parte nuestras almas, único guardián lógico de la humanidad, la libertad y el progreso. Lo hemos visto al hablar de la creación del Mundo, concluimos que Newton tenía razón y las primeras palabras del *Génesis* son verdaderas, por eso Dios, como Amor Creador, es Alfa del Universo, su Principio y Fundamento, así nos lo han explicado también matemáticos, científicos y neurofisiólogos como Eccles y el nobel de física Townes. El Credo dice verdad, Dios es creador «de todo lo visible y lo invisible», de todo lo físico y metafísico, como es nuestro espíritu, nuestra alma[851].

Hemos averiguado quién fabricó ese juguete con el que juegan los físicos que es el Universo, ahora también sabemos su por qué y su para qué, lo que le da sentido: El punto omega al que se dirige la historia es el encuentro de todo y todos con Dios, un Dios Amor que es causa inicial y final del Mundo, su Alfa o Principio, pero también su Omega o Fin. De ahí que Agustín dijera «nos hiciste, Señor, para ti, y nuestro corazón está inquieto hasta que descanse en ti»[852]. No resisto reproducir las bellas palabras con las que lo expresa el físico David Jou, son estas: «Podríamos imaginar un Universo que empieza en una singularidad del tiempo, espacio, energía en la Mente más matemática de Dios, y que culmina en una singularidad de conocimiento, de éxtasis y de gloria en la Mente más unitiva de Dios: la plenitud extraña e inefable, ya sin velos ni tinieblas, del encuentro transformador (individual y colectivo) con Dios, en el que "Dios lo será todo en todos" (san Pablo, *1 Corintios*, 15, 26)»[853]. Por eso quienes aunamos la fe racional con la sobrenatural decimos en el *Padrenuestro* «venga a nosotros tu reino», hablamos de «reino» porque Dios Amor es Rey del Universo. Bien lo expresa uno de los cantos compuestos por el rey David, me refiero a aquel que dice: «Dios es el gran Señor y Rey grande sobre todos los dioses; porque tiene en su mano las profundidades de la tierra y suyas son las cumbres de

---

[851] Concluimos que cada alma humana, cada una, es una nueva creación divina que hace al hombre a imagen y semejanza de Dios, dándole una dimensión espiritual que supera por todos lados el imaginativo relato de Kaku para el año 2100, en el que John se cree un dios por crear un bebé a su imagen y semejanza, sin darse cuenta de que más que un niño lo que hace es un robot.

[852] *«Fecisti nos ad Te, el inquietum est cor nostrum donec requiescat in Te»: Confesiones*, comienzo del Libro I, Biblioteca de Autores Cristianos, Madrid 1994, p. 23.

[853] Jou, *Pensar la Creación*, ob. cit., p. 214.

los montes; porque suyo es el mar, pues él lo hizo, y la tierra firme que sus manos formaron»[854].

Probablemente Agustín cantaba este salmo acompañado por su salterio, pues era una persona inteligente (ama mucho la inteligencia, dijo[855]) que amaba la música, incluso escribió un tratado sobre ella[856]. En él considera a Dios como «fuente de las armonías eternas»[857], exactamente igual que después lo hará el gran científico Kepler en su libro titulado *Armonía del Mundo*[858], ya hablé de él[859]. Quizá ahora comprendemos mejor aquello que dije: para Kepler el libro de la Naturaleza es similar a una partitura musical armoniosa que proporciona sonidos acordes y proporcionados, por eso compara las órbitas de los planetas con vibraciones de instrumentos musicales, de manera que los astros se encuentran desde la creación del mundo desplegando una obra polifónica imperceptible para el oído, pero perceptible para el intelecto[860], lo debió comprender muy bien el músico-astrónomo Herschel, aquel descubridor del planeta Urano[861]. Como dijo Sancho, donde hay música no puede haber cosa mala[862], además la música compone los ánimos descompuestos y alivia los trabajos que nacen del espíritu[863], por eso vuelvo a Agustín y su tratado sobre ella. Recoge en él aquel verso que dice: *Deus creator ómnium* (Dios creador de todas las cosas), comentando que «no sólo produce encanto sumo a los oídos por la armonía de su sonido, sino mucho más al alma por la exactitud y la verdad de su afirmación»[864]. Y concluye diciendo al lector: «De tema tan grande,

[854] *Salmo* 95 (según la Biblia hebrea, para la Biblia griega y la Vulgata es el Salmo 94), 3 a 5.

[855] *Intellectum valde ama: Epist.* 120, 3, 13; PL 33, 459.

[856] Agustín, *De Musica*, Seis Libros, Biblioteca de Autores Cristianos, ed. bilingüe en «Obras Completas XXXIX», Madrid 1988, pp. 47 y siguientes. Se trata de un diálogo al estilo socrático entre Maestro y Discípulo.

[857] Ibídem, Libro VI, Segunda Parte, pp. 319 y siguientes.

[858] Este es el último libro de Kepler, donde establece la tercera ley sobre relaciones entre las distintas órbitas, y alaba el orden y la armonía con que Dios ha hecho el Mundo.

[859] Al tratar de la armonía del libro de la naturaleza en el anterior Capítulo III, apartado 3.

[860] Kepler, *Harmonices Mundi*, libro V, capítulo 7. Cfr. Soler Gil en *La cosmovisión de los grandes creadores de la ciencia moderna*, Tecnos, Madrid 2023, p. 190; y Dava Sobel, *Los planetas. Del cosmos a la tierra*, Península, Madrid 2025, capítulo 9 (véase la anterior nota 209).

[861] Herschel fue autor del libro *Sobre la construcción del cielo*.

[862] Cervantes, *El ingenioso caballero don Quijote de la Mancha*, Capítulo XXIV.

[863] Cervantes, *El ingenioso hidalgo don Quijote de la Mancha*, Capítulo XXVIII.

[864] Agustín, *De Musica*, VI, 17, 57, ob. cit., pp. 357 y 358.

tan poquito como soy, he hablado contigo lo que pude y como pude»[865]. Repitiendo esas mismas palabras termino yo este libro, paciente lector, recordándote que he escrito otro hijo de este, acaso más sencillo, claro y ameno, que he titulado *Física abierta. Del Big Bang a la primera célula de Adán*, pues hablo en él de una física abierta a la rica verdad y a su fundamento metafísico, que es Dios, a él te remito[866], y te dejo ya a solas con tus propios pensamientos, adiós.

---

[865] Ibídem, VI, 17, 59, p. 360.

[866] Para los lectores más pequeños he escrito también un breve cuento, igualmente hijo de este ensayo, titulado *El vuelo de Daniel y Tomkins*.